Oskar Mader · Dietrich Richter

Wissensspeicher Mathematik

Differentialrechnung – Integralrechnung – Vektorrechnung

Das Wichtigste bis zum Abitur

n Stichworten und Übersichten

[illegible]. Auflage

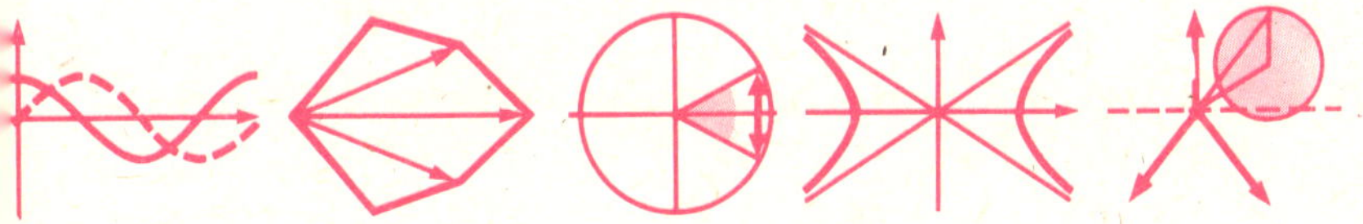

Volk und Wissen
Volkseigener Verlag Berlin
1989

Autoren:
Dr. Dietrich Richter: Kapitel A, B, C, D
Prof. Dr. Oskar Mader: Kapitel E, F, G
Redaktion:
Karlheinz Martin
Bei der Erarbeitung des Manuskripts wurden die bisher im Verlag Volk und Wissen erschienenen Lehrbücher für das Fach Mathematik hinzugezogen.

Dieses Buch wurde unter der Nr. 71 in die mathematische Schülerbücherei aufgenommen.

Mader, Oskar:
Wissensspeicher Mathematik : Differentialrechnung, Integralrechnung, Vektorrechnung. Das Wichtigste bis zum Abitur in Stichw. u. Übers. / Oskar Mader; Dietrich Richter. – 9. Aufl. – Berlin : Volk und Wissen, 1989. – 215 S. : graph. Darst. – (Mathematische Schülerbücherei ; 71)
NE: 2. Verf.: ; GT

ISBN 3-06-001713-1

9. Auflage

Lizenz-Nr. 203·1000/89 (UN 001713-9)
Printed in the German Democratic Republic
Schrift: Gill-Monotype 9/10p
Gesamtherstellung: Grafischer Großbetrieb Völkerfreundschaft Dresden
Ausstattung: Manfred Behrendt, Prisma
Zeichnungen: Heinz Grothmann
Redaktionsschluß: 8. März 1989
LSV 1007
Bestell-Nr. 7069750
00600

Inhalt

Zur Benutzung des Buches

In diesem Buch ist der Unterrichtsstoff, der im Mathematikunterricht der Abiturstufe behandelt wird, in knapper übersichtlicher Form dargestellt.
Das Buch schließt eng an die Darlegungen im Buch „Mathematik in Übersichten" an. Die dort enthaltene Zusammenfassung des Stoffes bis zur Klasse 10 der zehnklassigen allgemeinbildenden polytechnischen Oberschule wird im „Wissensspeicher Mathematik" für die Klassen 11 und 12 weitergeführt.
Das Buch gliedert sich in die Kapitel A, B, ..., G und weitergehend dann in Abschnitte, die durch Nummern angegeben werden. In der äußeren oberen Ecke einer jeden Seite wird durch Zeichen der Art → A 2 bzw. A 2 ← auf den jeweils auf dieser Seite behandelten Abschnitt hingewiesen.
Des weiteren werden in diesem Buch folgende Kurzzeichen und Symbole verwendet:

▶	Wichtige Sätze und Definitionen. Zur besseren Unterscheidung werden hierbei die Wörter SATZ bzw. DEFINITION jeweils vor den Text gesetzt, und es werden die Definitionen mit einem roten Raster unterlegt.
■	Beispiele
↗	Hinweis auf ein anderes Stichwort
Ma i Üb	Mathematik in Übersichten (Titel-Nr. 00 08 09)
Wiss Ph	Wissensspeicher Physik (Titel-Nr. 02 17 03)
Wiss Ch	Wissensspeicher Chemie (Titel-Nr. 03 17 10)

Beweise wurden nur für einige Sätze angegeben, und zwar vorzugsweise dann, wenn im Lehrplan für die erweiterte Oberschule die Behandlung des Beweises im Unterricht vorgeschrieben wird oder wenn mit Hilfe der Beweise Beweisprinzipien veranschaulicht werden.

Zahlenfolgen A

A 1 Zahlenbereiche

Übersicht über die Zahlenbereiche

N	Bereich der natürlichen Zahlen	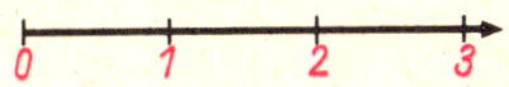
G	Bereich der ganzen Zahlen	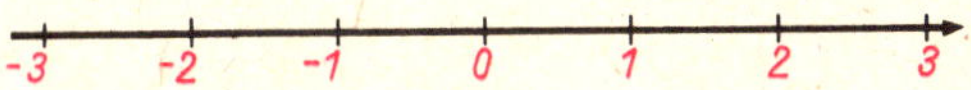
R*	Bereich der gebrochenen Zahlen	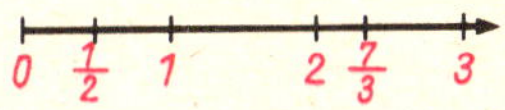
R	Bereich der rationalen Zahlen	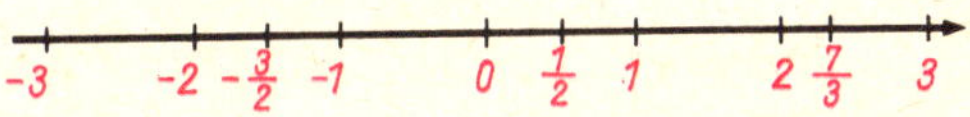
P	Bereich der reellen Zahlen	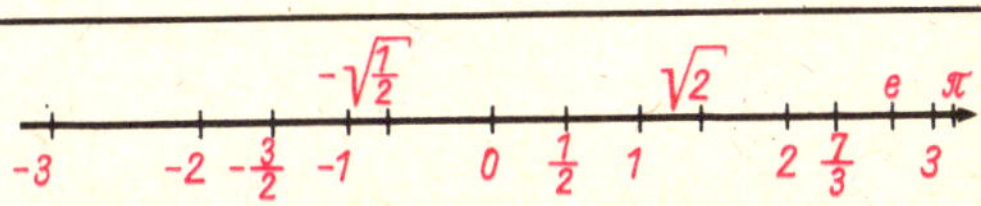

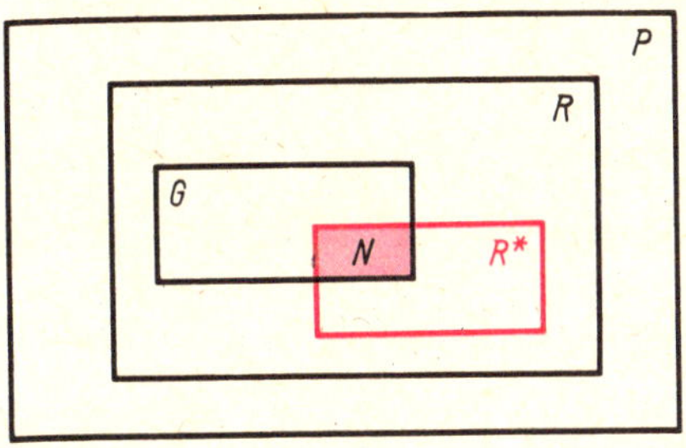

↗ Zahlenbereiche, Ma i Üb, Seite 19 ff.

Zahlenbereichserweiterungen

Zahlenbereiche werden erweitert mit dem Ziel, bestimmte Rechenoperationen uneingeschränkt ausführen bzw. bestimmte Gleichungen im neuen Zahlenbereich uneingeschränkt lösen zu können.

A 1

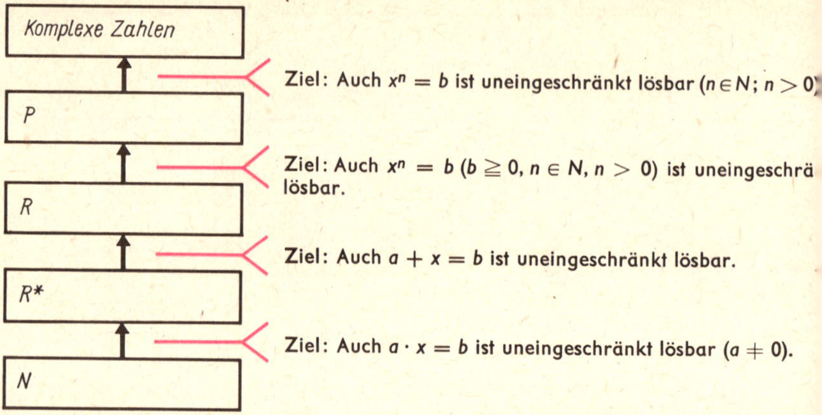

Eigenschaften der Zahlenbereiche

Die folgende Tabelle gibt Auskunft darüber, ob die jeweilige Gleichung in betreffenden Zahlenbereich uneingeschränkt lösbar ist bzw. ob die jeweilig Rechenoperation uneingeschränkt ausführbar ist (a und b sind beliebige Zahle des jeweiligen Zahlenbereiches; ferner ist $n \in N$ und $n > 0$). Im Falle vo Beschränkungen werden Beispiele angegeben.

Ausführbarkeit von Rechenoperationen; Lösbarkeit von Gleichungen					
	N	*G*	*R**	*R*	*P*
$a + b = x$ Addition	ja	ja	ja	ja	ja
$a + x = b$ Subtraktion	nein $5 + x = 3$	ja	nein $5 + x = 3$	ja	ja
$a \cdot b = x$ Multiplikation	ja	ja	ja	ja	ja
$a \cdot x = b$ ($a \neq 0$) Division	nein $7 \cdot x = 4$	nein $7 \cdot x = 4$	ja	ja	ja
$a^n = x$ Potenzieren	ja	ja	ja	ja	ja
$x^n = b$ ($b \geqq 0$) Radizieren	nein $x^2 = 2$	nein $x^2 = 2$	nein $x^2 = 2$	nein $x^2 = 2$	ja
$x^n = b$	nein $x^2 = 2$	nein $x^2 = 2$	nein $x^2 = 2$	nein $x^2 = 2$	nein $x^2 = -2$

Eigenschaften bezüglich der Ordnungsrelation	N	G	R*	R	P
Gibt es in diesem Bereich zu jeder Zahl des Bereichs genau einen Vorgänger?	ja (außer für 0)	ja	nein (überall dicht)	nein (überall dicht)	nein (überall dicht)
Gibt es in diesem Bereich zu jeder Zahl des Bereichs genau einen Nachfolger?	ja	ja	nein (überall dicht)	nein (überall dicht)	nein (überall dicht)
Gilt das Prinzip der kleinsten Zahl?	ja	nein	nein	nein	nein
Gilt der Satz von der oberen (unteren) Grenze?	ja	ja	nein	nein	ja

↗ Ordnung, Ma i Üb, Seiten 23, 33, 44 und 52
↗ Satz von der oberen (unteren) Grenze, Seite 11

Nachfolger

DEFINITION:
Es seien a, b Elemente eines bestimmten Zahlenbereiches Z. b heißt Nachfolger von a innerhalb des Bereiches Z genau dann, wenn $a < b$ ist und es keine Zahl c ($c \in Z$) mit $a < c < b$ gibt.

4 ist im Bereich N Nachfolger von 3. 4 ist im Bereich N nicht Nachfolger von 2; denn es gibt die Zahl 3 ($3 \in N$), die zwischen 2 und 4 liegt.
4 ist im Bereich R nicht Nachfolger von 3, denn es gibt z. B. die Zahl 3,5 ($3{,}5 \in R$), die zwischen 3 und 4 liegt.

➡ A1

Vorgänger

▶ **DEFINITION:**
Es seien a, b Elemente eines bestimmten Zahlenbereiches Z. b heißt Vorgänger von a innerhalb des Bereiches Z genau dann, wenn $b < a$ ist und es keine Zahl c ($c \in Z$) mit $b < c < a$ gibt.

■ 3 ist im Bereich N Vorgänger von 4. 2 ist im Bereich N nicht Vorgänger von 4; denn es gibt die Zahl 3 ($3 \in N$), die zwischen 2 und 4 liegt.

Dichtheit eines Zahlenbereiches

▶ **DEFINITION:**
Ein Zahlenbereich Z heißt bezüglich der in ihm erklärten Ordnungsrelation überall dicht genau dann, wenn es zu zwei beliebigen Zahlen a, b ($a < b$, $a \in Z$, $b \in Z$) stets eine Zahl $c \in Z$ gibt, für die gilt $a < c < b$.

■ Die Zahlen des Bereiches R liegen überall dicht, denn seien a, b zwei beliebige rationale Zahlen ($a < b$), so ist $\frac{a+b}{2} \in R$, und es gilt $a < \frac{a+b}{2} < b$.

↗ Dichtheit des Bereiches der gebrochenen Zahlen, Ma i Üb, Seite 34

Prinzip der kleinsten Zahl

▶ **DEFINITION:**
In einem Zahlenbereich Z gilt das Prinzip der kleinsten Zahl genau dann, wenn jede nichtleere Teilmenge von Z eine kleinste Zahl besitzt.

Schranken

▶ **DEFINITION:**

Eine Zahl S ist eine untere Schranke der Menge M genau dann, wenn für jedes $x \in M$ gilt: $S \leqq x$.	**Eine Zahl S ist eine obere Schranke der Menge M genau dann, wenn für jedes $x \in M$ gilt: $x \leqq S$.**

Hat eine Menge eine untere Schranke, so heißt sie nach unten beschränkt. Hat eine Menge eine obere Schranke, so heißt sie nach oben beschränkt.
Ist eine Menge sowohl nach oben als auch nach unten beschränkt (unbeschränkt), so sagt man, die Menge ist beschränkt (unbeschränkt).

■ Die Menge der natürlichen Zahlen ist nach unten beschränkt.
Die Menge der negativen ganzen Zahlen ist nach oben beschränkt.
Die Menge der rationalen Zahlen ist unbeschränkt.

Grenzen

DEFINITION: **Eine Zahl G ist obere Grenze einer Menge M genau dann, wenn G die kleinste aller oberen Schranken von M ist.**	**Eine Zahl G ist untere Grenze einer Menge M genau dann, wenn G die größte aller unteren Schranken von M ist.**

-1 ist untere Schranke von R^*, aber nicht untere Grenze, denn es gibt größere untere Schranken von R^*, z. B. $-\frac{1}{2}$. Die größte untere Schranke von R^* ist 0. Also besitzt R^* die untere Grenze 0.

Satz von der oberen (unteren) Grenze

SATZ: **Jede nichtleere, nach oben beschränkte Menge reeller Zahlen besitzt eine obere Grenze, die selbst wieder eine reelle Zahl ist.**	**Jede nichtleere, nach unten beschränkte Menge reeller Zahlen besitzt eine untere Grenze, die selbst wieder eine reelle Zahl ist.**

Dieser Satz wird hier nicht bewiesen.

Durch die im Satz von der oberen (unteren) Grenze ausgesagte Gesetzmäßigkeit ist der Bereich der reellen Zahlen gegenüber dem Bereich der rationalen Zahlen abgegrenzt. Dieser Satz gilt nämlich nicht für den Zahlenbereich der rationalen Zahlen. Im Zahlenbereich der rationalen Zahlen gibt es nichtleere, nach unten bzw. oben beschränkte Mengen, die keine untere bzw. obere Grenze im Bereich der rationalen Zahlen besitzen.

Q sei die Menge aller rationalen Zahlen x, für die gilt $x^2 < 2$. Diese Menge ist nicht leer. Sie ist nach oben beschränkt, besitzt jedoch keine obere Grenze im Bereich der rationalen Zahlen.

Intervall

Abgeschlossenes Intervall $a \leqq x \leqq b$ oder $\langle a; b \rangle$	Menge aller reellen Zahlen x mit $a \leqq x$ und $x \leqq b$.
Offenes Intervall $a < x < b$ oder $(a; b)$	Menge aller reellen Zahlen x mit $a < x$ und $x < b$.
Halboffenes Intervall $a \leqq x < b$ oder $\langle a; b)$	Menge aller reellen Zahlen x mit $a \leqq x$ und $x < b$.
Unendliches Intervall $-\infty < x < +\infty$ oder $(-\infty; +\infty)$ bzw. $a \leqq x < +\infty$ oder $\langle a; +\infty)$	Menge aller reellen Zahlen x ohne Einschränkung bzw. mit $a \leqq x$.

A2 Beweisverfahren der vollständigen Induktion

Die vollständige Induktion (Schluß von n auf $n + 1$)

Das Verfahren beruht auf dem folgenden Satz.

► **SATZ**[1]**:**

Die Aussage „Für alle natürlichen Zahlen $n \, (n \geqq n_0)$ gilt $H(n)$" ist wahr, wenn die beiden folgenden Voraussetzungen erfüllt sind:
1. $H(n)$ ist wahr für $n = n_0$
2. Für beliebiges $k \, (k \in N;\ k \geqq n_0)$ gilt:
Aus der Gültigkeit von $H(k)$ folgt die Gültigkeit von $H(k+1)$.

Beweis:

Es sei M die Menge aller natürlichen Zahlen n mit $n \geqq n_0$, für die die Aussage H zutrifft. Zu beweisen ist, daß unter den Voraussetzungen 1. und 2. des Satzes diese Menge M gleich der Menge N' der natürlichen Zahlen n mit $n \geqq n_0$ ist ($M = N' \subseteq N$).
Wir führen den Beweis indirekt. Wir nehmen an, es gilt $M \neq N'$.
Sei $\overline{M}$ die Menge aller natürlichen Zahlen $n \in N'$, auf die die Aussage H nicht zutrifft ($\overline{M} \cap M = \emptyset$). Diese Menge $\overline{M}$ ist nicht leer, andernfalls wäre $M = N'$.
Nach dem Prinzip der kleinsten Zahl (↗ Seite 10), das im Bereich der natürlichen Zahlen gilt, besitzt $\overline{M}$ also eine *kleinste* Zahl $\overline{m}$, auf die H nicht zutrifft.
Dann ist $\overline{m} \neq n_0$, da nach Voraussetzung 1. $H(n_0)$ wahr ist.
Da $\overline{m} \neq n_0$, besitzt $\overline{m}$ einen Vorgänger $(\overline{m} - 1)$. Auf $(\overline{m} - 1)$ trifft aber die Aussage H zu, denn $\overline{m}$ war die kleinste Zahl, auf die H nicht zutrifft.
Wenn H auf $(\overline{m} - 1)$ zutrifft, dann trifft H nach Voraussetzung 2. auch auf den Nachfolger von $\overline{m} - 1$, also auf $(\overline{m} - 1) + 1 = \overline{m}$ zu.
Wir erhalten also aus der Annahme $M \neq N'$ die Aussage: H trifft auf $\overline{m}$ zu, und H trifft auf $\overline{m}$ nicht zu.
Das ist ein Widerspruch. Also müssen wir die Annahme $M \neq N'$ fallenlassen, und es gilt folglich $M = N'$.

Beispiele für Beweise durch vollständige Induktion

■ Es ist der Satz zu beweisen:

Für alle natürlichen Zahlen gilt $H(n)$: $\sum_{i=0}^{n} i = \frac{n(n+1)}{2}$.

[1] Bei der Anwendung dieses Satzes werden im allgemeinen folgende Bezeichnungen verwendet:
„Induktionsanfang" für Voraussetzung 1.,
„Induktionsschritt" für Voraussetzung 2.,
„Induktionsvoraussetzung" für $H(k)$,
„Induktionsbehauptung" für $H(k+1)$.

Beweis:

1. Induktionsanfang:

Es ist zu zeigen, daß die Aussage $H(n)$ für $n = 0$ gilt, d. h. daß gilt

$$\sum_{i=0}^{0} i = \frac{0(0+1)}{2}.$$

Diese Aussage ist wahr, denn $\sum_{i=0}^{0} i = 0$ und $\frac{0(0+1)}{2} = 0$.

2. Induktionsschritt:

Es ist zu zeigen, daß für jedes $k \in N$ gilt:
Aus der Gültigkeit von $H(k)$, d. h. von

$$\sum_{i=0}^{k} i = \frac{k(k+1)}{2} \quad \text{(Induktionsvoraussetzung),}$$

folgt die Gültigkeit von $H(k+1)$, d. h. von

$$\sum_{i=0}^{k+1} i = \frac{(k+1)[(k+1)+1]}{2} \quad \text{(Induktionsbehauptung).}$$

Beweis des Induktionsschrittes:

$$\sum_{i=0}^{k} i = \frac{k(k+1)}{2}$$

$$\sum_{i=0}^{k} i + (k+1) = \frac{k(k+1)}{2} + (k+1)$$

$$\sum_{i=0}^{k+1} i = (k+1)\left(\frac{k}{2}+1\right)$$

$$\sum_{i=0}^{k+1} i = \frac{(k+1)[(k+1)+1]}{2}$$

Das ist die Induktionsbehauptung.

Wegen der Gültigkeit der beiden Voraussetzungen 1. und 2. des Satzes auf Seite 12 gilt $H(n)$ für alle natürlichen Zahlen.

↗ Summenzeichen, Seite 16

Es ist der Satz zu beweisen:
Die Anzahl $D(n)$ der Diagonalen in einem konvexen ebenen n-Eck kann nach der Formel

$$D(n) = \frac{n}{2}(n-3), \quad n \geqq 3,$$

berechnet werden.

A 2

Beweis:

1. Induktionsanfang

Die Formel gilt für $n = 3$, d. h., es gilt

$$D(3) = \frac{3}{2}(3 - 3).$$

Die Aussage ist wahr, denn ein Dreieck hat keine Diagonale, also $D(3) = 0$.

2. Induktionsschritt

Es ist zu zeigen, daß für alle $k \in N$, $k \geqq 3$ gilt:

Aus der Gültigkeit von $D(k) = \frac{k}{2}(k - 3)$ folgt die Gültigkeit von

$$D(k+1) = \frac{(k+1)}{2}[(k+1) - 3].$$

Beweis des Induktionsschrittes:

Ein $(k+1)$-Eck geht aus einem k-Eck dadurch hervor, daß ein weiterer Punkt P_{k+1} als Eckpunkt hinzugefügt wird.
Dann wird erstens eine Seite des k-Ecks selber zu einer Diagonalen des $(k+1)$-Ecks, und zweitens können von diesem $(k+1)$-ten Eckpunkt zu $k - 2$ Eckpunkten des konvexen k-Ecks Diagonalen gezogen werden. Die Anzahl der Diagonalen des $(k+1)$-Ecks ist demnach um $1 + (k-2) = k - 1$ größer als die Anzahl der Diagonalen des k-Ecks.

$$\begin{aligned} D(k+1) &= D(k) + k - 1 \\ &= \frac{k}{2}(k-3) + k - 1 \\ &= \frac{k(k-3) + 2k - 2}{2} \\ &= \frac{k(k+1-3) + 2k - k - 3 + 1}{2} \\ &= \frac{k(k+1-3) + 1(k+1-3)}{2} \\ &= \frac{k+1}{2}(k+1-3) \end{aligned}$$

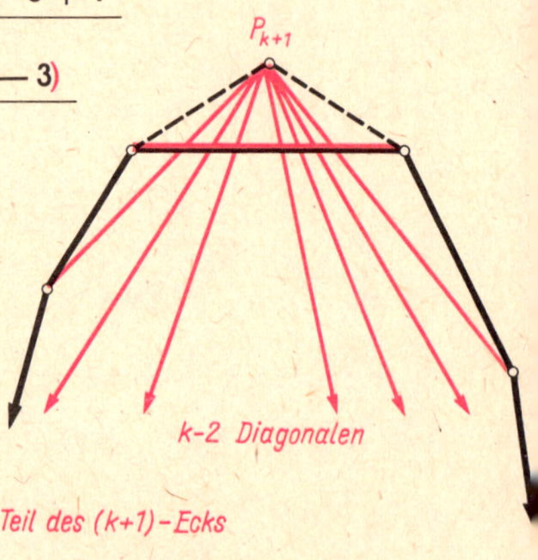

Da beide Voraussetzungen des Satzes auf Seite 12 erfüllt sind, gilt die Formel für alle $n \in N$ mit $n \geqq 3$.

Induktive Definition

Mit Hilfe der Methode der induktiven Definition (auch **rekursive Definition** genannt) lassen sich Funktionen definieren, deren Definitionsbereich die Menge der natürlichen Zahlen ist.
Die Methode der induktiven Definition beruht auf dem folgenden Satz.

SATZ:

Es gibt genau eine Funktion f mit der Menge der natürlichen Zahlen als Definitionsbereich (sie besteht folglich aus geordneten Paaren $[n; f(n)]$, $n \in N$), für die folgendes gilt:

1. Der Funktionswert $f(0)$ ist gleich einer bestimmten reellen Zahl y_0 ($f(0) = y_0$, $y_0 \in P$).

2. Mit Hilfe einer gegebenen Vorschrift läßt sich für beliebiges $n \in N$ der Funktionswert $f(n+1)$ aus dem Funktionswert $f(n)$ berechnen.

Diese Vorschrift nennt man auch, wenn sie eine Gleichung ist, Rekursionsgleichung.

Potenzen a^n ($a \in P$, $a \neq 0$, $n \in N$)[1] sind die Funktionswerte der Funktion f mit den geordneten Paaren $[n; f(n)]$ bzw. $[n; a^n]$, für die gilt:

1. $f(0) = 1$,
2. $f(n+1) = a \cdot f(n) \quad (a \neq 0)$

bzw., mit dem Symbol a^n geschrieben,

1. $a^0 = 1$,
2. $a^{n+1} = a \cdot a^n$.

Fakultäten $n!$ ($n \in N$) sind die Funktionswerte der Funktion f mit den geordneten Paaren $[n; f(n)]$ bzw. $[n; n!]$, für die gilt:

1. $f(0) = 1$,
2. $f(n+1) = f(n) \cdot (n+1)$

bzw., mit dem Symbol $n!$ geschrieben,

1. $0! = 1$,
2. $(n+1)! = n! \cdot (n+1)$.

Durch diese induktiven Definitionen werden solche Plausibilitätsbetrachtungen wie

$$a^n = \underbrace{a \cdot a \cdot \ldots \cdot a}_{n \text{ Faktoren}} \quad (n \in N,\ n \geqq 2)$$

$$n! = 1 \cdot 2 \cdot 3 \cdot \ldots \cdot (n-1) \cdot n \quad (n \in N)$$

durch präzise Definitionen ersetzt. Dadurch erhält man eine exakte Grundlage für das Beweisen von Sätzen, beispielsweise über Potenzen.

Es ist der Satz zu beweisen:
Für alle $a, b \in P$ ($a \neq 0$; $b \neq 0$) und alle n ($n \in N$) gilt:
$a^n \cdot b^n = (a \cdot b)^n$.

[1] Für $a = 0$ gilt $0^n = 0$ für alle $n > 0$; 0^0 ist nicht definiert.

A 2

Beweis durch vollständige Induktion:

1. Induktionsanfang

Es ist zu beweisen:

$a^n \cdot b^n = (a \cdot b)^n$ gilt für $n = 0$, d. h., es gilt $a^0 \cdot b^0 = (a \cdot b)^0$.

Das ist eine wahre Aussage; denn es ist

$a^0 \cdot b^0 = 1 \cdot 1 = 1$ und $(a \cdot b)^0 = 1$.

2. Induktionsschritt

Es ist zu beweisen:

Für beliebiges $k \in N$ gilt:

Aus der Gültigkeit von

$a^k \cdot b^k = (a \cdot b)^k$ (Induktionsvoraussetzung)

folgt die Gültigkeit von

$a^{k+1} \cdot b^{k+1} = (a \cdot b)^{k+1}$ (Induktionsbehauptung).

Beweis:

$a^{k+1} \cdot b^{k+1} = (a \cdot a^k)(b \cdot b^k)$ (nach Rekursionsgleichung)

$= (a \cdot b)(a^k \cdot b^k)$ (nach Kommutativgesetz und Assoziativgesetz)

$= (a \cdot b)(a \cdot b)^k$ (nach Induktionsvoraussetzung)

$= (a \cdot b)^{k+1}$ (nach Rekursionsgleichung)

Damit ist nach dem Satz auf Seite 12 dieser Satz bewiesen.

Summenzeichen

Der griechische Buchstabe Sigma (Σ) wird für eine verkürzte Schreibweise von Summen herangezogen.

DEFINITION:

$$a_m + a_{m+1} + a_{m+2} + \dots + a_n = \sum_{i=m}^{n} a_i$$ **(i ist Summationsindex, $m \leqq n$)**

(lies: Summe über a_i für i gleich m bis n)

$$0 + 1 + 2 + \dots + n = \sum_{i=0}^{n} i$$

$$\frac{2}{3}a + \frac{3}{4}a + \frac{4}{5}a + \dots + \frac{16}{17}a = \sum_{i=2}^{16} \frac{i}{i+1}\, a$$

$$3^0 + 3^1 + 3^2 + \dots + 3^n = \sum_{i=0}^{n} 3^i$$

Einige Beispiele für das Rechnen mit dem Summenzeichen:

$\sum_{i=1}^{n} \alpha = n \cdot \alpha$ (α konstant) $\sum_{i=p}^{q} \alpha = (q - p + 1)\,\alpha$ ($q \geqq p$, α konstant)

$$\sum_{i=0}^{n} a_i = a_0 + \sum_{i=1}^{n} a_i \qquad \sum_{i=0}^{n} a_i = \sum_{i=0}^{n-1} a_i + a_n$$

$$\sum_{i=0}^{n} a_i = \sum_{i=0+k}^{n+k} a_{i-k} \quad \text{(Indexverschiebung)}$$

$$\sum_{i=k}^{n} \alpha a_i = \alpha \sum_{i=k}^{n} a_i \quad (\alpha \text{ konstant}) \qquad \sum_{i=k}^{l} a_i + \sum_{i=l+1}^{n} a_i = \sum_{i=k}^{n} a_i$$

Binomialkoeffizienten

DEFINITION[1]:

$$\binom{n}{k} = \frac{n!}{k!(n-k)!} \quad (n \in N,\ k \in N,\ k \leqq n)$$

$$\binom{5}{3} = \frac{5!}{3!\,(5-3)!} = \frac{5!}{3! \cdot 2!} = 10 \qquad \binom{n}{n} = \frac{n!}{n! \cdot (n-n)!} = \frac{n!}{n! \cdot 0!} = 1$$

$$\binom{5}{2} = \frac{5!}{2!\,(5-2)!} = \frac{5!}{2! \cdot 3!} = 10 \qquad \binom{n}{0} = \frac{n!}{0! \cdot (n-0)!} = \frac{n!}{1 \cdot n!} = 1$$

SATZ:

Für alle $n \in N$ und alle $k \in N$ gilt:

(1) $\binom{n}{k} = \binom{n}{n-k} \quad (k \leqq n)$

(2) $\binom{n}{k} + \binom{n}{k+1} = \binom{n+1}{k+1} \quad (k < n)$

Beweis:

Aufgrund der Definition des Binomialkoeffizienten gelten für alle $n \in N$ und alle $k \in N$ unter Berücksichtigung der Einschränkungen ($k \leqq n$ bzw. $k < n$) die folgenden Umformungen:

(1) $$\binom{n}{n-k} = \frac{n!}{(n-k)!\,[n-(n-k)]!} = \frac{n!}{(n-k)!\,k!} = \frac{n!}{k!\,(n-k)!} = \binom{n}{k}$$

(2) $$\binom{n}{k} + \binom{n}{k+1} = \frac{n!}{k!\,(n-k)!} + \frac{n!}{(k+1)!\,(n-k-1)!}$$

$$= \frac{n!}{k!\,(n-k-1)!\,(n-k)} + \frac{n!}{k!\,(k+1) \cdot (n-k-1)!}$$

$$= \frac{n!\,(k+1) + n!\,(n-k)}{k!\,(n-k-1)!\,(n-k)\,(k+1)}$$

$$= \frac{n!\,(k+1+n-k)}{k!\,(k+1) \cdot (n-k-1)!\,(n-k)}$$

[1] Sprechweise für $\binom{n}{k}$: „n über k“

$$= \frac{n!\,(n+1)}{(k+1)!\,(n-k)!}$$

$$= \frac{(n+1)!}{(k+1)!\,[(n+1)-(k+1)]!}$$

$$= \binom{n+1}{k+1}$$

Die Gleichung (1) bringt in gewisser Weise eine Symmetrie zum Ausdruck Schreibt man alle Binomialkoeffizienten zu einer bestimmten natürlichen Zahl in eine Reihe, dann sind stets die k-ten Binomialkoeffizienten von links und recht einander gleich.
Die Gleichung (2) ist in gewissem Sinne eine Rekursionsgleichung, nach der ma Binomialkoeffizienten $(n+1)$-ter Ordnung aus Binomialkoeffizienten n-te Ordnung berechnen kann.

*Pascal*sches Dreieck

Das *Pascal*sche Dreieck kann zur Ermittlung der Koeffizienten, die bei de Berechnung der binomischen Formeln

$(a+b)^2 = a^2 + 2ab + b^2$
$(a+b)^3 = a^3 + 3a^2b + 3ab^2 + b^3$
$(a+b)^4 = a^4 + 4a^3b + 6a^2b^2 + 4ab^3 + b^4$

usw.
auftreten, herangezogen werden.

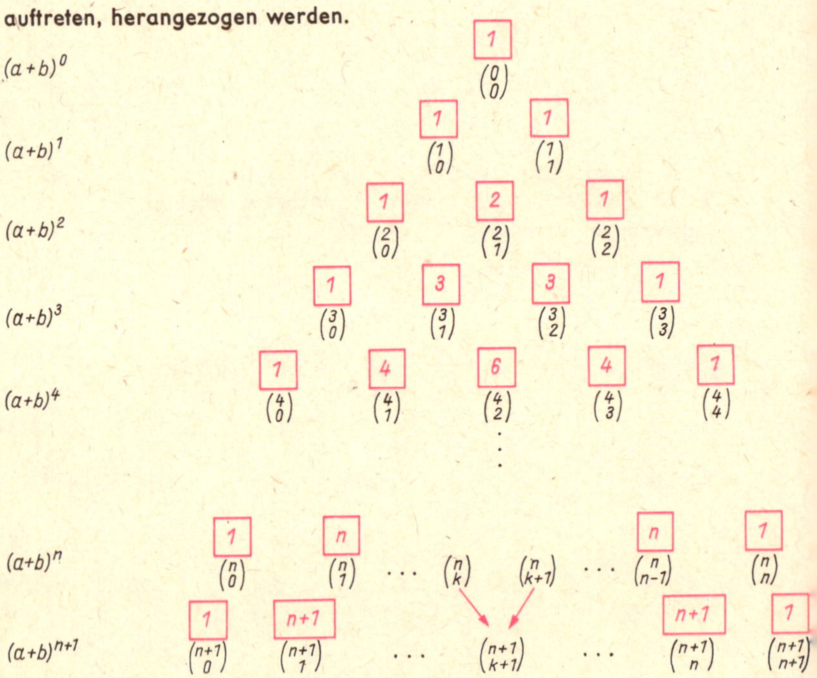

Der binomische Satz

> **SATZ:**
> **Für alle $a, b \in P$ und für alle $n \in N$, $n \neq 0$ gilt:**
> $$(a+b)^n = \sum_{i=0}^{n} \binom{n}{i} a^{n-i} b^i.$$

↗ Binomialkoeffizienten, Seite 17

A 3 Zahlenfolgen

Zahlenfolge

> **DEFINITION:**
> **Eine Zahlenfolge ist eine Funktion, deren Definitionsbereich gleich der Menge der natürlichen Zahlen N oder gleich einer echten Teilmenge N' von N ist.**

Ist N' endlich, so heißt die Zahlenfolge *endlich*.
Diese Funktion „Zahlenfolge" besitzt die geordneten Paare $[k; f(k)]$ mit $k \in N$ bzw. mit $k \in N'$.
Bei nicht endlichen Zahlenfolgen wird als Definitionsbereich N' sehr oft die Menge der natürlichen Zahlen ohne die Zahl Null gewählt.
Die Funktionswerte $f(k)$ heißen **Glieder der Folge**. Sie werden gewöhnlich mit a_k bezeichnet, d. h., die Zuordnung zu den natürlichen Zahlen wird durch den Index k zum Ausdruck gebracht.

Schreibweise für Zahlenfolgen:

(a_k), $k \in N$ oder $a_0, a_1, a_2, \ldots, a_k, \ldots$
bzw., wenn der Definitionsbereich die Null nicht enthält,
(a_k), $k \in N$, $k > 0$ oder $a_1, a_2, \ldots, a_k, \ldots$

$\left(\frac{1}{k+1}\right)$, $k \in N$

(Null gehört zum Definitionsbereich)

$a_0, a_1, a_2, a_3, \ldots$

$1, \frac{1}{2}, \frac{1}{3}, \frac{1}{4}, \ldots$

$\left(\frac{1}{k}\right)$, $k > 0$; $k \in N$

(Null gehört nicht zum Definitionsbereich)

$a_1, a_2, a_3, a_4, \ldots$

$1, \frac{1}{2}, \frac{1}{3}, \frac{1}{4}, \ldots$

↗ Grenzwert einer Zahlenfolge, Seite 63

➡ A 3

Explizite Bildungsvorschrift für Folgen

Mittels eines Terms $a(k)$ wird die Bildungsvorschrift für das **allgemeine Glied** a_k festgelegt.

allgemeines Glied $a_k,\ k \in N$	Zahlenfolge $(a_k),\ k \in N$	$a_0, a_1, a_2, \ldots, a_k, \ldots$
$a_k = \frac{1}{k+1}$	$\left(\frac{1}{k+1}\right)$	$1, \frac{1}{2}, \frac{1}{3}, \ldots, \frac{1}{k+1}, \ldots$
$a_k = (-1)^k$	$((-1)^k)$	$1, -1, 1, \ldots, (-1)^k, \ldots$
$a_k = \left(\frac{1}{2}\right)^k$	$\left(\left(\frac{1}{2}\right)^k\right)$	$1, \frac{1}{2}, \frac{1}{4}, \ldots, \left(\frac{1}{2}\right)^k, \ldots$
$a_k = k^2$	(k^2)	$0, 1, 4, \ldots, k^2, \ldots$
$a_k = 3k + 2$	$(3k + 2)$	$2, 5, 8, \ldots, 3k + 2, \ldots$

Rekursive Bildungsvorschrift für Folgen

Die Folge wird durch eine induktive Definition festgelegt.

$a_0 = 0$
$a_{k+1} = 1 + a_k, \quad k \in N$
$(0, 1, 2, 3, 4, \ldots)$

$a_0 = a, \quad a \neq 0$
$a_{k+1} = q\,a_k, \quad k \in N, q \neq 0$
$(a, aq, aq^2, aq^3, aq^4, \ldots)$

Man kann in einer Reihe von Fällen zu einer rekursiven Bildungsvorschrift ein explizite Bildungsvorschrift angeben, durch die die gleiche Folge definiert wird.

(1) Rekursive Bildungsvorschrift	(2) Explizite Bildungsvorschrift
$a_0 = a, \quad a \neq 0$ $a_{k+1} = q \cdot a_k, \quad k \in N, q \neq 0$	$a_n = a \cdot q^n, \quad n \in N, \quad q \neq 0$

Beweis: (durch vollständige Induktion)

1. Induktionsanfang

$a_0 = a \cdot q^0$

Diese Gleichung gilt entsprechend der rekursiven Bildungsvorschrift, da $q^0 =$ und folglich $a_0 = a$.

2. Induktionsschritt

Für alle $k \in N$ gilt:

Aus $\quad a_k = a \cdot q^k \quad$ (Induktionsvoraussetzung)
folgt $\quad a_{k+1} = a \cdot q^{k+1} \quad$ (Induktionsbehauptung).

Beweis:

$$\begin{aligned} a_{k+1} &= q \cdot a_k && \text{(rekursive Bildungsvorschrift)} \\ &= q \cdot aq^k && \text{(entsprechend der Induktionsvoraussetzung)} \\ &= a \cdot q^{k+1} \end{aligned}$$

↗ Die vollständige Induktion, Seite 12

Graphische Darstellung von Zahlenfolgen

Benutzt man die Darstellung von Funktionen im rechtwinkligen Koordinatensystem, so erhält man als Graph von Folgen diskrete Punkte.

$\left(\left(\frac{1}{2}\right)^n\right)$, $n \in N$

In der Abbildung wurden einige geordnete Paare dieser Folge dargestellt.

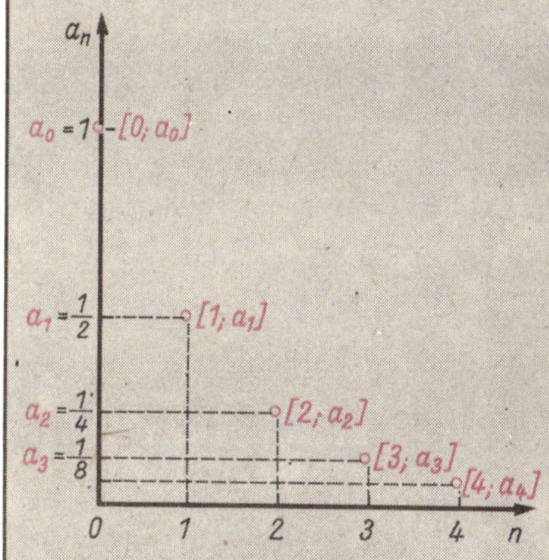

Häufig stellt man nur die Glieder der Folge auf der Zahlengeraden dar. Das sind eigentlich die Funktionswerte, dargestellt auf der Ordinatenachse.

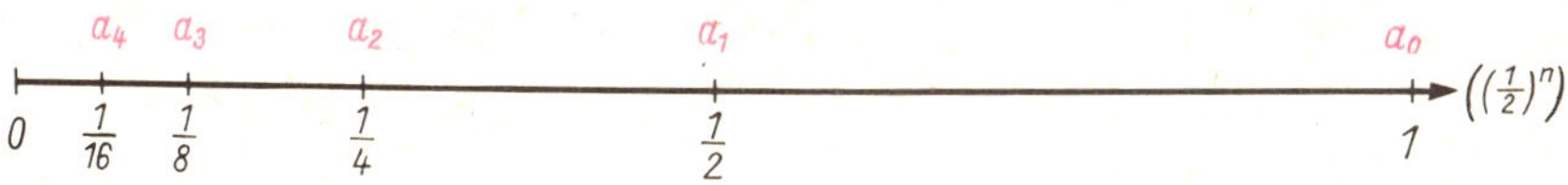

Monotonie von Folgen

DEFINITION:

Eine Zahlenfolge (a_k) heißt monoton wachsend genau dann, wenn für jedes k, $k \in N$, gilt $a_k < a_{k+1}$.

Eine Zahlenfolge (a_k) heißt monoton fallend genau dann, wenn für jedes k, $k \in N$, gilt $a_k > a_{k+1}$.

➡ A 3

- Die Folge $\left(\left(\frac{1}{2}\right)^k\right)$ ist monoton fallend, denn für jedes $k \in N$ gilt $\left(\frac{1}{2}\right)^{k+1} < \left(\frac{1}{2}\right)^k$

- Die Folge $(3k + 2)$ ist monoton wachsend, denn es gilt für jedes $k \in N$
$a_{k+1} - a_k = 3 > 0$, also $a_{k+1} > a_k$.

- Die Folge $((-1)^k)$ ist weder monoton wachsend noch monoton fallend, denn

$$a_{k+1} - a_k = \begin{cases} -2 & \text{für gerades } k, \\ +2 & \text{für ungerades } k. \end{cases}$$

Schranken von Folgen

DEFINITION:	
***S* heißt obere Schranke einer Folge (a_k) genau dann, wenn für jedes *k*, $k \in N$, gilt $a_k \leqq S$.**	***S* heißt untere Schranke einer Folge (a_k) genau dann, wenn für jedes *k*, $k \in N$, gilt $a_k \geqq S$.**

Hat eine Folge eine untere (obere) Schranke, so heißt sie nach unten (oben) beschränkt.
Man nennt eine Folge beschränkt (unbeschränkt), wenn sie nach unten und oben (weder nach unten noch nach oben) beschränkt ist.

↗ Schranken, Seite 10

Grenzen von Folgen

DEFINITION:	
***G* heißt obere Grenze einer Folge (a_k) genau dann, wenn *G* die kleinste aller oberen Schranken von (a_k) ist.**	***G* heißt untere Grenze einer Folge (a_k) genau dann, wenn *G* die größte aller unteren Schranken von (a_k) ist.**

1 $(a_k) = (\sqrt{k})$, $k \in N$ 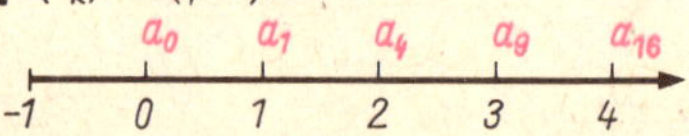	Die Folge ist nach unten beschränkt. Untere Schranken sind alle negativen Zahlen. Untere Grenze ist 0. Die Folge ist nicht nach oben beschränkt.
2 $(a_k) = (1 - 2k)$, $k \in N$ 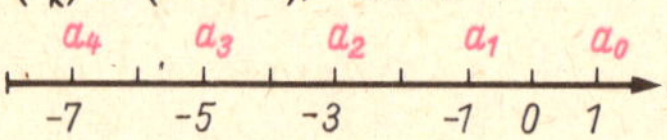	Die Folge ist nach oben beschränkt. Obere Schranken sind alle Zahlen $S \geqq 1$. Obere Grenze ist 1. Die Folge ist nicht nach unten beschränkt.
3 $(a_k) = \left(\frac{3}{k}\right)$, $k \in N$, $k > 0$ 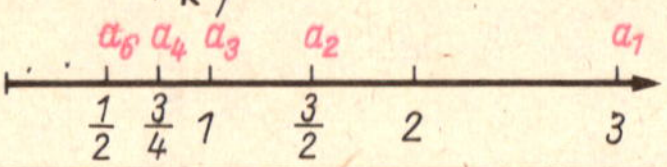	Die Folge ist beschränkt. Obere Schranken sind alle Zahlen $S \geqq 3$. Obere Grenze ist 3. Untere Schranken sind alle negativen Zahlen. Untere Grenze ist 0.

Arithmetische Folge

DEFINITION:
Eine Folge (a_k) heißt arithmetische Folge genau dann, wenn die Differenz zweier beliebiger aufeinanderfolgender Glieder gleich einer Konstanten (d. h. von k unabhängigen) Zahl $d \in P$ ist:
$a_{k+1} - a_k = d$.

$a,\ a + d,\ a + 2d,\ \ldots,\ a + nd,\ \ldots$

Rekursive Bildungsvorschrift	Explizite Bildungsvorschrift
$a_0 = a$ $a_{n+1} = a_n + d$	$a_n = a + nd \quad (n = 0, 1, 2, \ldots)$
$a_1 = a$ $a_{n+1} = a_n + d$	$a_n = a + (n - 1)\,d \quad (n = 1, 2, \ldots)$

Die geordneten Paare der Folge $(a + nd)$, $n \in N$, sind eine Teilmenge der Menge der geordneten Paare der Funktion $y = dx + a$. Der Graph der Folge $(a + nd)$, $n \in N$, besteht aus diskreten Punkten, die auf dem Graph der Funktion $y = dx + a$ liegen.
Falls $d < 0$, fällt die Folge monoton und ist nach oben beschränkt.
Falls $d > 0$, wächst die Folge monoton und ist nach unten beschränkt.

Beispiele für arithmetische Folgen

Die Radien r_k der Lagen auf einer Rolle Papier bilden eine arithmetische Folge, denn $r_{k+1} - r_k = s$. (s ist die Stärke des Papiers.) Wir denken uns die Papierbahn durch einzelne konzentrische Papierzylinder ersetzt.

Das allgemeine Glied ist

$r_k = r_1 + (k - 1)s$,

wobei r_1 der Radius der Trommel ist, auf der das Papier aufgewickelt ist.
Die Längen u_k der einzelnen Lagen bilden auch eine arithmetische Folge, denn $u_{k+1} - u_k = 2\pi\, s$.
Das allgemeine Glied ist $u_k = 2\pi\, r_1 + (k - 1)\, 2\pi\, s$.

Beim freien Fall bilden die Fallgeschwindigkeiten nach 1 s, 2 s, 3 s, …, k s eine arithmetische Folge.

$v_k = g \cdot k, \qquad g = 9{,}81\ \mathrm{m\ s^{-2}}$.

Die Differenz der Fallgeschwindigkeiten beträgt 9,81 m $\mathrm{s^{-2}}$.
↗ Fallbeschleunigung, Wiss Ph, Seite 98

A 3

Geometrische Folge

DEFINITION:

Eine Folge (a_k), $a_k \neq 0$, heißt geometrische Folge genau dann, wenn der Quotient zweier beliebiger aufeinanderfolgender Glieder gleich einer konstanten (d. h. von k unabhängigen) Zahl $q \in P$, $q \neq 0$ ist:

$$\frac{a_{k+1}}{a_k} = q.$$

$a, aq, aq^2, \ldots, aq^n, \ldots$

Rekursive Bildungsvorschrift	Explizite Bildungsvorschrift
$a_0 = a$ $a_{n+1} = q \cdot a_n$	$a_n = a \cdot q^n \quad (n = 0, 1, 2, \ldots)$
$a_1 = a$ $a_{n+1} = q \cdot a_n$	$a_n = a \cdot q^{n-1} \quad (n = 1, 2, \ldots)$

Die geordneten Paare der Folge (aq^n), $n \in N$, sind eine Teilmenge der Menge der geordneten Paare der Funktion $y = aq^x$. Der Graph der Folge (aq^n), $n \in N$ besteht aus diskreten Punkten, die auf dem Graph der Funktion $y = aq^x$ liegen.

q	a	Monotonie	Beschränktheit	Obere Grenze	Untere Grenze
$q > 1$	$a > 0$	monoton wachsend	nach unten beschränkt	—	a
$q > 1$	$a < 0$	monoton fallend	nach oben beschränkt	a	—
$0 < q < 1$	$a > 0$	monoton fallend	beschränkt	a	0
$0 < q < 1$	$a < 0$	monoton wachsend	beschränkt	0	a
$-1 < q < 0$	$a \neq 0$	alternierend[1]	beschränkt	$\|a\|$	$-\|a\|$
$q < -1$	$a \neq 0$	alternierend	unbeschränkt	—	—

[1] Eine Folge heißt alternierend, wenn positive und negative Glieder einander abwechsel

Beispiele für geometrische Folgen

- Die Drücke, die jeweils nach einem Kolbenhub einer Vakuumpumpe im Rezipienten herrschen, bilden eine geometrische Folge.

Es sei

V_0 das Volumen des Rezipienten,
V_h das Hubvolumen der Vakuumpumpe,
p_k der Druck im Rezipienten am Beginn des $(k+1)$-ten Hubs.

Dann gilt nach dem Gesetz von *Boyle-Mariotte* (unter Annahme konstanter Temperatur)

$$p_k \cdot V_0 = p_{k+1} \cdot (V_0 + V_h)$$

$$\frac{p_{k+1}}{p_k} = \frac{V_0}{V_0 + V_h} \quad \left(\frac{V_0}{V_0 + V_h} \text{ ist eine von } k \text{ unabhängige konstante Zahl} \right).$$

Allgemeines Glied: $p_k = \left(\frac{V_0}{V_0 + V_h} \right)^k \cdot p_0 \quad (k = 0, 1, 2, \ldots).$

p_0 ist der Druck im Rezipienten zu Beginn des Pumpvorganges.

↗ Zustandsgleichung für das ideale Gas, Wiss Ph, Seite 158 (*Boyle*sches Gesetz)

- Die jährlichen Produktionsmengen (gemessen in Stück oder in Mark) eines bestimmten Warensortiments bilden eine geometrische Folge, falls eine konstante jährliche Zuwachsrate vorliegt.

Es sei

G_0 die Produktionsmenge in einem bestimmten Ausgangsjahr,
p der Prozentsatz der jährlichen Produktionszunahme,
G_k die Jahresproduktion im k-ten Jahr nach dem Ausgangsjahr.

Dann gilt

$$G_{k+1} = G_k \left(1 + \frac{p}{100} \right)$$

$$\frac{G_{k+1}}{G_k} = 1 + \frac{p}{100} \quad \left(1 + \frac{p}{100} \text{ ist unabhängig von } k \right).$$

Allgemeines Glied: $G_k = G_0 \left(1 + \frac{p}{100} \right)^k \quad (k = 0, 1, 2, \ldots).$

- Die Anzahlen noch nicht zerfallener Atome eines radioaktiven Isotops zu den Zeitpunkten, die gleich Vielfachen der Halbwertzeit nach einem bestimmten Ausgangszeitpunkt sind, bilden eine geometrische Folge.

Es sei

T die Halbwertzeit eines radioaktiven Isotops,
N_0 die Anzahl noch nicht zerfallener Atome zu einem bestimmten Anfangszeitpunkt,
N_k die Anzahl noch nicht zerfallener Atome zum Zeitpunkt $k \cdot T$ nach dem bestimmten Anfangszeitpunkt.

A 3

Dann gilt

$$N_{k+1} = \frac{1}{2} N_k$$

$$\frac{N_{k+1}}{N_k} = \frac{1}{2}.$$

Allgemeines Glied: $N_k = N_0 \left(\frac{1}{2}\right)^k \; (k = 0, 1, 2, \ldots)$.

Partialsummen[1]

DEFINITION:

Ist (a_k), $k \in N$, $k > 0$, eine Folge, so heißt $\sum_{k=1}^{n} a_k$ eine Partialsumme der Folge (a_k). Analog heißt $\sum_{k=0}^{n} a_k$ eine Partialsumme der Folge (a_k), falls $k \in N$, also ohne Ausschließung der Null im Definitionsbereich der Folge.

	Allgemeines Glied	Partialsumme
Arithmetische Folge	$a_k = a + (k-1)d$ $k \in N;\ k > 0;\ a,\ d \in P$	$\sum_{k=1}^{n} a_k = na + \frac{n(n-1)}{2} d$
Geometrische Folge	$a_k = aq^{k-1}$ $k \in N;\ k > 0;\ a, q \in P$	$\sum_{k=1}^{n} a_k = a \frac{q^n - 1}{q - 1} = a \frac{1 - q^n}{1 - q}$ $q \neq 1$
Folge der natürlichen Zahlen	$a_k = k$ $k \in N$	$\sum_{k=0}^{n} k = \frac{n(n+1)}{2}$
Folge der Quadratzahlen	$a_k = k^2$ $k \in N$	$\sum_{k=0}^{n} k^2 = \frac{n(n+1)(2n+1)}{6}$
Folge der Kubikzahlen	$a_k = k^3$ $k \in N$	$\sum_{k=0}^{n} k^3 = \left[\frac{n(n+1)}{2}\right]^2$

Alle Formeln zur Berechnung der Partialsummen der angegebenen Folgen lassen sich mit Hilfe der vollständigen Induktion beweisen.

[1] pars (lat.) – Teil

Funktionen und Gleichungen

B

B 1 Allgemeines über Funktionen

Überblick über wesentliche Eigenschaften von Funktionen	
Eigenschaften von f **an einer bestimmten Stelle** x_0 des Definitionsbereiches von f	Eigenschaften von f **in einem bestimmten Intervall** des Definitionsbereiches von f
Existenz einer Nullstelle ↗ Ma i Üb, Seite 61	Funktion ist gerade, Funktion ist ungerade ↗ Seite 28
Existenz eines Pols ↗ Seite 43	Periodizität ↗ Seite 29, ↗ Ma i Üb, Seite 110
Existenz des Grenzwertes ↗ Seite 68	
Stetigkeit ↗ Seite 73	Stetigkeit ↗ Seite 74
Differenzierbarkeit ↗ Seite 76	Differenzierbarkeit ↗ Seite 78
Lokale Monotonie ↗ Seite 89	Monotonie ↗ Ma i Üb, Seite 60
Lokale Konvexität, Lokale Konkavität ↗ Seite 96	Konvexität, Konkavität ↗ Seite 96
Existenz eines Wendepunktes ↗ Seite 97 Existenz eines lokalen Extremums ↗ Seite 92	Existenz des bestimmten Integrals ↗ Seite 114 Existenz des unbestimmten Integrals ↗ Seite 117

B 1

Gerade Funktionen

DEFINITION:
Eine Funktion f ist gerade genau dann, wenn für alle x des Definitionsbereiches D gilt:
$-x \in D$ und $f(-x) = f(x)$.

Das Bild einer geraden Funktion ist symmetrisch zur Ordinatenachse. Achsensymmetrie

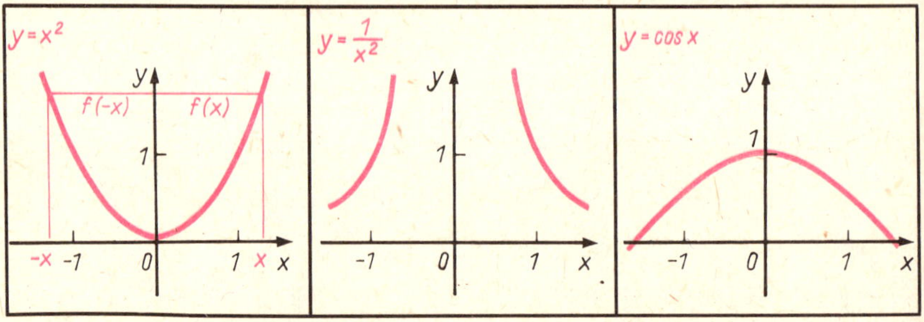

↗ Symmetrie, Ma i Üb, Seite 152

Ungerade Funktionen

DEFINITION:
Eine Funktion f ist ungerade genau dann, wenn für alle x des Definitionsbereiches D gilt:
$-x \in D$ und $f(-x) = -f(x)$.

Das Bild einer ungeraden Funktion ist zentralsymmetrisch zum Ursprung des Koordinatensystems. Punktsymmetrie

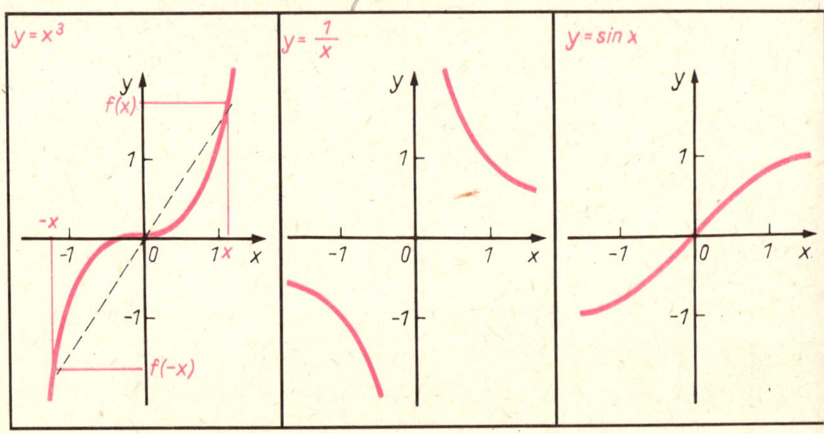

↗ Radiale Symmetrie (siehe zentralsymmetrisch), Ma i Üb, Seite 153

Periodizität

DEFINITION:
Eine Funktion f (Definitionsbereich D) ist periodisch genau dann, wenn es eine reelle Zahl $p > 0$ derart gibt, daß für alle $x \in D$ gilt:
$x + p \in D$ und $f(x + p) = f(x)$.
Die Zahl p heißt Periode von f.

Da mit p auch $k \cdot p$ für jedes natürliche $k > 0$ eine Periode von f ist, hat eine periodische Funktion unendlich viele Perioden. Falls unter ihnen eine kleinste existiert, so gibt man i. a. nur diese als „**die** Periode von f" an.

↗ Periodizität der Winkelfunktionen, Ma i Üb, Seite 110

Winkelfunktionen	$f(x + p) = f(x)$	kleinste Periode
$y = \sin x$	$\sin(x + 2\pi) = \sin x$	2π
$y = \cos x$	$\cos(x + 2\pi) = \cos x$	2π
$y = \tan x$	$\tan(x + \pi) = \tan x$	π
$y = \cot x$	$\cot(x + \pi) = \cot x$	π

$y = x - n$
für $n \leqq x < n + 1$
$n \in G$;
$-\infty < x < \infty$.

Es gilt
$f(x + 1) = f(x)$;
kleinste Periode
von f ist 1.

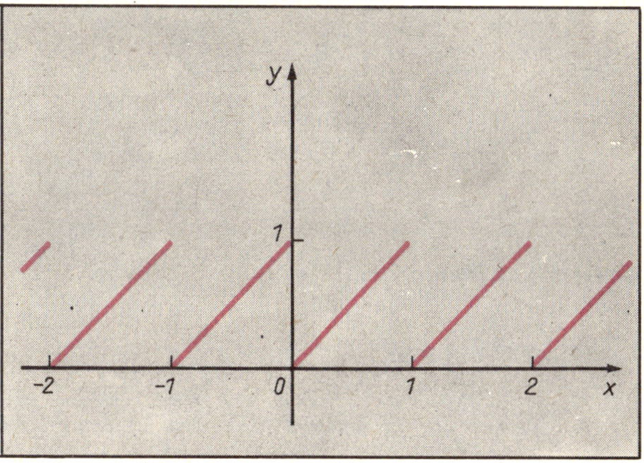

Neubildung von Funktionen

Aus gegebenen Funktionen lassen sich neue Funktionen bilden

1. durch rationale Rechenoperationen (↗ Seite 30),
2. durch Bilden der Umkehrfunktion (↗ Umkehrfunktion, Seite 33),
3. durch Verketten von Funktionen (↗ Seite 34).

➡ B 1

Rationale Operationen mit Funktionen

▶ **DEFINITION:**

Es seien f und g Funktionen mit einem gemeinsamen Definitionsbereich D. Dann sind

(1) $s = f + g$, (2) $d = f - g$, (3) $p = f \cdot g$ und (4) $q = \frac{f}{g}$

ebenfalls Funktionen, die aus der Menge folgender geordneter Paare gebildet werden:

(1) $s = f + g$ mit $[x; f(x) + g(x)]$ für jedes $x \in D$,
(2) $d = f - g$ mit $[x; f(x) - g(x)]$ für jedes $x \in D$,
(3) $p = f \cdot g$ mit $[x; f(x) \cdot g(x)]$ für jedes $x \in D$,
(4) $q = \frac{f}{g}$ mit $\left[x; \frac{f(x)}{g(x)}\right]$ für jedes $x \in D$ und $g(x) \neq 0$.

■

$f(x) = \frac{1}{2}x$

$-\infty < x < \infty$

$g(x) = \sin x$

$-\infty < x < \infty$

Gemeinsamer Definitionsbereich

$-\infty < x < \infty$

$s(x) = f(x) + g(x)$

$= \frac{1}{2}x + \sin x$

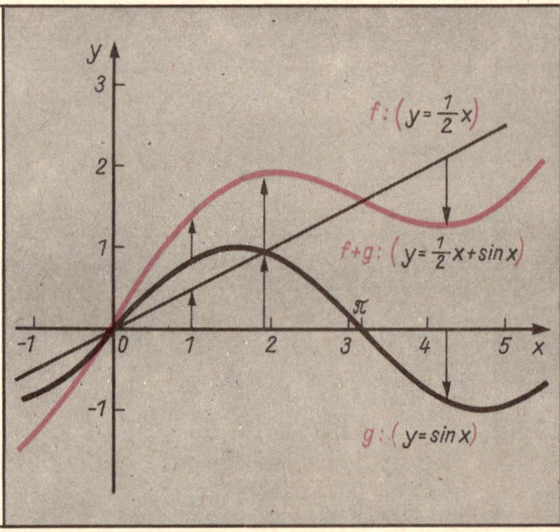

Zueinander inverse Funktionen

▶ **DEFINITION:**

Zwei Funktionen f und $\bar{f}$ sind zueinander invers genau dann, wenn die beiden Mengen geordneter Paare von f und $\bar{f}$ folgende Eigenschaft haben:

Für jedes geordnete Paar $[a; b]$ gilt: $[a; b] \in f$ genau dann, wenn $[b; a] \in \bar{f}$.

Die Mengen geordneter Paare von f und $\bar{f}$ gehen demnach durch Vertauschen der Komponenten jedes Paares auseinander hervor.

Die Graphen zweier zueinander inverser Funktionen f und $\bar{f}$ können auf zwei verschiedene Weisen in einem gemeinsamen Koordinatensystem dargestellt werden.

1. Möglichkeit

Die Graphen von f und $\bar{f}$ sind identisch.
Die Bedeutung der Koordinatenachsen ist für f und $\bar{f}$ unterschiedlich:
Die x-Achse entspricht
- für f dem Definitionsbereich von f,
- für $\bar{f}$ dem Wertebereich von $\bar{f}$.

Die y-Achse entspricht
- für f dem Wertebereich von f,
- für $\bar{f}$ dem Definitionsbereich von $\bar{f}$.

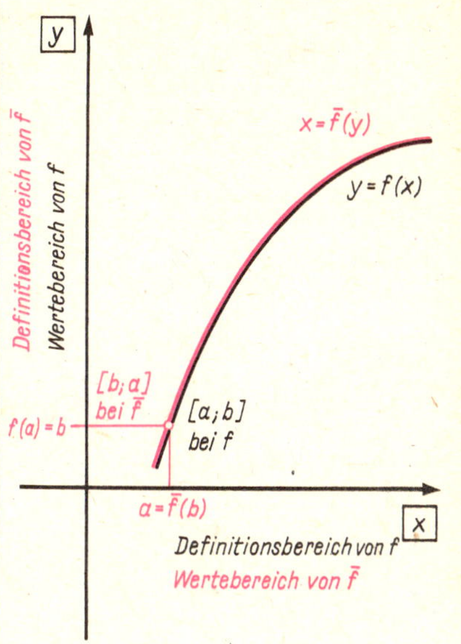

2. Möglichkeit

Die Bedeutung der Koordinatenachsen ist für f und $\bar{f}$ gleich:
Die x-Achse entspricht dem Definitionsbereich von f und $\bar{f}$.
Die y-Achse entspricht dem Wertebereich von f und $\bar{f}$.
Die Graphen von f und $\bar{f}$ sind nicht identisch Sie liegen axialsymmetrisch zur Geraden $y = x$.

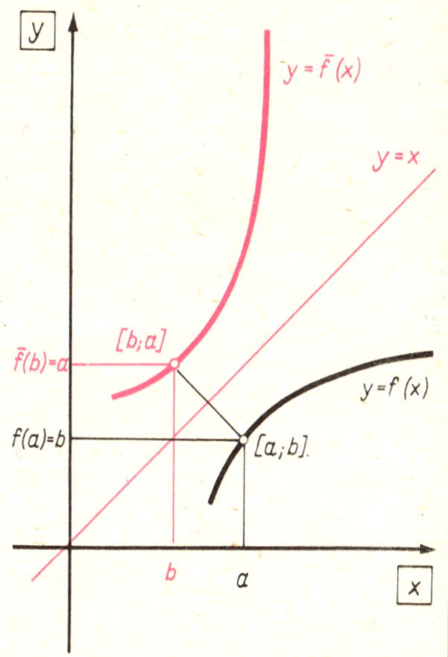

↗ Axiale Symmetrie, Ma i Üb, Seite 152

➡ B 1

Zueinander inverse Funktionen f und $\overline{f}$

Definitionsbereich von f	Gleichung von f	Wertebereich von f — Definitionsbereich von $\overline{f}$	Gleichung von $\overline{f}$	Wertebereich von $\overline{f}$
$-\infty < x < \infty$	$y = 3x$	$-\infty < {y \atop x} < \infty$	$y = \frac{x}{3}$	$-\infty < y < \infty$
$-\infty < x < \infty$	$y = ax + b$ $a \neq 0$	$-\infty < {y \atop x} < \infty$	$y = \frac{x - b}{a}$	$-\infty < y < \infty$
$0 \leqq x < \infty$	$y = x^2$	$0 \leqq {y \atop x} < \infty$	$y = \sqrt{x}$	$0 \leqq y < \infty$
$-\infty < x < 0$	$y = x^2$	$0 < {y \atop x} < \infty$	$y = -\sqrt{x}$	$-\infty < y < 0$
$-\infty < x < \infty$	$y = x^3$	$-\infty < y < \infty$ $0 \leqq x < \infty$ $-\infty < x < 0$	$y = \sqrt[3]{x}, x \geqq 0$ $y = -\sqrt[3]{-x},$ $x < 0$	$-\infty < y < \infty$
$x \in P$ $x \neq 0$	$y = \frac{1}{x}$	$y \in P;\ y \neq 0$ $x \in P;\ x \neq 0$	$y = \frac{1}{x}$	$y \in P;\ y \neq 0$
$0 < x < \infty$	$y = \frac{1}{x^2}$	$0 < {y \atop x} < \infty$	$y = \frac{1}{\sqrt{x}}$	$0 < y < \infty$
$-\infty < x < \infty$	$y = 2^x$	$0 < {y \atop x} < \infty$	$y = \log_2 x$	$-\infty < y < \infty$
$-\infty < x < \infty$	$y = e^x$	$0 < {y \atop x} < \infty$	$y = \ln x$	$-\infty < y < \infty$
$-\infty < x < \infty$	$y = a^x$ $a > 0;\ a \neq 1$	$0 < {y \atop x} < \infty$	$y = \log_a x$	$-\infty < y < \infty$

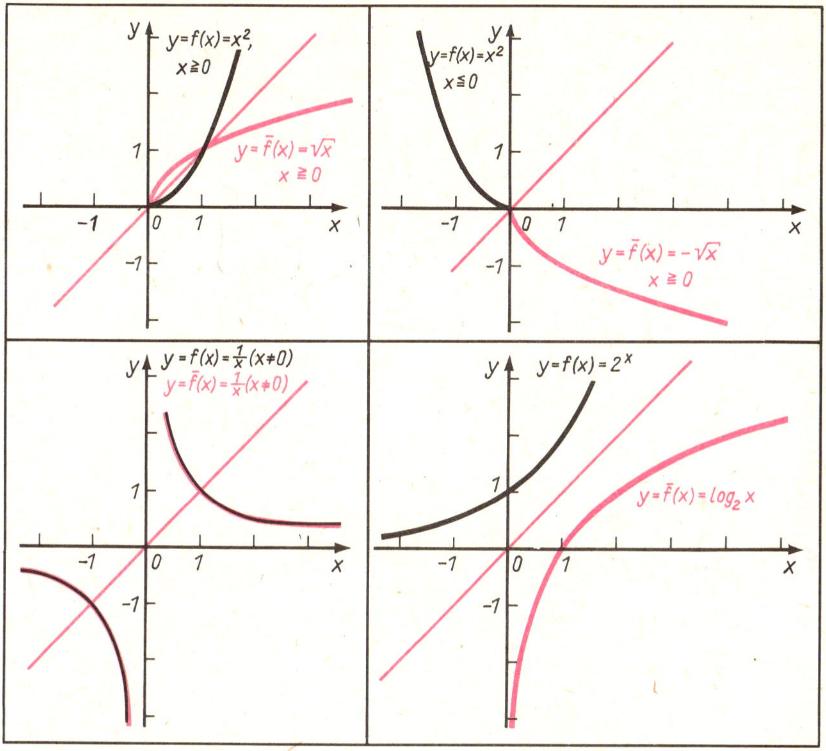

Umkehrfunktion

Die zu f inverse Funktion $\bar{f}$ heißt auch **Umkehrfunktion von f.**

> **SATZ:**
> **Zu jeder eineindeutigen Funktion f existiert die Umkehrfunktion $\bar{f}$.**

↗ Mehrdeutige, eindeutige und eineindeutige Abbildungen, Ma i Üb, Seite 57

Funktionen, die nicht eineindeutig sind, besitzen keine Umkehrfunktion. Denn ist f nicht eineindeutig, dann gibt es in der Menge der geordneten Paare von f mindestens zwei Paare der Form $[a_1; b]$, $[a_2; b]$ mit $a_1 \neq a_2$. In der Menge der geordneten Paare, die durch Vertauschen der Komponenten jedes Paares von f hervorgeht, befinden sich dann die beiden Paare $[b; a_1]$, $[b; a_2]$ mit $a_1 \neq a_2$, d. h., die Abbildung, die durch die Menge der geordneten Paare dargestellt wird, ist keine Funktion, da diese Abbildung nicht eindeutig ist. Zum Beispiel besitzt die Funktion $f(x) = x^2$, $-\infty < x < \infty$ keine Umkehrfunktion, da jedem x des Definitionsbereiches, außer $x = 0$, genau zwei Funktionswerte zugeordnet sind.

↗ Umkehrbarkeit von Potenzfunktionen, Seite 49

➡ B 1

■ Gegeben sei die Funktion f mit der Gleichung $y = 3x + 5$ $(-\infty < x < \infty)$. Gesucht ist die Gleichung der Umkehrfunktion.
Lösung: Die Funktion f ist eineindeutig.
Die geordneten Paare von f haben die Form $[a; 3a + 5]$ $a \in P$.
Alle Paare der Umkehrfunktion $\bar{f}$ haben dann die Form $[3a + 5; a]$ $a \in P$.
Gehen wir nun zu den üblichen Bezeichnungen über, indem wir für das Argument (in unserem Fall $3a + 5$) das Zeichen x und für den Funktionswert (in unserem Fall a) das Zeichen y setzen, so erhalten wir $[3y + 5; y] = [x; y]$ und somit

$3y + 5 = x$ bzw. $y = \frac{x-5}{3}$ als Gleichung für die Funktion $\bar{f}$.

Regel für die Gewinnung der Gleichung der Umkehrfunktion:

Ist die Gleichung einer Funktion f gegeben, $y = f(x)$, und ist die Funktion umkehrbar, dann erhält man die Gleichung der Umkehrfunktion $y = \bar{f}(x)$, indem man die Gleichung $y = f(x)$ nach x, falls es möglich ist, auflöst und die Bezeichnungen y und x gegeneinander vertauscht.

Verkettung von Funktionen

Das Verketten von Funktionen entspricht dem „Nacheinanderausführen" oder „Zusammensetzen" von Abbildungen.

▶ **DEFINITION:**
Gegeben seien zwei Funktionen f und g:

Bezeichnung	Gleichung	geordnete Paare
g	$z = g(x)$	$[x; z]$
f	$y = f(z)$	$[z; y]$

Unter der durch Verketten der Funktionen g und f entstehenden Funktion $y = f(g(x))$ verstehen wir die Menge aller geordneten Paare $[x; y]$, für die gilt: Es gibt ein z derart, daß $[x; z] \in g$ und $[z; y] \in f$.
Man bezeichnet g als innere Funktion und f als äußere Funktion.

■ Durch Verketten folgender Funktionen soll eine neue Funktion gebildet werden.

innere Funktion $z = x + 2$, $[z = g(x)]$, $(-\infty < x < \infty)$,
äußere Funktion $y = \log_2 z$, $[y = f(z)]$, $(0 < z < \infty)$,
verkettete Funktion $y = \log_2 (x + 2)$, $[y = f(g(x))]$, $(-2 < x < \infty)$.

Genau für die z mit $0 < z < \infty$ existiert $\log_2 z$. Also gibt es für $x + 2 > 0$ bzw. für $x > -2$ ein z derart, daß gilt $[x; z] \in g$ und $[z; y] \in f$.

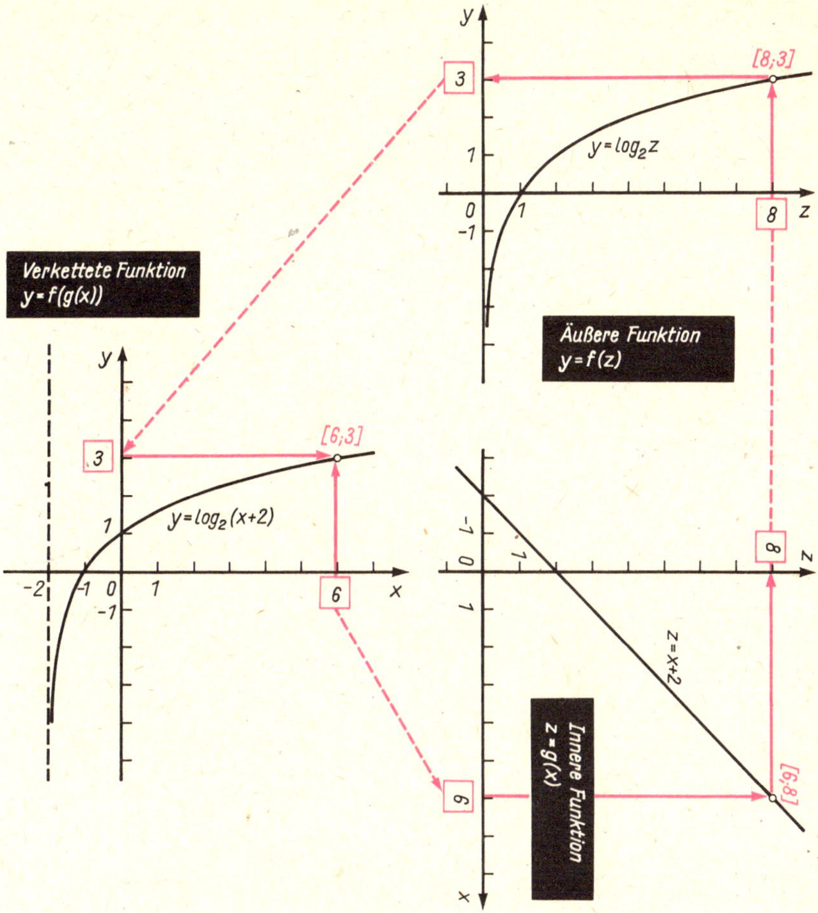

> **SATZ:**
> **Die Verkettung einer Funktion f und ihrer Umkehrfunktion $\bar{f}$ ergibt die identische Abbildung**
> **$y = \bar{f}[f(x)] = x$.**

Wird nämlich a durch f auf b abgebildet, dann wird b durch $\bar{f}$ auf a abgebildet. Folglich wird a durch $\bar{f}[f(x)]$ wieder auf a, also auf sich selbst, abgebildet.

> **SATZ:**
> **Gilt für zwei Funktionen f_1 und f_2**
> **$f_1[f_2(x)] = x$ und $f_2[f_1(x)] = x$,**
> **dann sind die Funktionen zueinander invers.**

➡ B 1

Geometrische Bedeutung der Veränderung von Funktionsgleichungen[1]

1 $y = f(x) \longrightarrow y = f(x) + b \quad (b \in P)$

Der Graph von $y = f(x) + b$ geht aus dem Graph von $y = f(x)$ durch folgende Abbildung der Ebene auf sich hervor:	
$b > 0$	Verschiebung in positiver Richtung der Ordinatenachse (Verschiebungsweite b)
$b = 0$	Identische Abbildung
$b < 0$	Verschiebung in negativer Richtung der Ordinatenachse (Verschiebungsweite $\|b\|$)

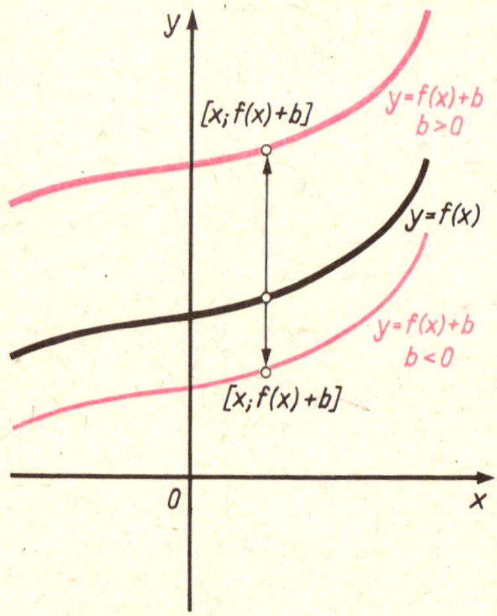

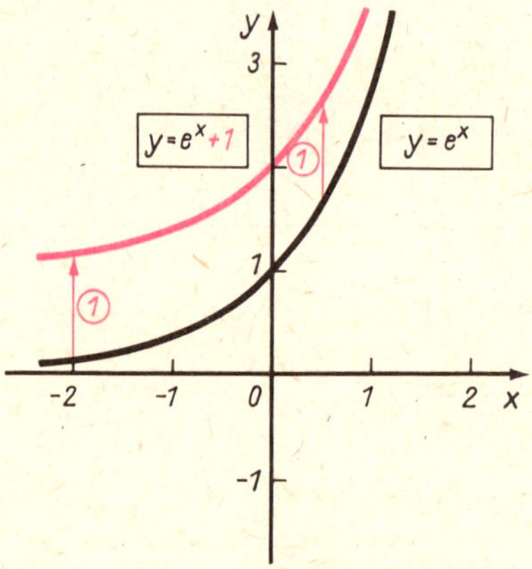

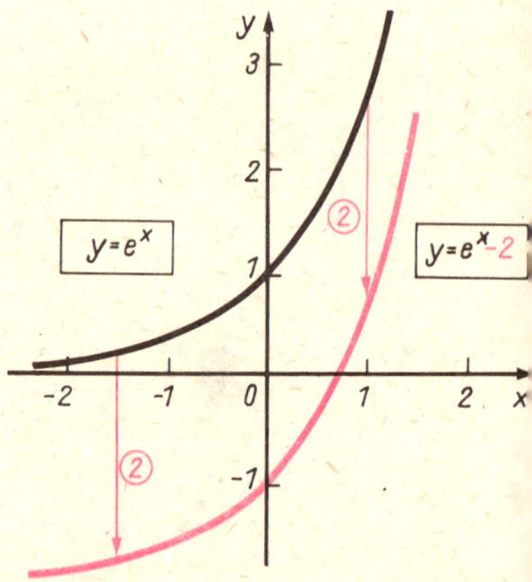

↗ Verschiebungen, Ma i Üb, Seite 144
↗ Die Funktionen $y = x^2 + e$, Ma i Üb, Seite 88

[1] Bei den angegebenen Abbildungen der Ebene auf sich wird vorausgesetzt, daß d[...] Koordinatensystem (einschließlich der Länge der Einheiten) hierbei nicht beeinflu[...] wird.

2 $y = f(x) \longrightarrow y = a \cdot f(x) \quad (a \in P;\ a \neq 0)$

Der Graph von $y = a \cdot f(x)$ geht aus dem Graph von $y = f(x)$ durch folgende Abbildung der Ebene auf sich hervor:

$a > 0$	$a > 1$	Streckung in Richtung der Ordinatenachse von der Abszissenachse weg (Streckungsfaktor $k = a$)
	$a = 1$	Identische Abbildung
	$a < 1$	Stauchung in Richtung der Ordinatenachse zur Abszissenachse hin (Streckungsfaktor $k = a$)
$a < 0$	$\lvert a \rvert > 1$	Spiegelung an der Abszissenachse und Streckung in Richtung der Ordinatenachse von der Abszissenachse weg (Streckungsfaktor $k = \lvert a \rvert$)
	$a = -1$	Spiegelung an der Abszissenachse
	$\lvert a \rvert < 1$	Spiegelung an der Abszissenachse und Stauchung in Richtung der Ordinatenachse zur Abszissenachse hin (Streckungsfaktor $k = \lvert a \rvert$)

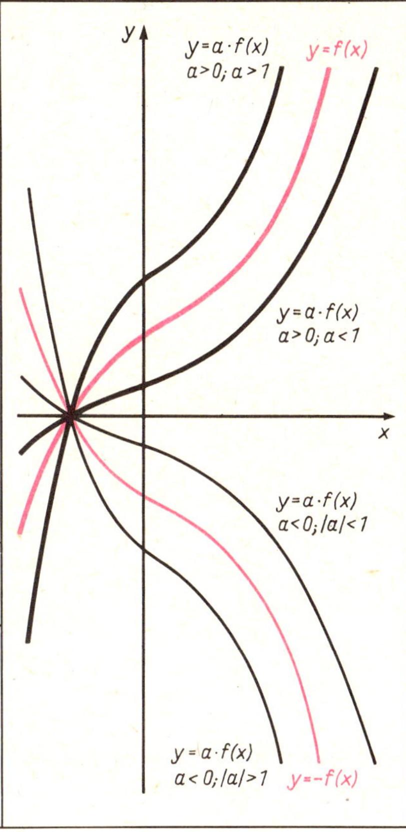

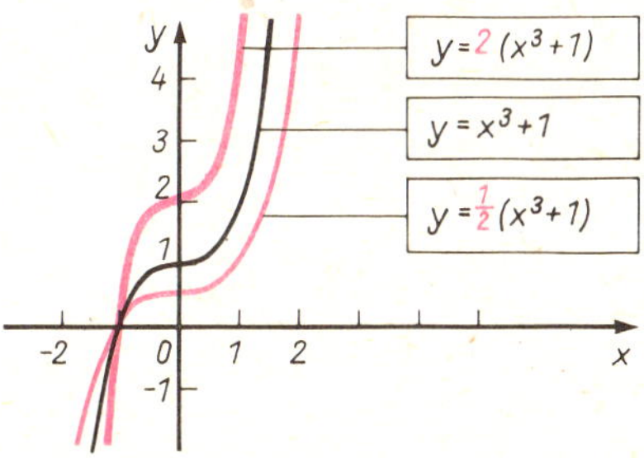

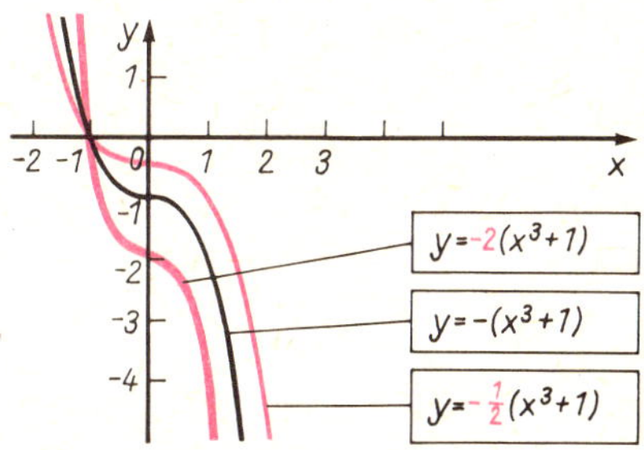

↗ Zentrische Streckung, Ma i Üb, Seite 215 ff.
↗ Die Funktionen $y = ax^2$, Ma i Üb, Seite 87 f.
↗ Die Funktionen $y = a \cdot \sin x$, Ma i Üb, Seite 116

B 1

3 $y = f(x) \longrightarrow y = f(x + c) \quad (c \in P)$

Der Graph von $y = f(x + c)$ geht aus dem Graph von $y = f(x)$ durch folgende Abbildung der Ebene auf sich hervor:		
$c > 0$	Verschiebung in negativer Richtung der Abszissenachse (Verschiebungsweite c)	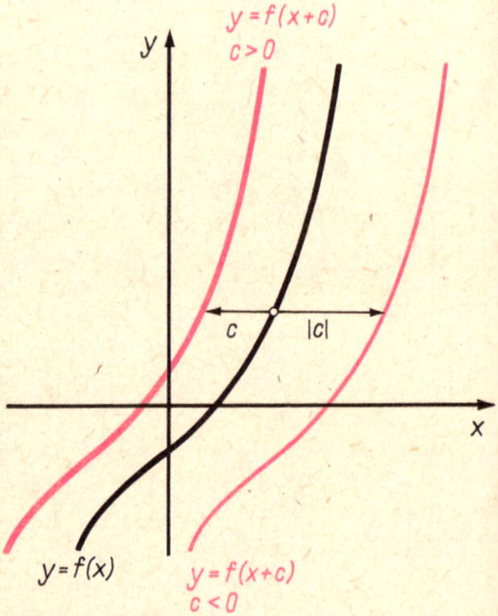
$c = 0$	Identische Abbildung	
$c < 0$	Verschiebung in positiver Richtung der Abszissenachse (Verschiebungsweite $\|c\|$)	

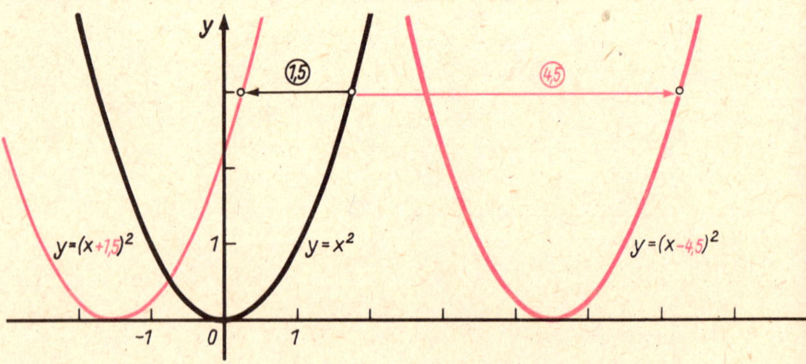

↗ Die Funktionen $y = (x + d)^2$, Ma i Üb, Seite 88 f.

4 $y = f(x) \longrightarrow y = f(bx) \quad (b \in P;\ b \neq 0)$

Der Graph von $y = f(bx)$ geht aus dem Graph von $y = f(x)$ durch folgende Abbildung der Ebene auf sich hervor:

$b > 0$	$b > 1$	Stauchung in Richtung der Abszissenachse zur Ordinatenachse hin (Streckungsfaktor $k = \frac{1}{b}$)
	$b = 1$	Identische Abbildung
	$b < 1$	Streckung in Richtung der Abszissenachse von der Ordinatenachse weg (Streckungsfaktor $k = \frac{1}{b}$)
$b < 0$	$\lvert b\rvert > 1$	Spiegelung an der Ordinatenachse und Stauchung in Richtung der Abszissenachse zur Ordinatenachse hin (Streckungsfaktor $k = \frac{1}{\lvert b\rvert}$)
	$b = -1$	Spiegelung an der Ordinatenachse
	$\lvert b\rvert < 1$	Spiegelung an der Ordinatenachse und Streckung in Richtung der Abszissenachse von der Ordinatenachse weg (Streckungsfaktor $k = \frac{1}{\lvert b\rvert}$)

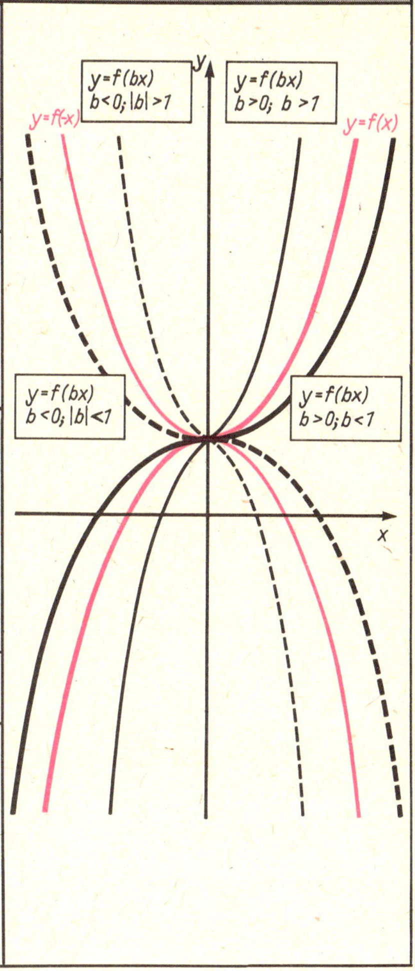

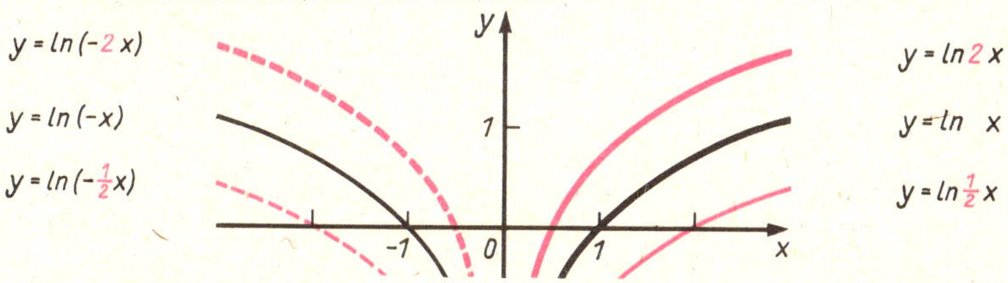

↗ Die Funktionen $y = \sin bx$, Ma i Üb, Seite 116 f.

B2 Rationale Funktionen

Rationale Funktion

DEFINITION:
Die Funktion f ist eine auf ihrem Definitionsbereich X rationale Funktion genau dann, wenn es natürliche Zahlen n und m und reelle Zahlen $a_0, a_1, \ldots, a_n$, $b_0, b_1, \ldots, b_m$ mit $a_n \neq 0$ und $b_m \neq 0$ derart gibt, daß für alle $x \in X$ gilt:

$$f(x) = \frac{a_n x^n + a_{n-1} x^{n-1} + \ldots + a_1 x + a_0}{b_m x^m + b_{m-1} x^{m-1} + \ldots + b_1 x + b_0} = \frac{\sum_{k=0}^{n} a_k x^k}{\sum_{k=0}^{m} b_k x^k}.$$

Die reellen Zahlen $a_0, a_1, \ldots$ und $b_0, b_1, \ldots$ nennt man die **Koeffizienten.**

Einteilung rationaler Funktionen	
Gibt es eine Darstellung mit $m = 0$, so heißt f auf X **ganze rationale Funktion.**	■ $f(x) = 3x^2 + 2x + 3$ $f(x) = 5$
Gibt es keine Darstellung mit $m = 0$, so heißt f auf X **gebrochene rationale Funktion.**	
Gilt $0 \leqq n < m$, so heißt f auf X **echt gebrochene** rationale Funktion.	■ $f(x) = \frac{1}{x}$ $f(x) = \frac{2x^2 + 3}{5x^6 - 7x^4 + 9}$
Gilt $n \geqq m > 0$, so heißt f auf X **unecht gebrochene** rationale Funktion.	■ $f(x) = \frac{2x^4 + 5x + 6}{3x^2 - 6x + 9}$ $f(x) = \frac{5x^2 - 1}{7x^2 + 5x - 3}$

↗ Lineare Funktionen, Ma i Üb, Seite 62 ff.
↗ Quadratische Funktionen, Ma i Üb, Seite 86 ff.
↗ Potenzfunktionen, Ma i Üb, Seite 95 ff.

Liegt eine ganze rationale Funktion:

$$f(x) = a_n x^n + a_{n-1} x^{n-1} + \ldots + a_1 x + a_0 = \sum_{k=0}^{n} a_k x^k \quad (a_n \neq 0)$$

vor, so nennt man die natürliche Zahl n den **Grad** der ganzen rationalen Funktion.

SATZ:
Für ganze rationale Funktionen, deren Definitionsbereich ein Intervall enthält, gibt es genau eine solche Darstellung

$$f(x) = \sum_{k=0}^{n} a_k x^k.$$

Nullstellen rationaler Funktionen

DEFINITION:
x_0 ist Nullstelle der rationalen Funktion $f(x) = \frac{u(x)}{v(x)}$ genau dann, wenn $u(x_0) = 0$ und $v(x_0) \neq 0$ gilt.

$x_0 = 2$ ist Nullstelle von $f(x) = \frac{3x^2 - 12}{2x^3 + x^2 + x} = \frac{u(x)}{v(x)}$; denn es ist
$u(2) = 3 \cdot 2^2 - 12 = 0$ und $v(2) = 2 \cdot 2^3 + 2^2 + 2 \neq 0$

DEFINITION:
Man nennt x_1 eine k-fache Nullstelle der ganzen rationalen Funktion f genau dann, wenn es eine ganze rationale Funktion f_1 mit $f_1(x_1) \neq 0$ und eine Zahl k, $k \in N$, $k > 0$, gibt, so daß für jedes x gilt
$f(x) = (x - x_1)^k f_1(x)$.
Ist k gerade, so wird die Nullstelle x_1 Nullstelle gerader Ordnung genannt.
Ist k ungerade, so nennt man sie Nullstelle ungerader Ordnung.

$x_1 = -1$ ist eine dreifache Nullstelle der ganzen rationalen Funktion $y = (x + 1)^3$, denn es gilt für jedes x
$(x + 1)^3 = [x - (-1)]^3 \cdot 1$.
Hier ist folglich $f_1(x) = 1$, und da diese Funktion aus Paaren $[x; 1]$, $x \in P$, besteht, gilt auch $f_1(-1) = 1$.

Funktionskurvenverlauf in der Umgebung von Nullstellen rationaler Funktionen		
einfache Nullstellen	mehrfache Nullstellen	
	ungerader Ordnung	gerader Ordnung

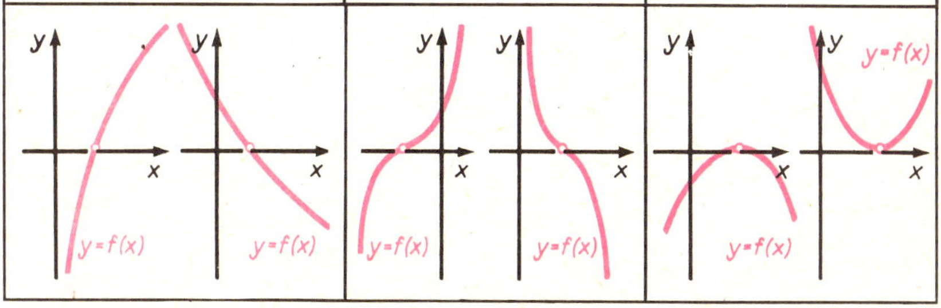

B2

SÄTZE:

(1) Jede ganze rationale Funktion *n*-ten Gerades hat höchstens *n* voneinander verschiedene Nullstellen.

(2) x_1 ist eine Nullstelle der ganzen rationalen Funktion *f* genau dann, wenn es eine ganze rationale Funktion f_1 gibt, so daß für jedes *x* gilt:
$f(x) = (x - x_1) \cdot f_1(x)$.

(3) Sind die voneinander verschiedenen Zahlen $x_1, x_2, \dots, x_m$ Nullstellen der ganzen rationalen Funktion *f*, so gibt es eine ganze rationale Funktion f_m derart, daß für jedes *x* gilt:
$f(x) = (x - x_1)(x - x_2) \dots (x - x_m) \cdot f_m(x)$.
Man sagt zu diesem Sachverhalt:
Abspalten der Linearfaktoren
$(x - x_1), (x - x_2), \dots, (x - x_m)$

(4) Hat eine ganze rationale Funktion *f* vom Grade *n* genau *n* Nullstellen $x_1, x_2, \dots, x_n$, so läßt sie sich als Produkt von *n* Linearfaktoren darstellen:
$f(x) = a_n (x - x_1)(x - x_2) \cdot \dots \cdot (x - x_n), \quad a_n \neq 0$.

Berechnen von Nullstellen rationaler Funktionen

Der Satz über das Abspalten von Linearfaktoren läßt sich bei der Berechnung von Nullstellen in manchen Fällen vorteilhaft anwenden. Ist beispielsweise ein ganze rationale Funktion dritten Grades gegeben,

$f(x) = a_3 x^3 + a_2 x^2 + a_1 x + a_0$,

und ist bekannt, daß x_1 Nullstelle von *f* ist, dann gibt es eine ganze rational Funktion $f_1(x) = b_2 x^2 + b_1 x + b_0$, und es gilt $f(x) = (x - x_1) \cdot f_1(x)$.

Die Funktion $f_1(x)$ läßt sich bestimmen

a) durch Koeffizientenvergleich, b) durch Divisionsalgorithmus.
Die Ermittlung der Nullstellen bei Funktionen höheren Grades und weiter Möglichkeiten zur Lösung von Gleichungen dritten Grades werden hier nich behandelt.

■ Die Nullstellen der Funktion $f(x) = 4x^3 + 8x^2 - 20x - 24$ sind zu bestimmen.

$f(x) = 4(x^3 + 2x^2 - 5x - 6)$

Durch Probieren erhält man $x_1 = -1$ als Nullstelle. Also gibt es eine quadra tische Funktion $f_1(x) = ax^2 + bx + c$, und es gilt $f(x) = 4(x + 1)(ax^2 + bx + c$

a) Ermitteln der Koeffizienten *a*, *b*, *c* durch Koeffizientenvergleich:

$$4(x^3 + 2x^2 - 5x - 6) = 4(x + 1)(ax^2 + bx + c)$$
$$x^3 + 2x^2 - 5x - 6 = ax^3 + (a + b)x^2 + (b + c)x + c.$$

Da es für ganze rationale Funktionen genau eine Darstellung gibt, muß gelte

$a = 1,\ a + b = 2,\ b + c = -5,\ c = -6$.
Hieraus folgt $a = 1;\ b = 1;\ c = -6$.

Also gilt
$f(x) = 4(x + 1)(x^2 + x - 6)$.

Die Gleichung $x^2 + x - 6 = 0$ hat die Lösungen $x_2 = 2$, $x_3 = -3$.
Die Funktion

$f(x) = 4x^3 + 8x^2 - 20x - 24$

hat somit die Nullstellen

$x_1 = -1;\quad x_2 = 2;\quad x_3 = -3.$

b) Bestimmen der Koeffizienten durch Anwenden des Divisionsalgorithmus.

$4\,(x^3 + 2x^2 - 5x - 6) = 4\,(x + 1) \cdot f_1\,(x)$

Also:

$$
\begin{array}{l}
(x^3 + 2x^2 - 5x - 6) : (x + 1) = x^2 + x - 6 \\
\underline{-(x^3 + x^2)} \\
\qquad x^2 - 5x \\
\quad \underline{-(x^2 + x)} \\
\qquad\quad -6x - 6 \\
\qquad \underline{-(-6x - 6)} \\
\qquad\qquad\quad 0
\end{array}
$$

und dann weiter wie bei a).

Pole rationaler Funktionen

DEFINITION:

x_0 ist Pol der rationalen Funktion $f(x) = \dfrac{u(x)}{v(x)}$ genau dann, wenn $u(x_0) \neq 0$ und $v(x_0) = 0$ gilt.

$x_p = 1$ ist Pol von $f(x) = \dfrac{1}{x-1} = \dfrac{u(x)}{v(x)}$; denn es ist $u(1) = 1 \neq 0$ und $v(1) = 1 - 1 = 0$.

Annäherung an einen Pol

Für jede Funktion

$$f(x) = \frac{1}{x - x_0} \quad (x \neq x_0)$$

gilt:

$$\lim_{\substack{x \to x_0 \\ x < x_0}} f(x) = +\infty$$

und

$$\lim_{\substack{x \to x_0 \\ x < x_0}} f(x) = -\infty$$

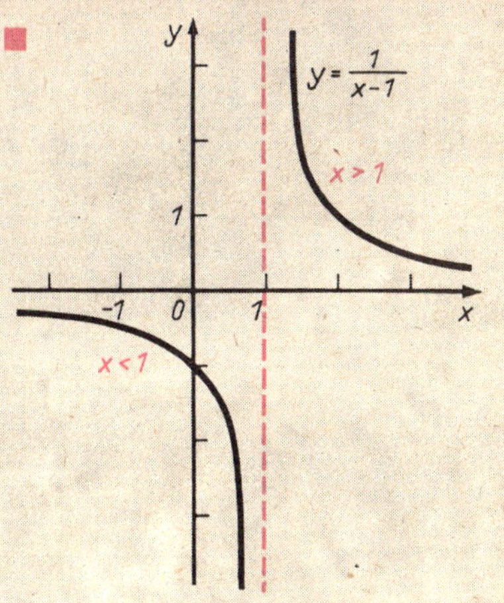

➡ B 2

Annäherung an einen Pol

Für jede Funktion

$$f(x) = \frac{1}{(x - x_0)^2} \quad (x \neq x_0)$$

gilt:

$$\lim_{\substack{x \to x_0 \\ x > x_0}} f(x) = \lim_{\substack{x \to x_0 \\ x < x_0}} f(x) = +\infty$$

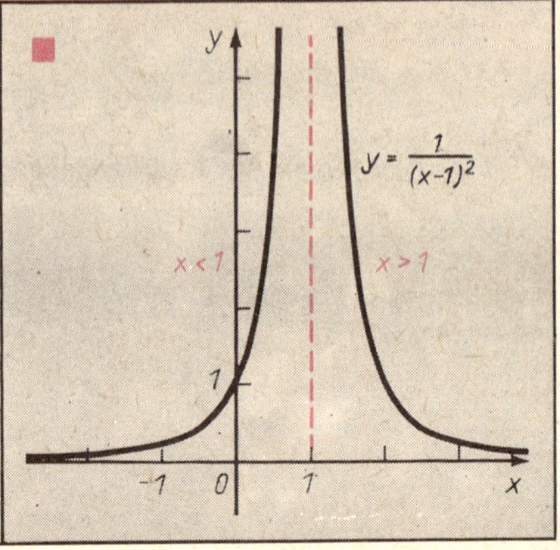

↗ Grenzwert einer Funktion, Seite 68

Funktionskurvenverlauf bei Polstellen

ungerader Ordnung

x_0 heißt Polstelle ungerader Ordnung, wenn f in folgender Weise dargestellt werden kann:

$$f(x) = \frac{u(x)}{v_1(x)} \cdot \frac{1}{(x - x_0)^{2k+1}}$$

$u(x_0) \neq 0$; $v_1(x_0) \neq 0$.

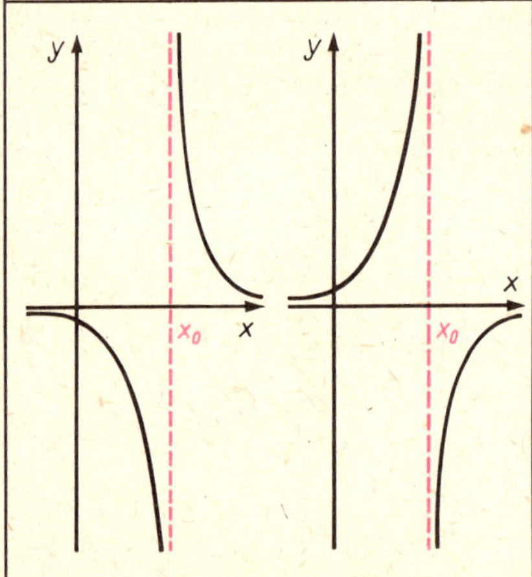

$\frac{u(x_0)}{v_1(x_0)} > 0$ $\qquad$ $\frac{u(x_0)}{v_1(x_0)} < 0$

gerader Ordnung

x_0 heißt Polstelle gerader Ordnung, wenn f in folgender Weise dargestellt werden kann:

$$f(x) = \frac{u(x)}{v_1(x)} \cdot \frac{1}{(x - x_0)^{2k}}$$

$u(x_0) \neq 0$; $v_1(x_0) \neq 0$.

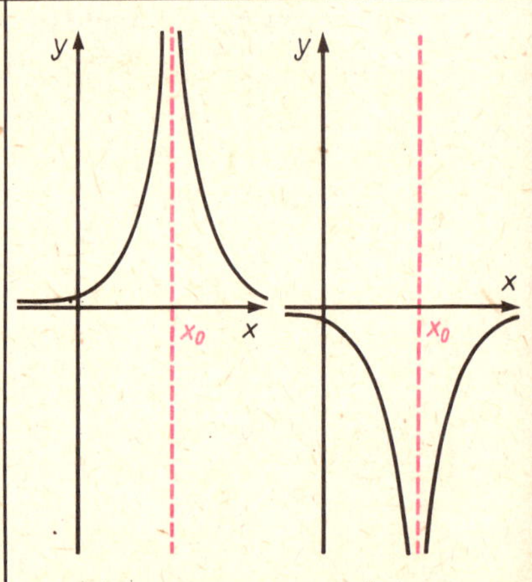

$\frac{u(x_0)}{v_1(x_0)} > 0$ $\qquad$ $\frac{u(x_0)}{v_1(x_0)} < 0$

Berechnen von Polen rationaler Funktionen

Das Ermitteln von Polstellen einer Funktion $f(x) = \frac{u(x)}{v(x)}$ erfordert das Aufsuchen derjenigen Nullstellen x_k von $v(x)$, für die $u(x_k) \neq 0$ ist.

■ Es sind die Polstellen der Funktion

$$f(x) = \frac{3x - 6}{x^3 - 3x + 2} = \frac{u(x)}{v(x)}$$

zu ermitteln.

Die Funktion v besitzt die zweifache Nullstelle $x_1 = 1$ und die einfache Nullstelle $x_3 = -2$.

Also gilt

$v(x) = (x-1)^2 (x+2)$

und folglich

$$f(x) = \frac{3x - 6}{(x-1)^2 (x+2)}$$

Da für die Zahlen 1 und -2

$u(x) = 3x - 6$

ungleich Null ist, sind diese beiden Zahlen Pole der Funktion f.

1 ist ein Pol gerader Ordnung, -2 ist ein Pol ungerader Ordnung.

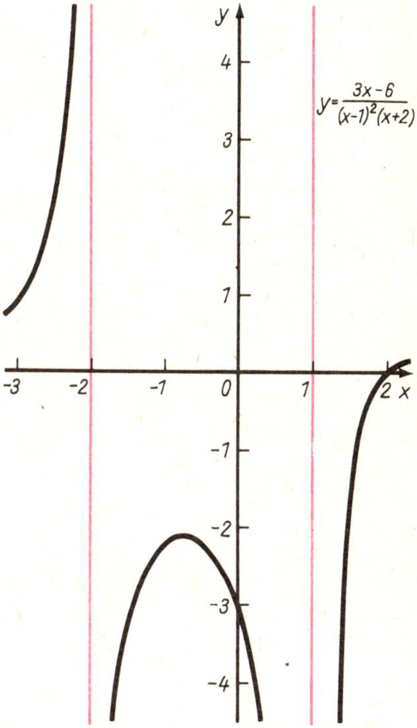

↗ Berechnen von Nullstellen rationaler Funktionen, Seite 42

Verhalten der rationalen Funktionen im Unendlichen

1 *Ganze rationale Funktionen*

$$\lim_{x \to \pm\infty} f(x) = \lim_{x \to \pm\infty} x^n \left(a_n + \frac{a_{n-1}}{x} + \ldots + \frac{a_0}{x^n} \right)$$

$$= (\lim_{x \to \pm\infty} x^n) \cdot a_n$$

↗ Grenzwert einer Funktion, Seite 68

B2

n	n gerade		n ungerade	
a_n	$a_n > 0$	$a_n < 0$	$a_n > 0$	$a_n < 0$
$\lim\limits_{x \to +\infty} f(x)$	$+\infty$	$-\infty$	$+\infty$	$-\infty$
$\lim\limits_{x \to -\infty} f(x)$	$+\infty$	$-\infty$	$-\infty$	$+\infty$
Beispiel	$y = x^2$ 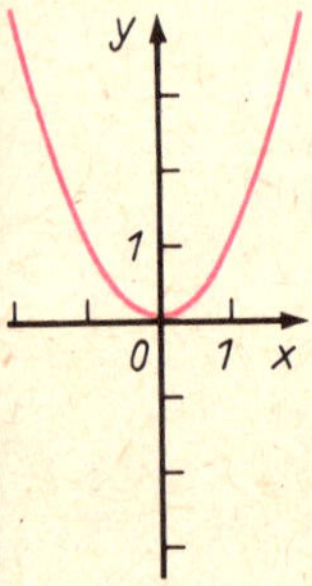	$y = -x^4$ 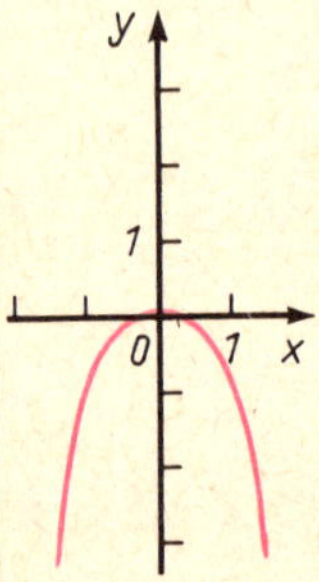	$y = x^3$ 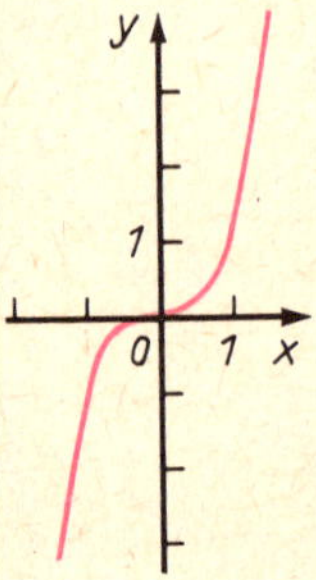	$y = -x^3$ 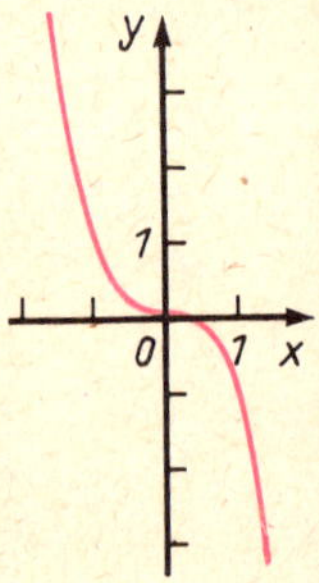

2 Gebrochene rationale Funktionen

$$\lim_{x \to \pm\infty} f(x) = \lim_{x \to \pm\infty} \frac{x^n \left(a_n + \frac{a_{n-1}}{x} + \ldots + \frac{a_0}{x^n}\right)}{x^m \left(b_m + \frac{b_{m-1}}{x} + \ldots + \frac{b_0}{x^m}\right)}$$

$$= \frac{a_n}{b_m} \cdot \lim_{x \to \pm\infty} \frac{x^n}{x^m} = \frac{a_n}{b_m} \cdot \lim_{x \to \pm\infty} x^{n-m}$$

Fall 2a: $n - m < 0$

$$\lim_{x \to \pm\infty} f(x) = 0$$

Die Abszissenachse ist Asymptote des Graphen von $y = f(x)$.

■ $y = \dfrac{2x^2 + 2x - 12}{x^3 + x^2 - 8x - 12}$

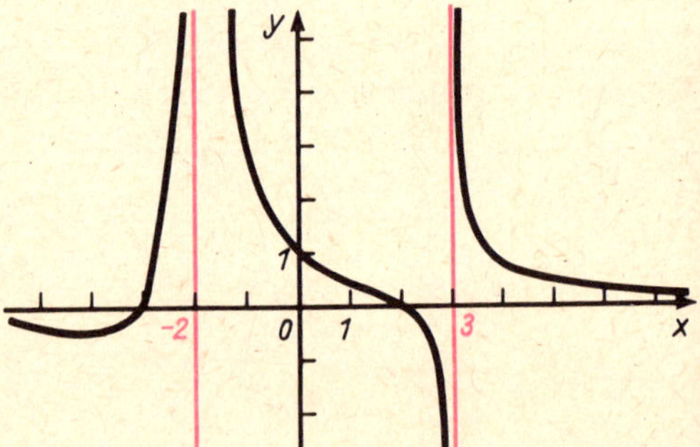

<table>
<tr><td>

Fall 2b: $n = m$

$$\lim_{x \to \pm\infty} f(x) = \frac{a_n}{b_m}$$

Die Gerade $y = \frac{a_n}{b_m}$ ist Asymptote des Graphen von $y = f(x)$.

</td><td>

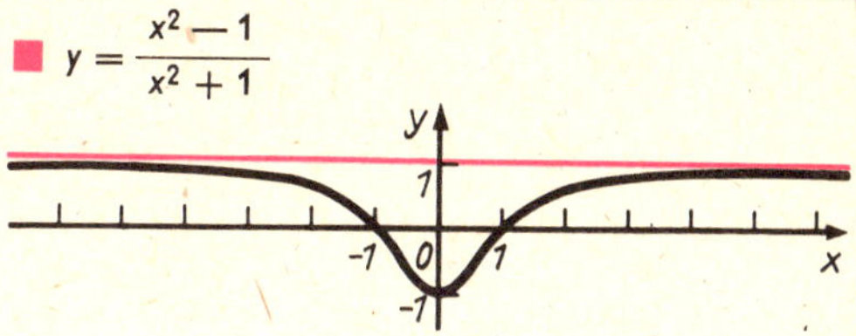

</td></tr>
</table>

Fall 2c: $n - m > 0$

$\frac{a_n}{b_m}$	$n - m$	$\lim_{x \to +\infty} f(x)$	$\lim_{x \to -\infty} f(x)$
$\frac{a_n}{b_m} > 0$	gerade	$+\infty$	$+\infty$
	ungerade	$+\infty$	$-\infty$
$\frac{a_n}{b_m} < 0$	gerade	$-\infty$	$-\infty$
	ungerade	$-\infty$	$+\infty$

In einigen dieser Fälle kann man das Verhalten der Funktion im Unendlichen noch genauer charakterisieren.

$$f(x) = \frac{x^2 + 2x - 5}{x + 4}$$

$$= (x - 2) + \frac{3}{x + 4}$$

(Durch Anwenden des Divisionsalgorithmus wird hier der unecht gebrochene Quotient aufgespalten in einen ganzrationalen und einen echt gebrochenen Summanden.)

Für sehr große $|x|$ verhält sich $f(x)$ angenähert wie $g(x) = x - 2$. Die Gerade $y = x - 2$ ist Asymptote des Graphen von f.

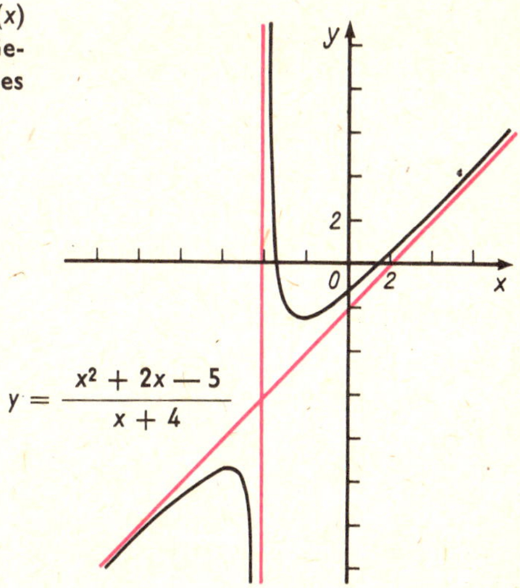

B 3 Nichtrationale Funktionen

Wurzelfunktionen (↗ Seite 48) (↗ Ma i Üb, Seite 100 ff.)	$y = \sqrt[n]{x}$ $(n \in N,\ n > 1,\ 0 \leqq x < \infty)$
Winkelfunktionen (↗ Seite 50) (↗ Ma i Üb, Seite 107 ff.)	$y = a \cdot \sin(bx + c)$ $(a \neq 0,\ b \neq 0,\ -\infty < x < \infty)$ $y = \cos x$ $(-\infty < x < \infty)$ $y = \tan x$ $\left(x \neq \frac{\pi}{2} + k\pi,\ k \in G\right)$ $y = \cot x$ $(x \neq k\pi,\ k \in G)$
Exponentialfunktionen (↗ Seite 53) (↗ Ma i Üb, Seite 104 f.)	$y = a^x$ $(a \neq 1,\ a > 0,\ -\infty < x < \infty)$
Logarithmusfunktionen (↗ Seite 55) (↗ Ma i Üb, Seite 105 f.)	$y = \log_a x$ $(a \neq 1,\ a > 0,\ 0 < x < \infty)$

Wurzelfunktionen

▶ **DEFINITION (Wurzel):**

$\sqrt[n]{x}$ $(x \geqq 0,\ n > 1,\ n \in N)$ ist diejenige nichtnegative Zahl y, für die gilt $y^n = x$.

▶ **DEFINITION (Wurzelfunktion):**

Die Wurzelfunktion $y = \sqrt[n]{x}$ ist die Menge der geordneten Paare $\left[x;\ \sqrt[n]{x}\right]$ mit $n > 1$, $n \in N$, $x \geqq 0$.

↗ Die Potenzfunktionen $y = x^{\frac{1}{n}}$ $(n \neq 0;\ n \in N)$, Ma i Üb, Seite 100

▶ **SATZ:**

Die Wurzelfunktion $y = \sqrt[n]{x}$ $(0 \leqq x < \infty)$ und die Potenzfunktion $y = x^n$ mit $0 \leqq x < \infty$ sind zueinander invers.

↗ Zueinander inverse Funktionen, Seite 30

Jmkehrbarkeit von Potenzfunktionen

1 Exponent ist gerade

$y = x^{2k} \quad (k \in N,\ k > 0,\ -\infty < x < \infty)$

Die Funktion $y = x^{2k}$ ist nicht eineindeutig. Sie läßt sich deshalb nicht im ganzen Definitionsbereich umkehren.
Es lassen sich allerdings zwei (Teil-) Funktionen f_1 und f_2 jede für sich als gesonderte Funktion umkehren.

↗ Zueinander inverse Funktionen, Seite 30

Funktion	Umkehrfunktion
$f_1: y = x^{2k} \quad (0 \leqq x < \infty)$	$\bar{f}_1: y = \sqrt[2k]{x} \quad (0 \leqq x < \infty)$
$f_2: y = x^{2k} \quad (-\infty < x < 0)$	$\bar{f}_2: y = -\sqrt[2k]{x} \quad (0 < x < \infty)$

$f_1: y = x^2 \quad (0 \leqq x < \infty)$ $\qquad$ $\bar{f}_1: y = \sqrt{x} \quad (0 \leqq x < \infty)$

$f_2: y = x^2 \quad (-\infty < x < 0)$ $\qquad$ $\bar{f}_2: y = -\sqrt{x} \quad (0 < x < \infty)$

(Vgl. mit den Bildern auf Seite 33!)

2 Exponent ist ungerade

$y = x^{2k+1} \quad (k \in N,\ k > 0)$

Die Funktion $y = x^{2k+1}$ ist eineindeutig und läßt sich im gesamten Definitionsbereich $-\infty < x < \infty$ umkehren.

Funktion
$f: y = x^{2k+1} \quad (-\infty < x < \infty)$
Umkehrfunktion
$\bar{f}: \begin{cases} y = \sqrt[2k+1]{x} & \text{für } 0 \leqq x < \infty \\ y = -\sqrt[2k+1]{-x} & \text{für } -\infty < x < 0 \end{cases}$

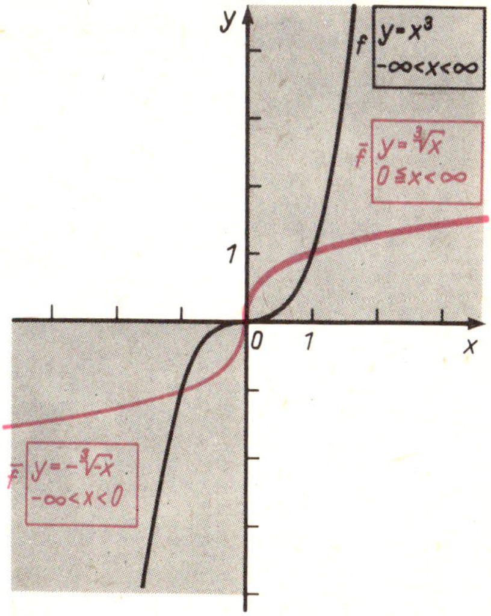

$f: y = x^3 \quad (-\infty < x < \infty)$

Umkehrfunktion:

$$\bar{f}: \begin{cases} y = \sqrt[3]{x} & \text{für } 0 \leqq x < \infty \\ y = -\sqrt[3]{-x} & \text{für } -\infty < x < 0 \end{cases}$$

B 3

Winkelfunktionen

In „Mathematik in Übersichten" werden auf den Seiten 109 bis 119 unter dem gleichen Stichwort Definitionen und Eigenschaften von Winkelfunktionen aufgeführt. Deshalb werden hier nur ein Überblick über einige dieser Gleichungen sowie Ergänzungen angegeben.

DEFINITIONEN:

$$\tan x \underset{\text{Def}}{=} \frac{\sin x}{\cos x} \quad \left[x \in P;\ x \neq (2k+1)\frac{\pi}{2};\ k \in G\right]$$

$$\cot x \underset{\text{Def}}{=} \frac{\cos x}{\sin x} \quad \left[x \in P;\ x \neq 2k \cdot \frac{\pi}{2},\ k \in G\right]$$

SÄTZE:

$$\sin^2 x + \cos^2 x = 1 \quad (x \in P)$$

$$\tan x \cdot \cot x = 1 \quad \left(x \in P;\quad x \neq k \cdot \frac{\pi}{2},\ k \in G\right)$$

Komplementwinkelbeziehungen $(x \in P)$

$$\sin\left(\frac{\pi}{2} - x\right) = \cos x$$

$$\cos\left(\frac{\pi}{2} - x\right) = \sin x$$

$$\tan\left(\frac{\pi}{2} - x\right) = \cot x \quad \left[x \neq 2k \cdot \frac{\pi}{2},\ k \in G\right]$$

$$\cot\left(\frac{\pi}{2} - x\right) = \tan x \quad \left[x \neq (2k+1)\frac{\pi}{2},\ k \in G\right]$$

Quadrantenbeziehungen $(x \in P)$

II.

$$\sin(\pi - x) = \sin x$$

$$\cos(\pi - x) = -\cos x$$

$$\tan(\pi - x) = -\tan x \quad \left[x \neq (2k+1)\frac{\pi}{2},\ k \in G\right]$$

$$\cot(\pi - x) = -\cot x \quad \left[x \neq 2k \cdot \frac{\pi}{2},\ k \in G\right]$$

III.

$$\sin(\pi + x) = -\sin x$$

$$\cos(\pi + x) = -\cos x$$

$$\tan(\pi + x) = \tan x \quad \left[x \neq (2k+1)\frac{\pi}{2},\ k \in G\right]$$

$$\cot(\pi + x) = \cot x \quad \left[x \neq 2k \cdot \frac{\pi}{2},\ k \in G\right]$$

IV.

$$\sin(2\pi - x) = -\sin x$$

$$\cos(2\pi - x) = \cos x$$

$$\tan(2\pi - x) = -\tan x \quad \left[x \neq (2k+1)\frac{\pi}{2},\ k \in G\right]$$

$$\cot(2\pi - x) = -\cot x \quad \left[x \neq 2k \cdot \frac{\pi}{2},\ k \in G\right]$$

Bei den folgenden Gleichungen ist jeweils der konkrete Definitionsbereich zu beachten.

Additionstheoreme

$$\sin(x_1 \pm x_2) = \sin x_1 \cdot \cos x_2 \pm \cos x_1 \cdot \sin x_2$$
$$\cos(x_1 \pm x_2) = \cos x_1 \cdot \cos x_2 \mp \sin x_1 \cdot \sin x_2$$
$$\tan(x_1 \pm x_2) = \frac{\tan x_1 \pm \tan x_2}{1 \mp \tan x_1 \cdot \tan x_2}$$
$$\cot(x_1 \pm x_2) = \frac{\cot x_1 \cdot \cot x_2 \mp 1}{\cot x_2 \pm \cot x_1}$$

Doppelwinkelformeln (Spezialfall der Additionstheoreme für $x_1 = x_2$)

$$\sin 2x = 2 \cdot \sin x \cdot \cos x \qquad \cos 2x = \cos^2 x - \sin^2 x$$

$$\tan 2x = \frac{2 \cdot \tan x}{1 - \tan^2 x} \qquad \cot 2x = \frac{\cot^2 x - 1}{2 \cdot \cot x}$$

Halbwinkelformeln

$$\sin \frac{x}{2} = \pm \sqrt{\frac{1 - \cos x}{2}}$$
$$\cos \frac{x}{2} = \pm \sqrt{\frac{1 + \cos x}{2}}$$

Das Vorzeichen ergibt sich aus der Lage von $\frac{x}{2}$.

$$\tan \frac{x}{2} = \frac{\sin x}{1 + \cos x}$$
$$\cot \frac{x}{2} = \frac{1 + \cos x}{\sin x}$$

Die Funktionen $y = a \cdot \sin(bx + c)$ $(a \neq 0,\ b \neq 0)$

Spezialfälle der Funktion $y = a \cdot \sin(bx + c)$

$y = a \cdot \sin x$

↗ Die Funktionen $y = a \cdot \sin x$, Ma i Üb, Seite 116

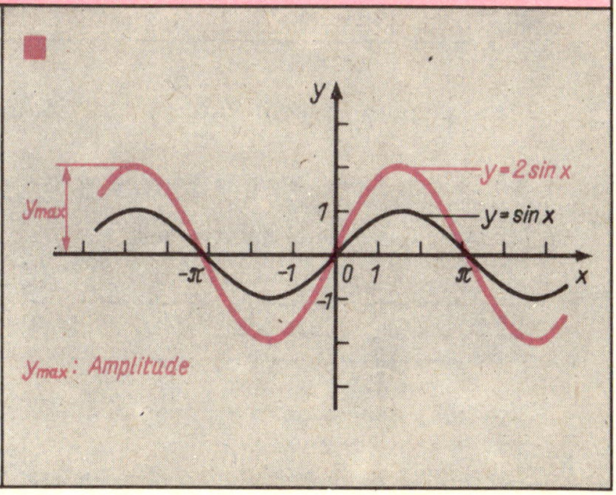

➡ B 3

<table>
<tr><th colspan="2">Spezialfälle der Funktion $y = a \cdot \sin (bx + c)$</th></tr>
<tr><td>$y = \sin bx$

↗ Die Funktionen
$y = \sin bx$
$(b \neq 0)$,
Ma i Üb, Seite 116</td><td>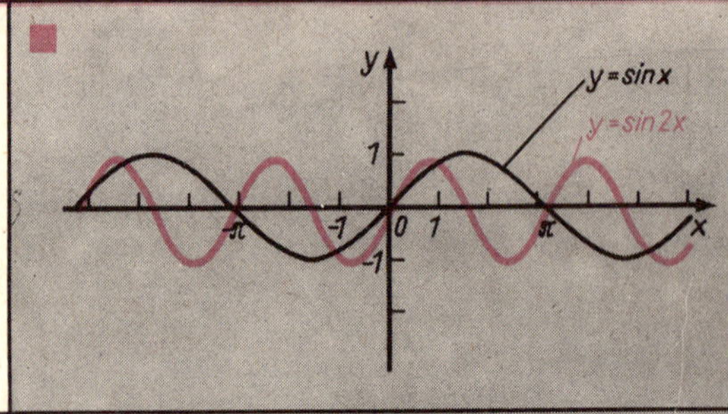</td></tr>
<tr><td>$y = \sin (x + c)$</td><td>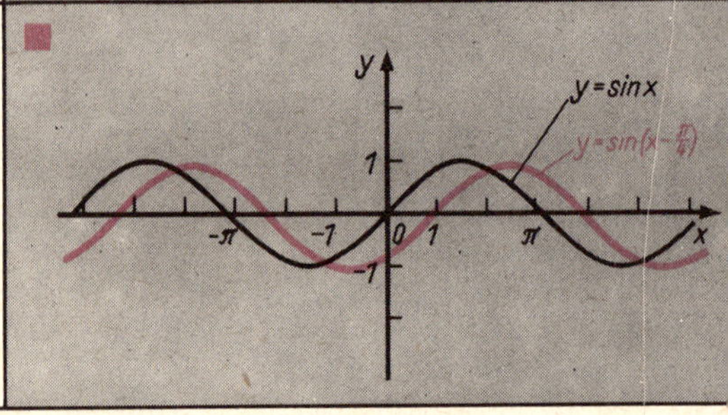</td></tr>
</table>

↗ Geometrische Bedeutung der Veränderung von Funktionsgleichungen Seite 36 ff.

■ Die Funktion $y = 2 \cdot \sin \left(2x + \frac{\pi}{4} \right)$ soll im Intervall $0 \leqq x \leqq 2\pi$ graphisch darge-stellt werden:
Wir gehen von der Sinuskurve aus und führen nacheinander die Abbildunge der Ebene auf sich aus, die den einzelnen Konstanten entsprechen.

a	$y = \sin x \longrightarrow y = \sin 2x$

Stauchung der Ebene in Richtung der x-Achse zur y-Achse hin (Streckungsfakto $k = \frac{1}{b} = \frac{1}{2}$). Als kleinste Periode von $y = \sin 2x$ erhalten wir $\frac{2\pi}{b} = \frac{2\pi}{2} = \pi$
Die Amplitude bleibt unverändert.

b	$y = \sin 2x \longrightarrow y = 2 \cdot \sin 2x$

Streckung der Ebene in Richtung der y-Achse von der x-Achse weg (Streckung faktor $k = a = 2$).
Es ergibt sich die Amplitude 2. Die kleinste Periode bleibt unverändert π.

C	$y = 2 \cdot \sin 2x \longrightarrow y = 2 \cdot \sin\left(2x + \frac{\pi}{4}\right)$

Um die Verschiebungsweite zu erkennen, muß aus

$f(x) = 2 \cdot \sin\left(2x + \frac{\pi}{4}\right)$

die Form

$f(x + c) = 2 \cdot \sin 2(x + c)$ gebildet werden:

$y = 2 \cdot \sin\left(2x + \frac{\pi}{4}\right) = 2 \cdot \sin 2\left(x + \frac{\pi}{8}\right).$

Verschiebung der Ebene in negativer Richtung der x-Achse $\left(\text{Verschiebungsweite } \frac{\pi}{8}\right)$ Die Amplitude bleibt unverändert 2, die kleinste Periode bleibt unverändert π. Die Schnittpunkte mit der x-Achse sind um $\frac{\pi}{8}$ in negativer Richtung der x-Achse verschoben.

↗ Kenngrößen einer mechanischen Schwingung, Wiss Phys, Seite 122 (siehe **Amplitude**)

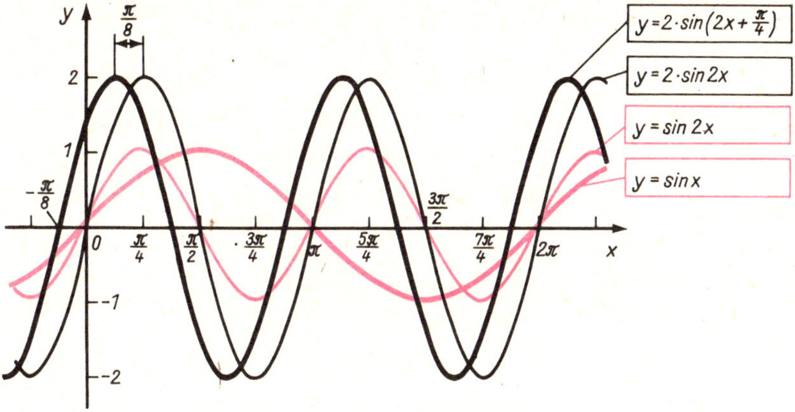

Exponentialfunktionen

DEFINITION:
Funktionen mit Gleichungen der Form $y = a^x$ ($a > 0$, $a \neq 1$, $-\infty < x < \infty$) heißen Exponentialfunktionen.

↗ Exponentialfunktionen, Ma i Üb, Seite 104

Exponentialfunktionen haben große Bedeutung zur Beschreibung von Prozessen, bei denen das Ergebnis der Veränderung (Zunahme oder Abnahme) einer Größe die weitere Veränderung selbst wieder beeinflußt.

➡ B 3

- *Kettenreaktion:* Die durch Kernspaltung entstandenen Neutronen bewirken sel ber die Spaltung weiterer Atomkerne.
- *Organisches Wachstum:* Die entstandenen Zellen (z. B. Bakterien, Pflanzenzeller teilen sich selber wieder und wirken ihrerseits am Wachstum mit.
- *Radioaktiver Zerfall:* Ist bereits eine bestimmte Anzahl von Atomen zerfallen, kan in dem folgenden gleich großen Zeitabschnitt nur noch eine geringere Anzah von Atomen zerfallen.

▶ **SATZ:**

Durchläuft bei Exponentialfunktionen mit Gleichungen der Form $y = a^x$ ($a > 0$, $a \neq 1$) das Argument x eine arithmetische Folge, so durchlaufen die zugehörigen Funktionswerte y eine geometrische Folge.

Beweis:

Es sei

$x_0, x_1, x_2, \ldots, x_{n-1}, x_n, \ldots$

eine arithmetische Folge. Dann gilt für je zwei benachbarte Glieder der Folg

$x_n - x_{n-1} = d = \text{const.}$

↗ Arithmetische Folge, Seite 23

Für die Folge der zugehörigen Funktionswerte

$a^{x_0}, a^{x_1}, a^{x_2}, \ldots, a^{x_{n-1}}, a^{x_n}, \ldots$

gilt folglich für den Quotienten zweier beliebiger benachbarter Glieder

$$\frac{y_n}{y_{n-1}} = \frac{a^{x_n}}{a^{x_{n-1}}} = a^{x_n - x_{n-1}} = a^d = \text{const.}$$

Folglich ist die Folge der Funktionswerte eine geometrische Folge.

↗ Geometrische Folge (aq^n), Seite 24
↗ Exponentialfunktionen, Ma i Üb, Seite 104
↗ Die *Euler*sche Zahl e, Seite 66

Die Funktionen $y = a \cdot e^{kx}$ ($a \neq 0$; $k \neq 0$)

Beispiele für Prozesse, die durch Funktionen vom Typ $y = a \cdot e^{kx}$ beschrieben werden können.

1 Organisches Wachstum

$N = N_0\, e^{kt}$ ($N_0 > 0$, $k > 0$)
N: Anzahl der Bakterien zum Zeitpunkt t
N_0: Anzahl zum Zeitpunkt $t = 0$
Der Zuwachs an Bakterien in der Zeiteinheit bei einer Bakterienkultur ist direkt proportional zur Anzahl der zum betreffenden Zeitpunkt bereits vorhandenen Bakterien. Hierbei werden hemmende Einflüsse wie Mangel an Nährsubstanz oder Auftreten antibakterieller Substanzen vernachlässigt.

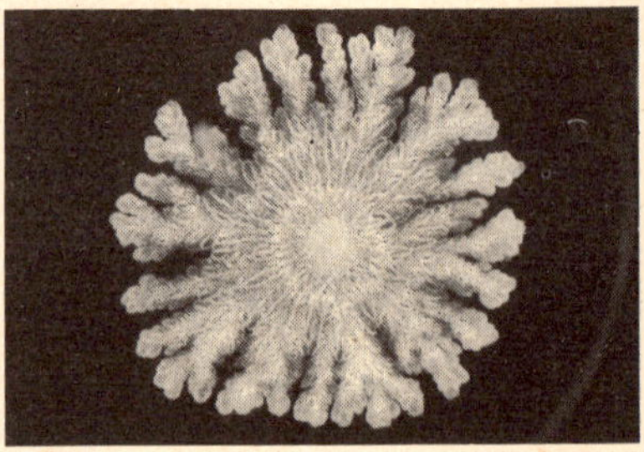

Weitere Wachstumsprozesse wie Zunahme des Holzbestandes eines Waldes, Zunahme der gesellschaftlichen Produktion materieller Güter, Zunahme der Bevölkerung können in gewissen Grenzen angenähert auch durch Exponentialfunktionen beschrieben werden. Dabei ist zu berücksichtigen, daß bei der Zunahme der Produktion und der Zunahme der Bevölkerung gesellschaftliche Faktoren eine große Rolle spielen, folglich kompliziertere Zusammenhänge auftreten, als sie durch einfache Exponentialfunktionen beschrieben werden.

2 Radioaktiver Zerfall

$N = N_0 e^{-\lambda t}$

N: Anzahl der zum Zeitpunkt t noch nicht zerfallenen Atome einer radioaktiven Substanz

N_0: Anzahl der zum Zeitpunkt $t = 0$ vorhandenen nicht zerfallenen Atome

λ: Zerfallskonstante (ist für die Substanz charakteristisch)

T_H: Halbwertzeit, Zeitspanne, innerhalb derer die Hälfte aller Atome zerfallen ist (ist für die Substanz charakteristisch)

Es gilt $\lambda \cdot T_H = \ln 2$.

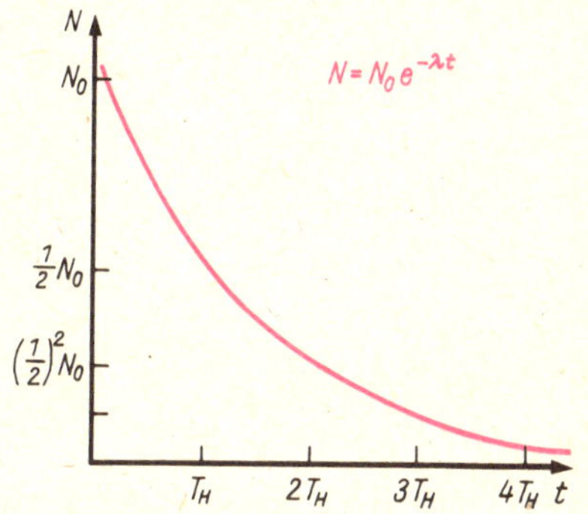

↗ Kernzerfall als statistisches Problem, Wiss Phys, Seite 299 f.

ogarithmusfunktionen

DEFINITION:

$\log_a x$ ($a > 0$; $a \neq 1$; $x > 0$) ist diejenige reelle Zahl y, für die gilt $a^y = x$.
$\log_a x$ wird Logarithmus der Zahl x zur Basis a genannt.

DEFINITION:

Funktionen mit Gleichungen der Form $y = \log_a x$ ($a > 0$, $a \neq 1$, $0 < x < \infty$) heißen Logarithmusfunktionen.

↗ Der Logarithmus, Ma i Üb, Seite 105 f.

SATZ:

Die Funktionen
f_1: $y = a^x$ ($a > 0$, $a \neq 1$, $-\infty < x < \infty$) und
f_2: $y = \log_a x$ ($a > 0$, $a \neq 1$, $0 < x < \infty$)
sind zueinander invers.

B 3

$y = a^x$ $(a > 1)$; $y = \log_a x$ $(a > 1)$	$y = a^x$ $(0 < a < 1)$; $y = \log_a x$ $(0 < a < 1)$
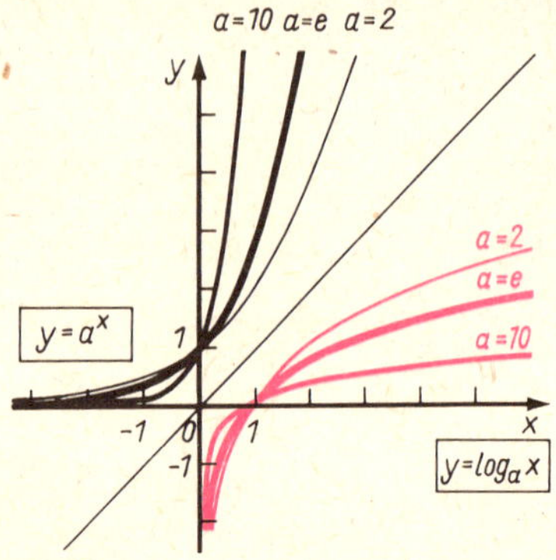	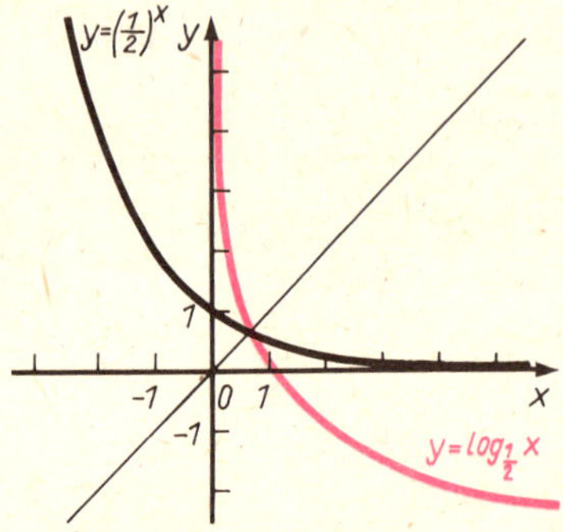

Die Logarithmen zur Basis e heißen **natürliche Logarithmen**; sie werden mit ln x bezeichnet, also $\log_e x = \ln x$ (gelesen: „Logarithmus naturalis von x"). Die Logarithmen zur Basis 10 heißen **dekadische Logarithmen** oder *Briggs*sche Logarithmen.[1] Die dekadischen Logarithmen werden mit lg x bezeichnet, also $\log_{10} x = \lg x$.

Zusammenhang zwischen Logarithmen verschiedener Basen

SATZ:

Für alle positiven reellen Zahlen x und alle reellen Zahlen a, b mit $a > 0$, $b > 0$ und $a \neq 1$, $b \neq 1$, gilt:
$\log_b x = (\log_b a) \cdot \log_a x$.

Aus diesem Satz ergibt sich speziell

$$\log_a b = \frac{1}{\log_b a}.$$

Der oben angegebene Satz wird für den Übergang von einem zu einem anderen Logarithmensystem benutzt.

$$\log_b x = (\log_b a) \cdot \log_a x = \frac{1}{\log_a b} \cdot \log_a x$$

$$\ln x = (\ln 10) \cdot \lg x = \frac{1}{\lg e} \cdot \lg x$$

$$\lg x = (\lg e) \cdot \ln x = \frac{1}{\ln 10} \cdot \ln x$$

lg e und ln 10 sind irrationale Zahlen, die zueinander reziprok sind:

$$\log_b x = \frac{\log_a x}{\log_a b}$$

$$\ln x = 2{,}30259 \cdot \lg x$$

$$\log x = 0{,}43429 \cdot \ln x$$

$$\lg e \approx 0{,}43429,$$

$$\ln 10 \approx 2{,}30259.$$

[1] *Henry Briggs* (1561–1631), englischer Mathematiker, berechnete die erste 14stellige Tafel der dekadischen Logarithmen.

B4 Wurzelgleichungen

Gleichungen, bei denen die Variable auch im Argument von Wurzelfunktionen auftritt, werden als **Wurzelgleichungen** bezeichnet.

↗ Äquivalente Gleichungen, Ma i Üb, Seite 67
↗ Wurzelfunktionen, Seite 48

Wurzelgleichungen, die mit einmaligem Quadrieren zu lösen sind

Gleichungen mit der Form $\sqrt{T_1(x)} = T_2(x)$ oder $\sqrt{T_1(x)} = \sqrt{T_2(x)}$.

Die Lösungen der Gleichung $1 + \sqrt{x+5} = x \; (x \geqq -5)$ sind zu bestimmen.

Rechnerische Lösung	*Graphische Lösung*
Isolieren der Wurzel: $\sqrt{x+5} = x - 1$ Quadrieren: $x + 5 = (x-1)^2$ $x^2 - 3x - 4 = 0$ $x_1 = 4$ $x_2 = -1$ Wenn die Gleichung Lösungen hat, dann können es höchstens die Zahlen 4 und − 1 sein. *Probe:* $x_1 = 4$: $1 + \sqrt{4+5} = 4$ $1 + \sqrt{9} = 4$ $4 = 4$ Das ist eine wahre Aussage, also ist 4 eine Lösung der Gleichung. $x_2 = -1$ $1 + \sqrt{-1+5} = -1$ $1 + \sqrt{4} = -1$ $3 = -1$ Das ist eine falsche Aussage, also ist − 1 keine Lösung der Gleichung. Die Gleichung hat nur die eine Lösung $x = 4$.	Es werden die beiden Funktionen $y = f_1(x) = 1 + \sqrt{x+5}$ und $y = f_2(x) = x$ betrachtet. Die Abszissen der Schnittpunkte der Graphen dieser Funktionen liefern die Lösungen der Gleichung $1 + \sqrt{x+5} = x$. 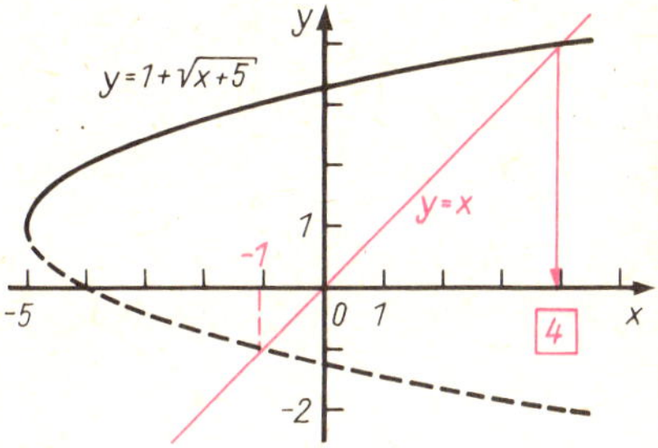 $x_2 = -1$ ist die Abszisse des Schnittpunktes des Graphen von $y = f_1^*(x) = 1 - \sqrt{x+5}$ und $y = f_2(x) = x$. 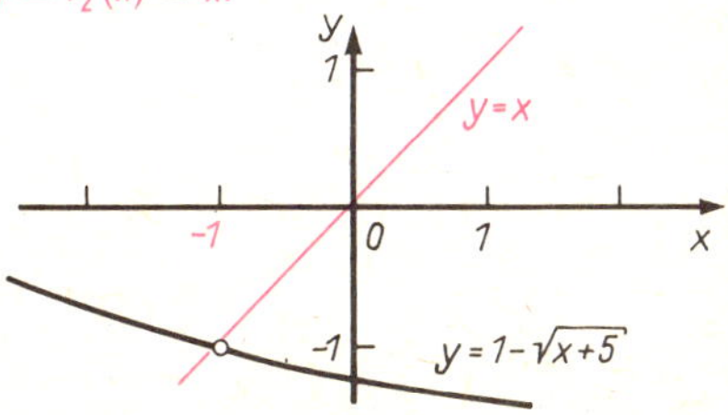

B 4

Die Lösungen der Gleichung $\sqrt{x^2 - 2} - \sqrt{5x - 8} = 0$ sind zu berechnen.

Isolieren der Wurzeln: $\sqrt{x^2 - 2} = \sqrt{5x - 8}$

Quadrieren: $x^2 - 2 = 5x - 8$

$$x^2 - 5x + 6 = 0$$
$$x_1 = 3$$
$$x_2 = 2$$

Probe: $x_1 = 3$

$$\sqrt{9 - 2} - \sqrt{15 - 8} = 0$$
$$\sqrt{7} - \sqrt{7} = 0$$
$$0 = 0$$

Das ist eine wahre Aussage, also ist $x_1 = 3$ eine Lösung.

$x_2 = 2$

$$\sqrt{4 - 2} - \sqrt{10 - 8} = 0$$
$$\sqrt{2} - \sqrt{2} = 0$$
$$0 = 0$$

Das ist eine wahre Aussage, also ist $x_2 = 2$ eine Lösung.

Die Lösungen der Gleichung $\sqrt[3]{x} + 5\sqrt{x} = 0 \; (x \geqq 0)$ sind zu ermitteln.
Man erkennt, daß $x = 0$ die einzige Lösung ist. Denn für $x \neq 0$ sind beide Summanden größer als Null.

Wurzelgleichungen, die mehrmaliges Quadrieren erfordern

Die Lösungen der Gleichung $\sqrt{7x - 12} + \sqrt{13 - 3x} = 5$ sind zu berechnen.

Umformen: $\sqrt{7x - 12} = 5 - \sqrt{13 - 3x}$

Quadrieren: $7x - 12 = 25 - 10\sqrt{13 - 3x} + 13 - 3x$

Isolieren der Wurzel: $x - 5 = -\sqrt{13 - 3x}$

Quadrieren: $x^2 - 10x + 25 = 13 - 3x$

$$x^2 - 7x + 12 = 0$$
$$x_1 = 4$$
$$x_2 = 3$$

Probe: $x_1 = 4$

$$\sqrt{7 \cdot 4 - 12} + \sqrt{13 - 3 \cdot 4} = 5$$
$$\sqrt{16} + \sqrt{1} = 5$$
$$4 + 1 = 5$$

Wahre Aussage

$x_2 = 3$

$$\sqrt{9} + \sqrt{4} = 5$$
$$3 + 2 = 5$$

Wahre Aussage

Die Gleichung hat die Lösungen 4 und 3.

Die Gleichung $\sqrt{x + 2 + \sqrt{2x + 7}} = 4$ ist zu lösen.

$$
\begin{aligned}
&\text{Quadrieren:} & x + 2 + \sqrt{2x + 7} &= 16 \\
&\text{Isolieren der Wurzel:} & \sqrt{2x + 7} &= 14 - x \\
&\text{Quadrieren:} & 2x + 7 &= 196 - 28x + x^2 \\
& & x^2 - 30x + 189 &= 0 \\
& & x_1 &= 21 \\
& & x_2 &= 9
\end{aligned}
$$

Probe: $x_1 = 21$

$$
\begin{aligned}
\sqrt{21 + 2 + \sqrt{42 + 7}} &= 4 \\
\sqrt{23 + \sqrt{49}} &= 4 \\
\sqrt{23 + 7} &= 4 \\
\sqrt{30} &= 4
\end{aligned}
$$

Das ist eine falsche Aussage, also ist 21 keine Lösung der Gleichung.

$x_2 = 9$

$$
\begin{aligned}
\sqrt{9 + 2 + \sqrt{18 + 7}} &= 4 \\
\sqrt{11 + \sqrt{25}} &= 4 \\
\sqrt{11 + 5} &= 4 \\
4 &= 4
\end{aligned}
$$

Das ist eine wahre Aussage, also ist 9 eine und somit die Lösung der Gleichung.

B 5 Goniometrische Gleichungen

Gleichungen, bei denen die Variable auch im Argument von Winkelfunktionen auftritt, werden als **goniometrische Gleichungen** bezeichnet.

Typen goniometrischer Gleichungen (Beispiele)

	eine Winkelfunktion	*verschiedene Winkelfunktionen*
gleiche Argumente	$\sin x = 0{,}5$ $\cos\left(x + \frac{\pi}{6}\right) = \frac{1}{2}\sqrt{3}$ $2 \cdot \sin^2 x - 0{,}5 = 0$	$4 \cdot \cos^2 x - 2 \cdot \sin x - 2 = 0$
verschiedene Argumente	$\sin x + \sin\left(x + \frac{\pi}{3}\right) = 1{,}5$	$4 \cdot \sin\left(x + \frac{\pi}{6}\right) - 2 \cdot \cos x = \sqrt{3}$ $\cos \frac{3}{7} x + \sin x = 0$

B 5

1 Gleiche Argumente – eine Winkelfunktion[1]

$\sin x = 0{,}5$

$$\bar{x}_1 = \frac{\pi}{6} \qquad \bar{x}_2 = \pi - \frac{\pi}{6} = \frac{5}{6}\pi$$

$$x_1 = \frac{\pi}{6} + k \cdot 2\pi \quad (k \in G) \qquad x_2 = \frac{5}{6}\pi + k \cdot 2\pi \quad (k \in G)$$

Mit $\bar{x}_1$ und $\bar{x}_2$ wurden die Hauptwerte der bei der Lösung zu betrachtenden zwei Mengen von zueinander äquivalenten Winkeln bezeichnet.

↗ Erweiterung des Winkelbegriffs, Ma i Üb, Seite 108 f. (siehe Hauptwert)
↗ Winkelfunktionen, Seite 50 (siehe Quadrantenbeziehungen)

$\cos\left(x + \frac{\pi}{6}\right) = \frac{1}{2}\sqrt{3}$

Durch Substitution $x + \frac{\pi}{6} = z$ erhält man die Gleichung

$$\cos z = \frac{1}{2}\sqrt{3}.$$

$$\bar{z}_1 = \frac{\pi}{6} \qquad \bar{z}_2 = 2\pi - \frac{\pi}{6} = \frac{11}{6}\pi$$

$$z_1 = \frac{\pi}{6} + k \cdot 2\pi \qquad z_2 = \frac{11}{6}\pi + k \cdot 2\pi$$

$$x_1 + \frac{\pi}{6} = \frac{\pi}{6} + k \cdot 2\pi \qquad x_2 + \frac{\pi}{6} = \frac{11}{6}\pi + k \cdot 2\pi$$

$$x_1 = k \cdot 2\pi \quad (k \in G) \qquad x_2 = \frac{10}{6}\pi + k \cdot 2\pi \quad (k \in G)$$

$2 \cdot \sin^2 x - 0{,}5 = 0$

Durch Substitution $\sin x = z$ erhält man eine quadratische Gleichung in z.

$2z^2 - 0{,}5 = 0$

$$z_1 = \frac{1}{2} \qquad z_2 = -\frac{1}{2}$$

$$\sin x_1 = \frac{1}{2} \qquad \sin x_2 = -\frac{1}{2}$$

$$x_{11} = \frac{\pi}{6} + k \cdot 2\pi \quad (k \in G) \qquad x_{21} = \frac{7}{6}\pi + k \cdot 2\pi \quad (k \in G)$$

$$x_{12} = \frac{5}{6}\pi + k \cdot 2\pi \quad (k \in G) \qquad x_{22} = \frac{11}{6}\pi + k \cdot 2\pi \quad (k \in G)$$

Die Lösungen x_{11} und x_{21} lassen sich zusammenfassen zu

$$\frac{\pi}{6} + k \cdot \pi \quad (k \in G).$$

[1] Bei diesen Beispielen wird auf die Ausführung der Probe verzichtet. Es handelt sic[h] in jedem Falle um äquivalente Umformungen bzw. um die Anwendung bekannte[r] Lösungsformeln.

Die Lösungen x_{12} und x_{22} lassen sich zusammenfassen zu

$$\frac{5}{6}\pi + k \cdot \pi \quad (k \in G).$$

Die Gesamtheit der Lösungen der Gleichung ist

$$\left.\begin{array}{l} \frac{\pi}{6} + k \cdot \pi \\ \frac{5}{6}\pi + k \cdot \pi \end{array}\right\} (k \in G).$$

2 Gleiche Argumente – verschiedene Winkelfunktionen

$$4 \cdot \cos^2 x - 2 \cdot \sin x - 2 = 0$$
$$2 \cdot \cos^2 x - \sin x - 1 = 0$$

Eine der beiden Funktionen wird durch die andere ausgedrückt.

$\cos^2 x = 1 - \sin^2 x$ führt auf

$$2(1 - \sin^2 x) - \sin x - 1 = 0$$
$$-2 \cdot \sin^2 x - \sin x + 1 = 0$$
$$\sin^2 x + \frac{1}{2} \cdot \sin x - \frac{1}{2} = 0.$$

Durch Substitution $\sin x = z$ erhält man eine quadratische Gleichung in z:

$$z^2 + \frac{1}{2} z - \frac{1}{2} = 0.$$

Die weitere Lösung wird hier nicht ausgeführt.

3 Verschiedene Argumente – eine Winkelfunktion

$$\sin x + \sin\left(x + \frac{\pi}{3}\right) = 1{,}5$$

Nach $\sin \alpha + \sin \beta = 2 \cdot \sin \frac{\alpha + \beta}{2} \cdot \cos \frac{\alpha - \beta}{2}$ gilt:

$$2 \cdot \sin\left(x + \frac{\pi}{6}\right) \cdot \cos \frac{\pi}{6} = 1{,}5$$
$$\sin\left(x + \frac{\pi}{6}\right) \cdot \frac{1}{2}\sqrt{3} = \frac{3}{4}$$
$$\sin\left(x + \frac{\pi}{6}\right) = \frac{1}{2}\sqrt{3}$$

$$\left.\begin{array}{ll} x_1 + \frac{\pi}{6} = \frac{\pi}{3} + 2k\pi & x_2 + \frac{\pi}{6} = \frac{2}{3}\pi + 2k\pi \\ x_1 = \frac{\pi}{6} + 2k\pi & x_2 = \frac{\pi}{2} + 2k\pi \end{array}\right\} (k \in G).$$

↗ Winkelfunktionen, Seite 51 (siehe Additionstheoreme).

4 Verschiedene Argumente – verschiedene Winkelfunktionen

■ $4 \cdot \sin\left(x + \frac{\pi}{6}\right) - 2 \cdot \cos x = \sqrt{3}$

Anwendung des Additionstheorems

$$\sin\left(x + \frac{\pi}{6}\right) = \sin x \cos\frac{\pi}{6} + \cos x \sin\frac{\pi}{6}$$
$$= \frac{1}{2}\sqrt{3} \cdot \sin x + \frac{1}{2} \cdot \cos x$$

führt auf

$$4 \cdot \left(\frac{1}{2}\sqrt{3} \cdot \sin x + \frac{1}{2} \cdot \cos x\right) - 2 \cdot \cos x = \sqrt{3}$$
$$2\sqrt{3} \cdot \sin x = \sqrt{3}$$
$$2 \cdot \sin x = 1$$
$$\sin x = \frac{1}{2}$$

$$x_1 = \frac{\pi}{6} + k \cdot 2\pi; \quad x_2 = \frac{5}{6}\pi + k \cdot 2\pi \quad (k \in G)$$

■ $\cos\frac{3}{7}x + \sin x = 0$

Anwenden der Komplementwinkelbeziehung $\sin x = \cos\left(\frac{\pi}{2} - x\right)$ führt auf

$$\cos\frac{3}{7}x + \cos\left(\frac{\pi}{2} - x\right) = 0.$$

Anwenden der Formel

$$\cos\alpha + \cos\beta = 2 \cdot \cos\frac{\alpha + \beta}{2} \cdot \cos\frac{\alpha - \beta}{2}$$

führt auf

$$2 \cdot \cos\frac{\frac{3}{7}x + \frac{\pi}{2} - x}{2} \cdot \cos\frac{\frac{3}{7}x - \frac{\pi}{2} + x}{2} = 0$$
$$\cos\frac{\frac{\pi}{2} - \frac{4}{7}x}{2} \cdot \cos\frac{\frac{10}{7}x - \frac{\pi}{2}}{2} = 0$$
$$\cos\left(\frac{\pi}{4} - \frac{2}{7}x\right) \cdot \cos\left(\frac{5}{7}x - \frac{\pi}{4}\right) = 0.$$

Das Produkt ist gleich Null genau dann, wenn ein Faktor gleich Null ist. Die Lösungen der Gleichung sind die Lösungen der Gleichungen

$$\cos\left(\frac{\pi}{4} - \frac{2}{7}x\right) = 0 \quad \text{oder} \quad \cos\left(\frac{5}{7}x - \frac{\pi}{4}\right) = 0.$$

Die weitere Lösung erfolgt über die Substitution

$$\frac{\pi}{4} - \frac{2}{7}x = z \quad \text{bzw.} \quad \frac{5}{7}x - \frac{\pi}{4} = z.$$

↗ Winkelfunktionen, Seite 50 (siehe Komplementwinkelbeziehungen)

Differentialrechnung

C

C 1 Grenzwerte

ε-Umgebung einer Zahl x_0

▶ **DEFINITION:**
Ist ε eine positive reelle Zahl, so versteht man unter der ε-Umgebung einer Zahl x_0 [geschrieben „$U_\varepsilon(x_0)$"] das offene Intervall $(x_0 - \varepsilon;\ x_0 + \varepsilon)$.

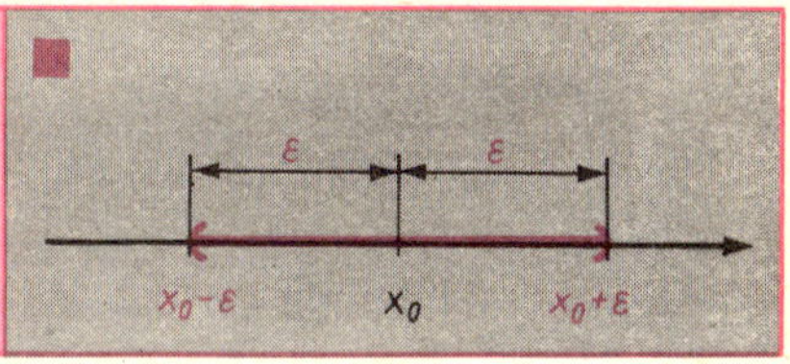

↗ Intervall, Ma i Üb, Seite 59

Grenzwert einer Zahlenfolge

▶ **DEFINITION:**
Die Zahlenfolge (a_n) hat die Zahl g als Grenzwert genau dann, wenn bei jedem positiven ε für fast alle[1] n gilt: $a_n \in U_\varepsilon(g)$.
Man schreibt: $\lim\limits_{n\to\infty} a_n = g$ (gelesen: limes a_n für n gegen unendlich)[2]

Sinngemäß bedeutet diese Definition: So klein wir $\varepsilon > 0$ auch wählen, von einer bestimmten Zahl n_0 an liegen alle Folgenglieder a_n mit $n > n_0$ in der ε-Umgebung von g.

■ Der Grenzwert der Folge[3] $\left(1 - \frac{1}{n}\right)$ ist $g = 1$.

(↗ Konvergente Zahlenfolgen, Seite 64)

$U_\varepsilon(1)$ ist das Intervall $(1 - \varepsilon;\ 1 + \varepsilon)$.
Ist $\frac{1}{n_0} < \varepsilon$ bzw. $n_0 > \frac{1}{\varepsilon}$, dann liegen alle Folgenglieder a_n mit $n \geqq n_0$ in $U_\varepsilon(1)$.

↗ Zahlenfolge, Seite 19

1 „fast alle" bedeutet: mit Ausnahme von endlich vielen
2 limes (lat.), Grenze
3 Aus Gründen der Zweckmäßigkeit wird hier und im folgenden als Definitionsbereich der Folgen die Menge der natürlichen Zahlen ohne die Null gewählt.

➡ C1

Konvergente Zahlenfolgen

Eine Zahlenfolge (a_n) heißt **konvergent,** wenn es eine Zahl g gibt, die Grenzwert von (a_n) ist. Man sagt: Die Zahlenfolge (a_n) konvergiert gegen g.

Zahlenfolgen mit dem Grenzwert $g = 0$ heißen **Nullfolgen.**

■ $\lim\limits_{n\to\infty} \frac{1}{n} = 0$ $\qquad$ $\lim\limits_{n\to\infty} \frac{1}{n^k} = 0$ mit $k > 0$

$\lim\limits_{n\to\infty} q^n = 0$ mit $|q| < 1$ $\qquad$ $\lim\limits_{n\to\infty} \left(\frac{n+1}{2n}\right) = \frac{1}{2}$

Divergente Zahlenfolgen

Jede nicht konvergente Zahlenfolge heißt **divergente Zahlenfolge.**

Gilt für eine Zahlenfolge (a_n):
Zu jeder positiven Zahl g gibt es ein n_g, so daß für alle n mit $n > n_g$ gilt $g < a_n$, dann schreibt man $\lim\limits_{n\to\infty} a_n = \infty$.

Gilt für eine Zahlenfolge (a_n):
Zu jeder negativen Zahl g gibt es ein n_g, so daß für alle n mit $n > n_g$ gilt $a_n < g$, dann schreibt man $\lim\limits_{n\to\infty} a_n = -\infty$.

■ Divergente Zahlenfolgen sind:
$((-1)^n)$, $\quad (2^n)$, $\quad (q^n)$ mit $|q| > 1$;
$\lim\limits_{n\to\infty} 2^n = \infty$, $\quad \lim\limits_{n\to\infty} (-3^n) = -\infty$.

Sätze über konvergente Zahlenfolgen

▶ **SATZ:** **Jede Teilfolge[1] $(a_n{}')$ einer konvergenten Folge (a_n) ist konvergent und hat den gleichen Grenzwert wie die Folge (a_n).**	■ $(a_n) = \left(\frac{1}{n}\right)$ **Teilfolge** $(a_n{}') = \left(\frac{1}{n^2}\right)$
▶ **SATZ:** **Jede nach oben beschränkte, monoton wachsende Zahlenfolge (a_n) konvergiert gegen ihre obere Grenze. Die obere Grenze ist nicht Glied der Folge.**	■ $(a_n) = \left(1 - \frac{1}{n}\right)$ **obere Grenze $G = 1$** $\lim\limits_{n\to\infty} \left(1 - \frac{1}{n}\right) = 1$

1 $(a_n{}')$ heißt Teilfolge der Folge (a_n) genau dann, wenn es zu jedem Element $a_k{}'$ der Folge $(a_n{}')$ ein l gibt, $l \in N$, $l \geqq k$, und es gilt $a_k{}' = a_l$.

SATZ:
Jede nach unten beschränkte, monoton fallende Zahlenfolge (a_n) konvergiert gegen ihre untere Grenze. Die untere Grenze ist nicht Glied der Folge.

$(b_n) = \left(3 + \frac{5}{n^2}\right)$

untere Grenze $G = 3$

$\lim\limits_{n\to\infty} \left(3 + \frac{5}{n^2}\right) = 3$

SATZ:
Gilt für zwei konvergente Zahlenfolgen (a_n) und (b_n) $a_n < b_n$ für alle n, so ist $\lim\limits_{n\to\infty} a_n \leq \lim\limits_{n\to\infty} b_n$.

SATZ (Grenzwertsätze):
Konvergieren die Folgen (a_n) und (b_n), so konvergieren auch die Folgen $(a_n + b_n)$, $(a_n - b_n)$, $(a_n \cdot b_n)$, $\left(\frac{a_n}{b_n}\right)$ mit $b_n \neq 0$, (b_n) keine Nullfolge, und es gilt:

$$\lim_{n\to\infty} (a_n + b_n) = \lim_{n\to\infty} a_n + \lim_{n\to\infty} b_n,$$

$$\lim_{n\to\infty} (a_n - b_n) = \lim_{n\to\infty} a_n - \lim_{n\to\infty} b_n,$$

$$\lim_{n\to\infty} (a_n \cdot b_n) = \left(\lim_{n\to\infty} a_n\right) \cdot \left(\lim_{n\to\infty} b_n\right),$$

$$\lim_{n\to\infty} \left(\frac{a_n}{b_n}\right) = \frac{\lim\limits_{n\to\infty} a_n}{\lim\limits_{n\to\infty} b_n} \quad (b_n \neq 0).$$

$$\lim_{n\to\infty} \frac{3n^2 + 2n - 5}{5n^2 - 7n + 1} = \lim_{n\to\infty} \frac{\left(3 + \frac{2}{n} - \frac{5}{n^2}\right) \cdot n^2}{\left(5 - \frac{7}{n} + \frac{1}{n^2}\right) \cdot n^2}$$

$$= \frac{\lim\limits_{n\to\infty} 3 + \lim\limits_{n\to\infty} \frac{2}{n} - \lim\limits_{n\to\infty} \frac{5}{n^2}}{\lim\limits_{n\to\infty} 5 - \lim\limits_{n\to\infty} \frac{7}{n} + \lim\limits_{n\to\infty} \frac{1}{n^2}} = \frac{3}{5}$$

Auf $\lim\limits_{n\to\infty} \frac{3n^2 + 2n - 5}{5n^2 - 7n + 1}$ kann der Grenzwertsatz für Quotienten nicht angewendet werden, da $(3n^2 + 2n - 5)$ und $(5n^2 - 7n + 1)$ nicht konvergieren (↗ Seite 64).

➡ C 1

Die Eulersche Zahl e

Der Grenzwert der Folge $\left(\left(1+\frac{1}{n}\right)^n\right)$ existiert und wird zu Ehren *Leonhar* *Eulers*[1] „Eulersche Zahl“ genannt und mit e bezeichnet:

$$e = \lim_{n \to \infty} \left(1 + \frac{1}{n}\right)^n.$$

Zum Beweis der Existenz dieses Grenzwertes wird gezeigt, daß die Folge

$$(a_n) = \left(\left(1+\frac{1}{n}\right)^n\right)$$

monoton wachsend und beschränkt ist. Daraus folgt dann entsprechend der zweiten Satz auf Seite 64 die Konvergenz der Folge (a_n).
Eine Möglichkeit zum Nachweis der Beschränktheit der Folge (a_n) besteht i folgendem. Es wird gezeigt,

– daß eine zweite Folge $(\bar{a}_n) = \left(\left(1+\frac{1}{n}\right)^{n+1}\right)$ monoton fallend ist, und

– daß für alle n gilt $a_n < \bar{a}_n$.

Unter diesen Voraussetzungen ist dann jedes Glied von $(\bar{a}_n)$ eine ober Schranke von (a_n).
Bei dieser Beweismethode gewinnt man zugleich eine Intervallschachtelung fü die Zahl e, denn es gilt dann folgender

SATZ:

Für die Folgen $(a_n) = \left(\left(1+\frac{1}{n}\right)^n\right)$ und $(\bar{a}_n) = \left(\left(1+\frac{1}{n}\right)^{n+1}\right)$ gilt:

1. $a_n < \bar{a}_n$ für alle $n \in N$, $n \geqq 1$,
2. (a_n) ist monoton wachsend,
3. $(\bar{a}_n)$ ist monoton fallend,
4. $\lim_{n \to \infty} (\bar{a}_n - a_n) = 0$

Hiernach bilden die Intervalle $\langle a_n; \bar{a}_n \rangle$ eine Intervallschachtelung, die d Zahl e erfaßt.
Die Zahl e ist eine Irrationalzahl: e = 2, 718 281 828 459 . . . . . .

↗ Die Ableitung von $f(x) = e^x$, Seite 89

[1] *Leonhard Euler* (1707–1783), Schweizer Mathematiker, der die längste Zeit sein Lebens in Petersburg wirkte.

Reihen

Ist (a_n) eine Folge, so nennt man die **Partialsummenfolge**

$$(s_n) = \left(\sum_{k=1}^{n} a_k\right)$$

eine **Reihe** und bezeichnet sie mit $\sum_{k=1}^{\infty} a_k$.

Konvergiert die Partialsummenfolge (s_n) und hat sie den Grenzwert s, dann heißt s die **Summe der Reihe** $\sum_{k=1}^{\infty} a_k$. Man verwendet in diesem Fall das Symbol $\sum_{k=1}^{\infty} a_k$ auch für den Grenzwert der Reihe.

$$\lim_{n\to\infty} s_n = \lim_{n\to\infty} \sum_{k=1}^{n} a_k = \sum_{k=1}^{\infty} a_k$$

↗ Zahlenfolge, Seite 19
↗ Partialsummen, Seite 26

Geometrische Reihen

Eine geometrische Reihe $\sum_{k=1}^{\infty} aq^{k-1}$ ist die Folge der Partialsummen (s_n) einer geometrischen Zahlenfolge (aq^{n-1}) $n \in N$, $n \geqq 1$.

$$s_1 = a$$
$$s_2 = a + aq$$
$$s_3 = a + aq + aq^2$$
$$\vdots$$
$$s_n = a + aq + aq^2 + \ldots + aq^{n-1} = a \cdot \frac{1-q^n}{1-q}, q \neq 1$$
$$\vdots$$

↗ Geometrische Folge, Seite 24

Für $|q| < 1$ konvergiert die Folge (s_n).

$$\sum_{k=1}^{\infty} aq^{k-1} = \lim_{n\to\infty} \left(a \frac{1-q^n}{1-q}\right)$$
$$= \lim_{n\to\infty} \frac{a}{1-q} \cdot \lim_{n\to\infty} (1-q^n)$$
$$= \frac{a}{1-q} \left(\lim_{n\to\infty} 1 - \lim_{n\to\infty} q^n\right) = \frac{a}{1-q} (1-0)$$

C 1

$$\sum_{k=1}^{\infty} aq^{k-1} = \frac{a}{1-q}; \quad |q| < 1$$

↗ Konvergente Zahlenfolgen, Seite 64; vgl. spez. Nullfolgen

Für $|q| \geqq 1$ divergiert die Folge (s_n).

■ Darstellung periodischer Dezimalbrüche als geometrische Reihen und Umwandlung in gemeine Brüche:

$$0{,}14\overline{73} = \frac{14}{100} + \frac{73}{100^2} + \frac{73}{100^2} \cdot \frac{1}{100} + \ldots + \frac{73}{100^2} \cdot \left(\frac{1}{100}\right)^{n-1} + \ldots$$

$$= \frac{14}{100} + \sum_{k=1}^{\infty} \frac{73}{100^2} \cdot \left(\frac{1}{100}\right)^{k-1} \qquad a = \frac{73}{100^2}$$

$$= \frac{14}{100} + \frac{\frac{73}{100^2}}{1 - \frac{1}{100}} \qquad q = \frac{1}{100}$$

$$0{,}14\overline{73} = \frac{1459}{9900}.$$

↗ Dezimalbrüche, Ma i Üb, Seite 48 (vgl. spez. periodische Dezimalbrüche)

Grenzwert einer Funktion

▶ **DEFINITION:**

Die Funktion f hat an der Stelle x_0 den Grenzwert g [geschrieben: $\lim\limits_{x \to x_0} f(x) = g$] genau dann, wenn gilt:

1. f ist in einer Umgebung von x_0 (eventuell unter Ausschluß der Stelle x_0) definiert,

2. für jede gegen x_0 konvergierende Folge (x_n) ($x_n \neq x_0$ für jedes n), deren Glieder dieser Umgebung angehören, konvergiert die Folge der zugehörigen Funktionswerte $(f(x_n))$ gegen g.

Man verwendet den Grenzwertbegriff oft auch in folgender Weise:

a $\lim\limits_{x \to x_0} f(x) = \begin{cases} +\infty \\ -\infty \end{cases}$,	wenn für jede Folge (x_n), für die gilt $\lim\limits_{n \to \infty} x_n = x_0$, auch gilt $\lim\limits_{n \to \infty} f(x_n) = \begin{cases} +\infty \\ -\infty \end{cases}$.

b $\lim\limits_{x \to +\infty} f(x) = a, \quad (a \in P),$ Analog wird $\lim\limits_{x \to -\infty} f(x)$ erklärt.	wenn für jede Folge (x_n), für die gilt $\lim\limits_{n \to \infty} x_n = +\infty$ und für die $f(x_n)$ definiert ist, auch gilt $\lim\limits_{n \to \infty} f(x_n) = a$.
c $\lim\limits_{x \to +\infty} f(x) = \begin{cases} +\infty \\ -\infty \end{cases},$ Analog wird $\lim\limits_{x \to -\infty} f(x)$ erklärt.	wenn für jede Folge (x_n), für die gilt $\lim\limits_{n \to \infty} x_n = +\infty$ und für die $f(x_n)$ definiert ist, auch gilt $\lim\limits_{n \to \infty} f(x_n) = \begin{cases} +\infty \\ -\infty \end{cases}$.

↗ Divergente Zahlenfolgen, Seite 64

Es ist der Grenzwert $\lim\limits_{x \to 2} x^2$ zu ermitteln.

$\lim\limits_{x \to 2} x^2 = 4,$

denn

1. ist die Funktion $f(x) = x^2$ für alle $x \in P$ definiert, also auch für eine Umgebung von $x_0 = 2$, und
2. gilt für jede Folge (x_n) mit $\lim\limits_{n \to \infty} x_n = 2$:

$$\lim_{n \to \infty} f(x_n) = \lim_{n \to \infty} x_n^2 = \lim_{n \to \infty} (x_n \cdot x_n) = \left(\lim_{n \to \infty} x_n\right) \cdot \left(\lim_{n \to \infty} x_n\right) = 2 \cdot 2 = 4$$

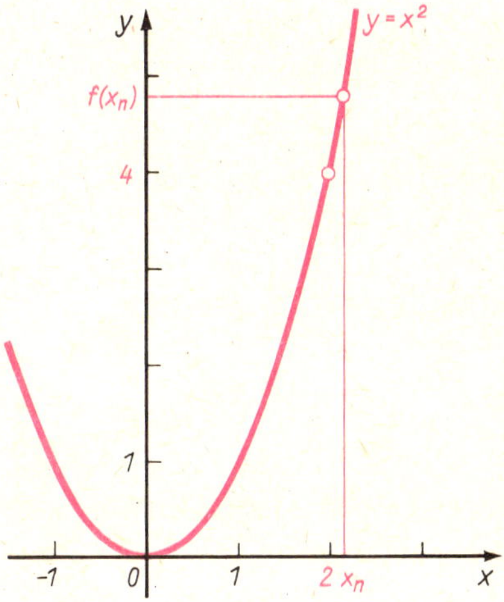

$f(x) = \dfrac{|x|}{x}$ hat an der Stelle $x_0 = 0$ keinen Grenzwert.

1. $f(x) = \dfrac{|x|}{x}$ ist zwar für alle $x \neq 0$ definiert, also auch in einer Umgebung von $x_0 = 0$
2. Es gibt aber Folgen (x_n) und (x_n') mit $\lim\limits_{n \to \infty} x_n = 0$ bzw. $\lim\limits_{n \to \infty} x_n' = 0$, für die $\lim\limits_{n \to \infty} f(x_n) \neq \lim\limits_{n \to \infty} f(x_n')$.

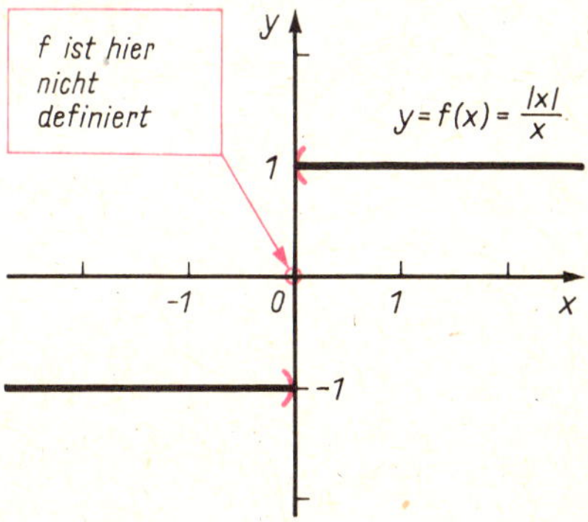

➡ C1

Zum Beispiel:

a) $(x_n) = \left(\frac{1}{n}\right)$; $f(x_n) = \frac{\left|\frac{1}{n}\right|}{\frac{1}{n}} = 1$

$\lim\limits_{n\to\infty} \frac{1}{n} = 0$; $\lim\limits_{n\to\infty} f(x_n) = 1$

b) $(x_n') = \left(-\frac{1}{n}\right)$; $f(x_n) = \frac{\left|-\frac{1}{n}\right|}{-\frac{1}{n}} = -1$

$\lim\limits_{n\to\infty} \left(-\frac{1}{n}\right) = 0$; $\lim\limits_{n\to\infty} f(x_n') = -1$

In diesem Falle gibt es nur den *rechtsseitigen Grenzwert* und den *linksseitigen Grenzwert* der Funktion $f(x) = \frac{|x|}{x}$ an der Stelle $x_0 = 0$, da diese voneinander verschieden sind.

■ Es ist der Grenzwert $\lim\limits_{x\to 1} \frac{x^2-1}{x-1}$ zu ermitteln.

$\lim\limits_{x\to 1} \frac{x^2-1}{x-1} = 2$,

denn

1. ist die Funktion für alle $x \neq 1$ wegen

$\frac{x^2-1}{x-1} = \frac{(x+1)(x-1)}{(x-1)} = x+1$

definiert und

2. gilt für jede Folge x_n ($x_n \neq 1$ für jedes n) mit $\lim\limits_{n\to\infty} x_n = 1$:

$\lim\limits_{n\to\infty} f(x_n) = \lim\limits_{n\to\infty} (x_n + 1) = 2$.

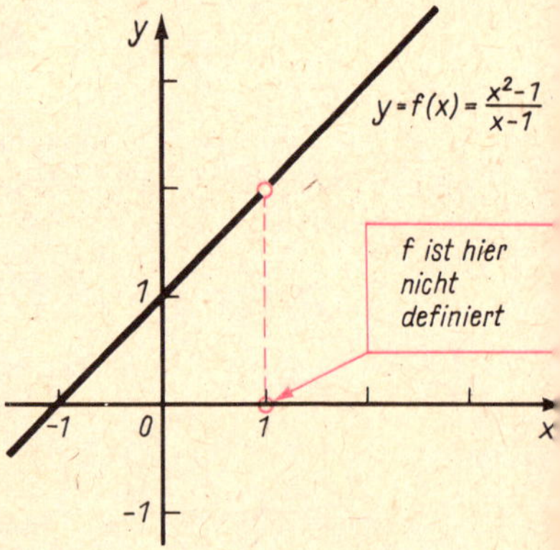

■ $f(x) = \frac{1}{x}$ hat an der Stelle $x_0 = 0$ keinen Grenzwert.

1. Die Funktion ist zwar für alle $x \neq 0$ definiert.

2. Es gibt aber Folgen (x_n) ($x_n \neq 0$ für jedes n) mit $\lim\limits_{n\to\infty} x_n = 0$, für die die Folgen $f(x_n) = \frac{1}{x_n}$ unbeschränkt sind, z. B. $\left(\frac{1}{n}\right)$, $\left(\frac{1}{n^2}\right)$.

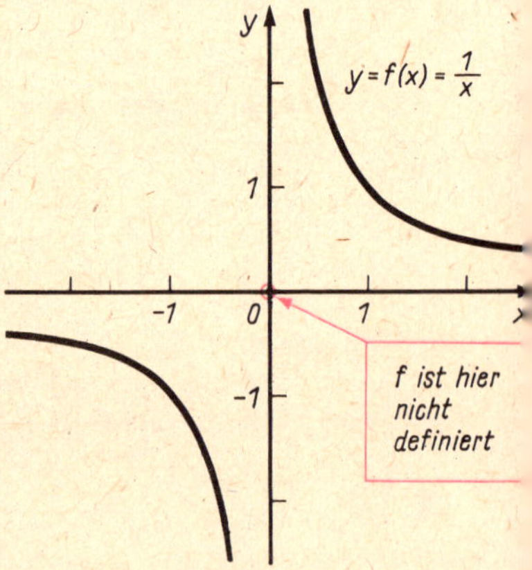

Grenzwertsätze für Funktionen

SATZ:
Sind die Funktionen f und g in einer Umgebung $U_\varepsilon(x_0)$ von x_0 definiert und gilt $f(x) < g(x)$ für alle $x \in U_\varepsilon(x_0)$, so ist
$$\lim_{x \to x_0} f(x) \leqq \lim_{x \to x_0} g(x).$$
(Vgl. mit dem analogen Satz für Folgen auf Seite 65.)

SATZ (Grenzwertsätze):
Ist $\lim_{x \to x_0} u(x) = g_1$ und $\lim_{x \to x_0} v(x) = g_2$,
so gilt auch
$$\lim_{x \to x_0} [u(x) + v(x)] = \lim_{x \to x_0} u(x) + \lim_{x \to x_0} v(x) = g_1 + g_2,$$
$$\lim_{x \to x_0} [u(x) - v(x)] = \lim_{x \to x_0} u(x) - \lim_{x \to x_0} v(x) = g_1 - g_2,$$
$$\lim_{x \to x_0} [u(x) \cdot v(x)] = \left[\lim_{x \to x_0} u(x)\right] \cdot \left[\lim_{x \to x_0} v(x)\right] = g_1 \cdot g_2,$$
$$\lim_{x \to x_0} \left(\frac{u(x)}{v(x)}\right) = \frac{\lim_{x \to x_0} u(x)}{\lim_{x \to x_0} v(x)} = \frac{g_1}{g_2}, \text{ falls } g_2 \neq 0,\ v(x) \neq 0.$$

$$\begin{aligned}
\lim_{x \to 1} (x^3 - 3x + 7) &= \lim_{x \to 1} (x \cdot x \cdot x) - \lim_{x \to 1} 3x + \lim_{x \to 1} 7 \\
&= \left(\lim_{x \to 1} x\right)\left(\lim_{x \to 1} x\right)\left(\lim_{x \to 1} x\right) - \left(\lim_{x \to 1} 3\right)\left(\lim_{x \to 1} x\right) + \lim_{x \to 1} 7 \\
&= 1 \cdot 1 \cdot 1 \qquad\qquad - 3 \cdot 1 \qquad\qquad + 7 \\
&= 5
\end{aligned}$$

Einige Grenzwerte von speziellen Funktionen

Es gilt: $\lim_{x \to 0} \frac{\sin x}{x} = 1.$

Beweis:

Wir zeigen, daß für

$-\frac{\pi}{2} < x < \frac{\pi}{2}$, $x \neq 0$, gilt

$\cos x < \frac{\sin x}{x} < \frac{1}{\cos x}$.

Es gilt für $0 < x < \frac{\pi}{2}$:

$A_{\triangle ODB} < A_{\text{Sektor } AOB} < A_{\triangle OAC}$.

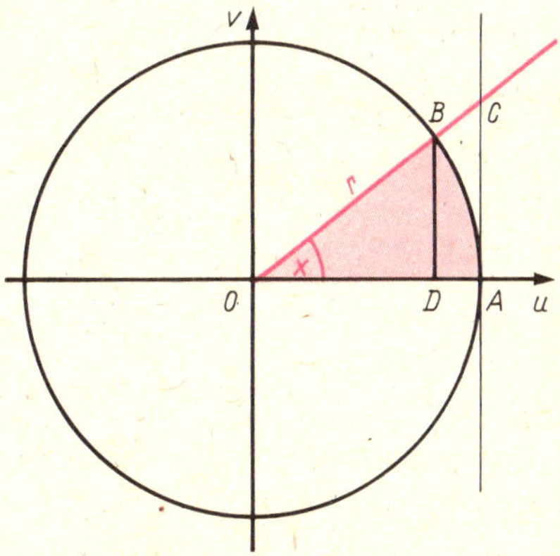

x ist das Bogenmaß von ∢ AOB

➡ C 1

$$(*)\quad \frac{1}{2}\overline{OD}\cdot\overline{DB} < \frac{1}{2}r^2\cdot x < \frac{1}{2}\overline{OA}\cdot\overline{AC}$$ (vgl. Fußnote 1)

$$\frac{1}{2}(r\cdot\cos x)\cdot(r\cdot\sin x) < \frac{1}{2}r^2 x < \frac{1}{2}r\cdot r\cdot\tan x$$

$$\cos x\cdot\sin x < x < \frac{\sin x}{\cos x}.$$

Da $\sin x > 0$ für $0 < x < \frac{\pi}{2}$, folgt weiter

$$\cos x < \frac{x}{\sin x} < \frac{1}{\cos x}.$$

Durch Übergang zu den Reziproken erhält man wegen $\cos x > 0$ für $0 < x < \frac{\pi}{2}$

$$\frac{1}{\cos x} > \frac{\sin x}{x} > \cos x.$$

Wegen $\cos(-x) = \cos x$ und $\sin(-x) = -\sin x$, gilt diese Ungleichung auch für x mit $-\frac{\pi}{2} < x < 0$.

Demzufolge gilt (↗ Grenzwertsätze für Funktionen, Seite 71):

$$\lim_{x\to 0}\cos x \leqq \lim_{x\to 0}\frac{\sin x}{x} \leqq \lim_{x\to 0}\frac{1}{\cos x}$$

$$1 \leqq \lim_{x\to 0}\frac{\sin x}{x} \leqq 1.$$

Folglich gilt: $\lim\limits_{x\to 0}\frac{\sin x}{x} = 1$, was zu beweisen war.

■ Es gilt: $\lim\limits_{x\to 0}\log_a(1+x)^{\frac{1}{x}} = \log_a e.$

Beim Beweis werden folgende Aussagen benutzt:

1. $\lim\limits_{x\to 0}(1+x)^{\frac{1}{x}} = e \quad (x \in P)$
2. Für jede Folge (a_n) mit positiven Gliedern a_n und $\lim\limits_{n\to\infty} a_n = g \quad (g > 0)$ gilt

$$\lim_{n\to\infty}(\log_a a_n) = \log_a\left(\lim_{n\to\infty} a_n\right) = \log_a g.$$

[1] In der Gleichung (*) wurde für die Berechnung der Sektorfläche das Bogenmaß $\operatorname{arc}\alpha = x = \frac{\pi}{180^\circ}\cdot\alpha$ herangezogen.

↗ Bogenmaß, Ma i Üb, Seite 107

C2 Stetigkeit von Funktionen

Stetigkeit an einer Stelle x_0

DEFINITION:

Die Funktion f ist an der Stelle x_0 stetig genau dann, wenn gilt:

1. f ist an der Stelle x_0 definiert, d. h., es existiert $f(x_0)$,

2. es existiert $\lim\limits_{x \to x_0} f(x)$,

3. es ist $\lim\limits_{x \to x_0} f(x) = f(x_0)$.

Ist eine der Bedingungen nicht erfüllt, heißt die Funktion f an der Stelle x_0 unstetig.

Zur Grenzwertberechnung in den folgenden Beispielen vergleiche man mit den Beispielen unter dem Stichwort „Grenzwert einer Funktion", Seite 68.

$f(x) = x^2$ ist an der Stelle $x_0 = 2$ stetig, denn es gilt

$\lim\limits_{x \to 2} f(x) = f(2) = 4.$

$f(x) = \frac{|x|}{x}$ $(x \in P,\ x \neq 0)$ ist an der Stelle $x_0 = 0$ unstetig, denn $f(x)$ ist an der Stelle $x_0 = 0$ nicht definiert und besitzt an der Stelle $x_0 = 0$ keinen Grenzwert.

$f(x) = \frac{x^2 - 1}{x - 1}$ $(x \neq 1,\ x \in P)$ ist an der Stelle $x_0 = 1$ unstetig, denn $f(x)$ ist an dieser Stelle nicht definiert.
Es existiert aber der Grenzwert $\lim\limits_{x \to 1} f(x) = 2$.

In diesem Fall spricht man von einer **hebbaren Unstetigkeit** der Funktion f. Man kann eine neue Funktion $g(x)$ definieren, die an der Stelle $x_0 = 1$ stetig ist:

$$g(x) = \begin{cases} 2 & \text{für } x = 1 \\ \dfrac{x^2 - 1}{x - 1} & \text{für } x \neq 1 \end{cases}$$

Diese Funktion ist identisch mit der Funktion, deren Gleichung $y = x + 1$ ist.

$f(x) = \frac{1}{x}$ $(x \in P,\ x \neq 0)$ ist an der Stelle $x_0 = 0$ unstetig, denn die Funktion ist an dieser Stelle nicht definiert.
Die Funktion besitzt auch keinen Grenzwert an dieser Stelle.

C2

Stetigkeit in einem Intervall

DEFINITION:
Die Funktion f ist in einem Intervall stetig genau dann, wenn die Funktion an jeder Stelle des Intervalls stetig ist.

Handelt es sich um ein abgeschlossenes Intervall, so ist an den Randpunkten der rechtsseitige bzw. linksseitige Grenzwert der Funktion zugrunde zu legen. Man spricht dann bezüglich dieser Stelle von **linksseitiger** bzw. **rechtsseitiger Stetigkeit** der Funktion an der Stelle x_0.

Sätze über stetige Funktionen

SATZ:
Ist f eine in $\langle a; b\rangle$ stetige Funktion, und haben $f(a)$ und $f(b)$ verschiedene Vorzeichen, so hat f in $(a; b)$ mindestens eine Nullstelle, d. h., es existiert mindestens eine Zahl x_0, mit $a < x_0 < b$ und $f(x_0) = 0$.

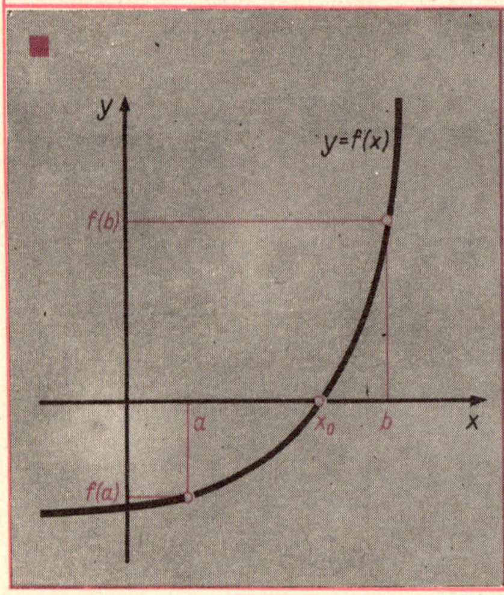

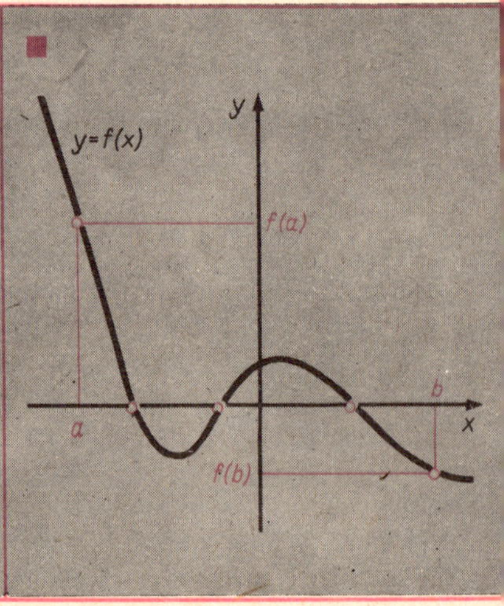

↗ Nullstellen von Funktionen, Ma i Üb, Seite 61

Dieser Satz ist ein Spezialfall des Zwischenwertsatzes.

SATZ (Zwischenwertsatz):
Ist f eine in $\langle a; b\rangle$ stetige Funktion und ist $f(a) \neq f(b)$, so gilt:
Für jedes $\bar{y}$ mit $f(a) < \bar{y} < f(b)$ oder $f(a) > \bar{y} > f(b)$ existiert mindestens ein $\bar{x}$ aus $(a; b)$ mit $f(\bar{x}) = \bar{y}$.
Sinngemäß heißt das:
Eine stetige Funktion nimmt jeden Zwischenwert an.

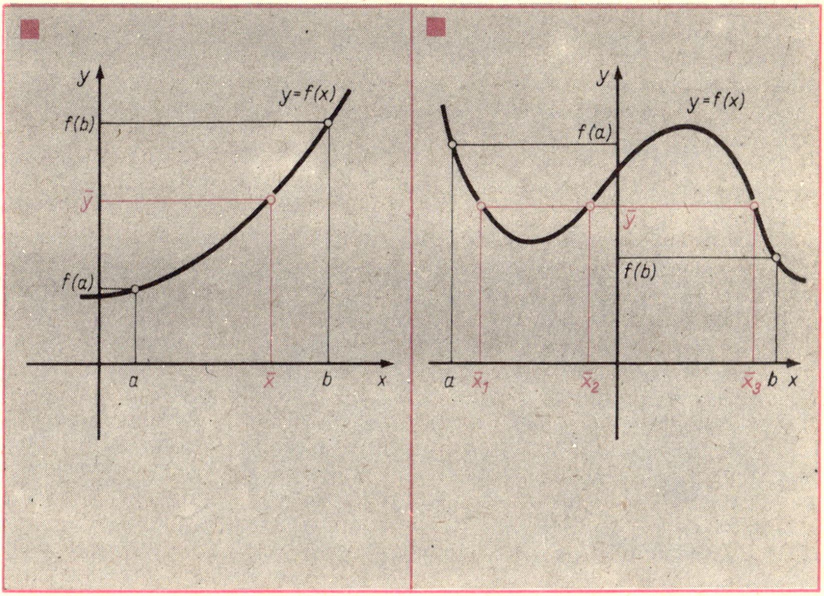

SATZ:

Der Wertebereich einer in $\langle a; b \rangle$ stetigen Funktion f ist beschränkt. Obere und untere Grenze des Wertebereiches sind stets Funktionswerte von f in $\langle a; b \rangle$.

Sinngemäß bedeutet das:

Eine in $\langle a; b \rangle$ stetige Funktion f hat in $\langle a; b \rangle$ stets ein Maximum und ein Minimum.

M ist *Maximum der Funktion f* im Definitionsbereich D genau dann, wenn es ein $x_0 \in D$ gibt mit $f(x_0) = M$ und wenn gilt:
M ist *obere* Grenze der Funktionswerte von f im Definitionsbereich D, d. h., wenn für alle $x \in D$ gilt $f(x) \leqq M$.
M ist *Minimum der Funktion f* im Definitionsbereich D genau dann, wenn es ein $x_0 \in D$ gibt mit $f(x_0) = M$ und wenn gilt:
M ist *untere* Grenze der Funktionswerte von f im Definitionsbereich D, d. h., wenn für alle $x \in D$ gilt $f(x) \geqq M$.
Die so definierten Extrema (Maxima oder Minima) einer Funktion nennt man auch *globale* Extrema, weil sie Extrema *bezüglich des gesamten Definitionsbereiches* der Funktion sind. Damit wird der Unterschied zu den *lokalen Extrema* zum Ausdruck gebracht, die Extrema *bezüglich der Umgebung einer Stelle* x_0 sind.

↗ Lokale Extrema, Seite 92

C 3 Ableitung einer Funktion

Differenzenquotient

▶ **DEFINITION:**

Die Zahl $\frac{f(x_0+h)-f(x_0)}{h}$, $(h \neq 0)$ heißt der zu h gehörige Differenzenquotient der Funktion f an der Stelle x_0.

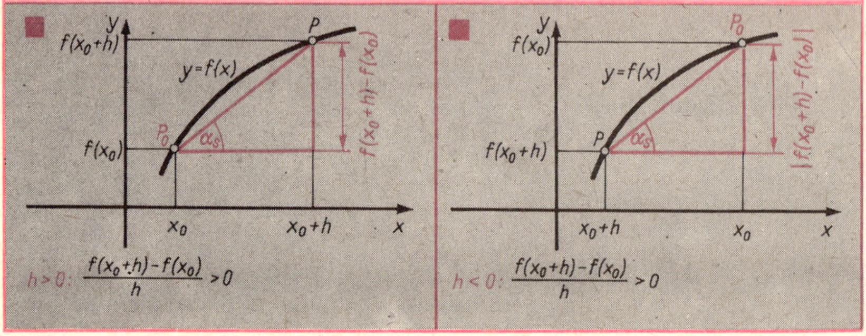

Ist $y = f(x)$ lokal monoton wachsend an der Stelle x_0, so ist der Differenzenquotient der Funktion $y = f(x)$ an der Stelle x_0 stets positiv.
Analog gilt: Ist $y = f(x)$ an der Stelle x_0 lokal monoton fallend, so ist der Differenzenquotient der Funktion $y = f(x)$ an der Stelle x_0 stets negativ.
Bei einer konstanten Funktion ist der Differenzenquotient an jeder Stelle gleich Null.
Der zu h gehörige Differenzenquotient der Funktion f an der Stelle x_0 ist gleich dem Anstieg $\tan \alpha_s$ der Sekante durch die beiden Punkte $P_0(x_0; f(x_0))$ und $P(x_0+h; f(x_0+h))$:

▶ $$\tan \alpha_s = \frac{f(x_0+h)-f(x_0)}{h}.$$

↗ Lineare Funktionen und ihre graphische Darstellung, Ma i Üb, Seite 62 (vgl. Anstieg)

Ableitung einer Funktion an einer Stelle x_0

▶ **DEFINITION:**

Die Funktion f ist an der Stelle x_0 differenzierbar genau dann, wenn gilt:
1. **f ist in einer Umgebung von x_0 definiert,**
2. **der Grenzwert $\lim\limits_{h \to 0} \frac{f(x_0+h)-f(x_0)}{h}$ existiert.**

Dieser Grenzwert heißt die Ableitung (oder der Differentialquotient) der Funktion f an der Stelle x_0 und wird mit folgenden Symbolen bezeichnet:

$$f'(x_0) \text{ oder } y'\Big|_{x=x_0} \text{ oder } \frac{dy}{dx}\Big|_{x=x_0}.$$

Anwendungen der Ableitung

1. Der Anstieg der Tangente an den Graph der Funktion f im Punkt $P_0(x_0; f(x_0))$ ist $f'(x_0)$.

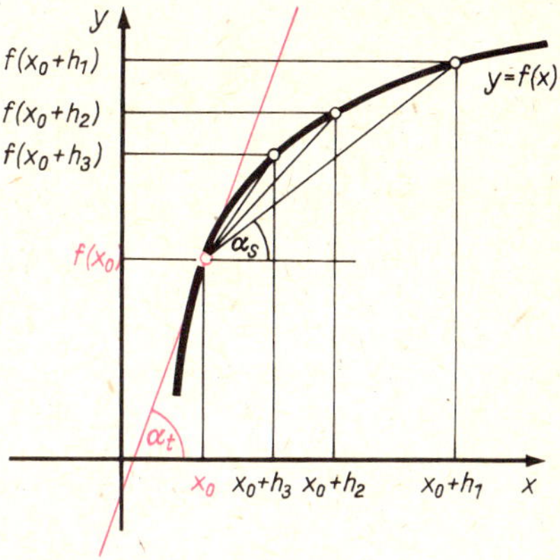

$$\tan \alpha_t = f'(x_0)$$

Der Anstieg der Tangente an die Funktionskurve wird auch als Anstieg der Funktionskurve im Punkt P_0 definiert.

Der Anstieg der Tangente an den Graph der Funktion $f(x) = x^3$ im Punkt $P_0(1; 1)$ soll ermittelt werden.

$x_0 = 1, \quad f(x_0) = 1, \quad f(x_0 + h) = (1 + h)^3$

$$\tan \alpha_t = \lim_{h \to 0} \frac{f(x_0 + h) - f(x_0)}{h}$$

$$= \lim_{h \to 0} \frac{(1 + h)^3 - 1^3}{h} = \lim_{h \to 0} \frac{1 + 3h + 3h^2 + h^3 - 1}{h}$$

$$= \lim_{h \to 0} (3 + 3h + h^2)$$

$$= 3$$

2. Die Augenblicksgeschwindigkeit eines Körpers mit der Weg-Zeit-Funktion $s = s(t)$ zum Zeitpunkt t_0 ist gleich $s'(t_0)$.

Die Augenblicksgeschwindigkeit eines Körpers im freien Fall zum Zeitpunk t_0 soll ermittelt werden. (t_0 ist in diesem Beispiel nicht der Zeitpunkt *zu Beginn* einer Messung, der gewöhnlich auch mit t_0 bezeichnet wird.)

$$s(t) = \frac{g}{2} t^2 \quad \text{(freier Fall)}$$

$$s'(t_0) = \lim_{h \to 0} \frac{s(t_0 + h) - s(t_0)}{h}$$

$$= \lim_{h \to 0} \frac{\frac{g}{2}(t_0 + h)^2 - \frac{g}{2} t_0^2}{h}$$

$$= \lim_{h \to 0} \frac{\frac{g}{2} t_0^2 + g t_0 h + \frac{g}{2} h^2 - \frac{g}{2} t_0^2}{h}$$

$$= \lim_{h \to 0} \left(g t_0 + \frac{g}{2} h \right)$$

$$= g t_0$$

➡ C3

Zusammenhang zwischen Differenzierbarkeit und Stetigkeit

▶ **SATZ:**
Für jede Funktion f gilt: Ist f an der Stelle x_0 differenzierbar, so ist f an der Stelle x_0 stetig.

Durch folgendes Beispiel wird deutlich, daß die Umkehrung dieses Satzes nicht gilt:
Die Funktion $f(x) = |x|$ ist an der Stelle $x_0 = 0$ zwar stetig, aber sie ist an der Stelle $x_0 = 0$ nicht differenzierbar. Es gilt nämlich

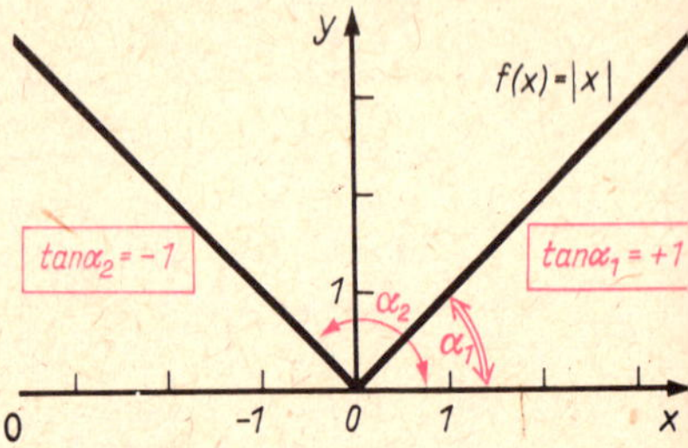

$$\lim_{h \to 0} \frac{f(x_0 + h) - f(x_0)}{h} = \begin{cases} +1 \text{ für } h > 0 \\ -1 \text{ für } h < 0 \end{cases}$$

Zusammenhang zwischen Differenzierbarkeit und Stetigkeit	
Aus der Differenzierbarkeit (p) folgt die Stetigkeit (q). Es gilt: $p \rightarrow q$	Aus der Stetigkeit (q) folgt **nicht** die Differenzierbarkeit (p). Es gilt **nicht**: $q \rightarrow p$
Dieser Sachverhalt kann mit Hilfe der mathematischen Termini „notwendig“ und „hinreichend“ folgendermaßen ausgedrückt werden:	
• Differenzierbarkeit (p) ist eine hinreichende Bedingung für Stetigkeit (q) • Stetigkeit (q) ist eine notwendige Bedingung für Differenzierbarkeit (p)	• Stetigkeit (q) ist *nicht* hinreichend für Differenzierbarkeit (p) • Differenzierbarkeit (p) ist *nicht* notwendig für Stetigkeit (q)

Ableitung einer Funktion in einem Intervall

▶ **DEFINITION:**
Die Funktion f ist in dem Intervall $(a; b)$ differenzierbar genau dann, wenn f an jeder Stelle x aus $(a; b)$ differenzierbar ist.
Die Ableitung der Funktion f ist diejenige Funktion f', für die gilt:
1. Der Definitionsbereich von f' ist die Menge aller x, für die f differenzierbar ist,
2. Für jedes x aus dem Definitionsbereich von f' gilt:
$f'(x)$ ist die Ableitung von f an der Stelle x.

↗ Ableitung einer Funktion an einer Stelle x_0, Seite 76

Ableitungen höherer Ordnung

Ist die Ableitung f' einer Funktion f an einer Stelle x_0 des Definitionsbereiches von f differenzierbar, so bezeichnet man die Ableitung der Ableitung von f an der Stelle x_0 mit

$$f''(x_0) \text{ oder } y''\Big|_{x=x_0} \text{ oder } \frac{d^2y}{dx^2}\Big|_{x=x_0}$$

und nennt sie die *zweite Ableitung von f an der Stelle* x_0.
Analog zur Definition der Ableitung einer Funktion in einem Intervall wird die *zweite Ableitung* f'' *in einem Intervall* definiert. Sie wird mit

$$y'' \text{ oder } f''(x) \text{ oder } \frac{d^2y}{dx^2}$$

bezeichnet. In gleicher Weise werden die dritte, vierte, ..., n-te Ableitung einer Funktion definiert und mit

$$f''', f^{(4)}, f^{(5)}, \ldots, f^{(n)}$$

bezeichnet.

C 4 Differentiationsregeln

Summenregel, Produktregel, Quotientenregel

SATZ:
Sind die Funktionen u und v im Intervall $(a; b)$ differenzierbar, und seien ihre Ableitungen u' und v', dann sind auch die Funktionen $u + v$, $u \cdot v$, $\frac{u}{v}$ $(v(x) \neq 0)$ differenzierbar in $(a; b)$, und es gilt:

$$[u(x) + v(x)]' = u'(x) + v'(x) \qquad \textbf{(Summenregel)}$$

$$[u(x) \cdot v(x)]' = u'(x) \cdot v(x) + u(x) \cdot v'(x) \qquad \textbf{(Produktregel)}$$

$$\left[\frac{u(x)}{v(x)}\right]' = \frac{u'(x) \cdot v(x) - u(x) \cdot v'(x)}{[v(x)]^2} \qquad \textbf{(Quotientenregel).}$$

Beweis für die Produktregel

Es sei x_0 eine beliebige Zahl aus (a, b)

$$[u(x_0) \cdot v(x_0)]' = \lim_{h \to 0} \frac{u(x_0 + h) \cdot v(x_0 + h) - u(x_0) \cdot v(x_0)}{h}$$

$$= \lim_{h \to 0} \frac{u(x_0 + h) \cdot v(x_0 + h) - u(x_0) \cdot v(x_0 + h) + u(x_0) \cdot v(x_0 + h) - u(x_0) \cdot v(x_0)}{h}$$

$$= \lim_{h \to 0} \left[\frac{u(x_0+h) - u(x_0)}{h} v(x_0+h) + u(x_0) \frac{v(x_0+h) - v(x_0)}{h} \right]$$

$$= \lim_{h \to 0} \left[\frac{u(x_0+h) - u(x_0)}{h} \right] \cdot \lim_{h \to 0} v(x_0+h) + \lim_{h \to 0} u(x_0) \cdot \lim_{h \to 0} \left[\frac{v(x_0+h) - v(x_0)}{h} \right]$$

$$= u'(x_0) \cdot v(x_0) + u(x_0) \cdot v'(x_0).$$

Da x_0 eine beliebige Zahl aus (a, b) sein sollte, gilt die Produktregel für alle x aus (a, b).

Bei den folgenden Beispielen werden Regeln für das Bilden der Ableitungen elementarer Funktionen benutzt (↗ Seiten 83 ff.)

■ $f(x) = 3x^2 + 2x - 3$
$f'(x) = 6x + 2$

■ $f(x) = x \cdot \sin x$

$u(x) = x$ $\qquad$ $v(x) = \sin x$
$u'(x) = 1$ $\qquad$ $v'(x) = \cos x$

$$f'(x) = u'(x) \cdot v(x) + u(x) \cdot v'(x)$$
$$= 1 \cdot \sin x + x \cdot \cos x$$
$$= \sin x + x \cos x$$

■ $f(x) = \dfrac{3x^2 + \sin x}{2x + 3}$

$(2x + 3) \neq 0$

$u(x) = 3x^2 + \sin x$ $\qquad$ $v(x) = 2x + 3$
$u'(x) = 6x + \cos x$ $\qquad$ $v'(x) = 2$

$$f'(x) = \frac{u'(x) \cdot v(x) - u(x) \cdot v'(x)}{[v(x)]^2}$$

$$= \frac{(6x + \cos x)(2x + 3) - (3x^2 + \sin x) \cdot 2}{(2x + 3)^2}$$

$$= \frac{12x^2 + 18x + 2x \cdot \cos x + 3 \cdot \cos x - 6x^2 - 2 \cdot \sin x}{(2x + 3)^2}$$

Ableitung einer verketteten Funktion (Kettenregel)

▶ **SATZ:**
Ist die Funktion g an der Stelle x_0 und die Funktion f an der Stelle $g(x_0)$ differenzierbar, so ist auch die Funktion F mit $F(x) = f[g(x)]$, die durch Verkettung von g und f entsteht, an der Stelle x_0 differenzierbar, und es ist $F'(x_0) = f'[g(x_0)] \cdot g'(x_0)$.

Es ist die Funktion $F(x) = (5x + 2)^3$ zu differenzieren.

$F(x) = (5x + 2)^3$

$F(x) = f[g(x)]$

innere Funktion $z = g(x) = 5x + 2$

$g'(x) = 5$

äußere Funktion $f(z) = z^3$

$f'(z) = 3z^2$

$f'[g(x)] = 3 \cdot (5x + 2)^2$

$$F'(x) = f'[g(x)] \cdot g'(x) = 3 \cdot (5x + 2)^2 \cdot 5 = 15\,(5x + 2)^2$$

↗ Verkettung von Funktionen, Seite 34

Ableitung zueinander inverser Funktionen

SATZ:

Ist f eine eineindeutige Funktion, die in einer Umgebung der Stelle x_0 differenzierbar ist, und gilt $f'(x_0) \neq 0$, so ist die zu f inverse Funktion $\bar{f}$ an der Stelle $f(x_0)$ differenzierbar, und es ist $\bar{f}'[f(x_0)] = \dfrac{1}{f'(x_0)}$.

Sinngemäß bedeutet das: Die Ableitungen f' und $\bar{f}'$ zweier zueinander inverser Funktionen f und $\bar{f}$ für einander entsprechende Argumente sind zueinander reziprok.

↗ Zueinander inverse Funktionen, Seite 30
↗ Reziprokes, Ma i Üb, Seite 34

Veranschaulichung des Satzes:

1. Möglichkeit
Die Graphen von f und $\bar{f}$ sind identisch.

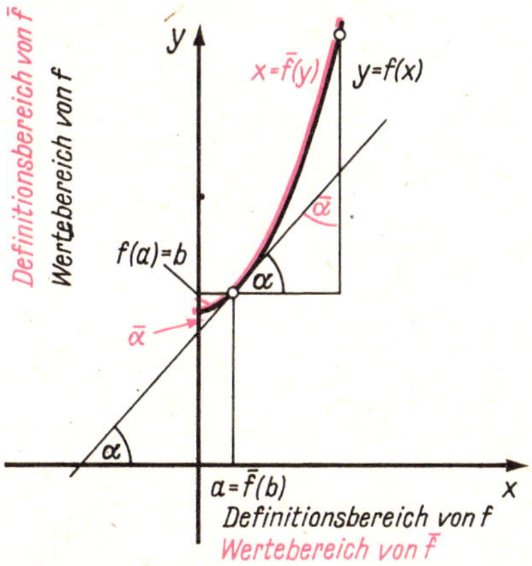

2. Möglichkeit
Die Graphen von f und $\bar{f}$ sind axialsymmetrisch zur Geraden $y = x$.

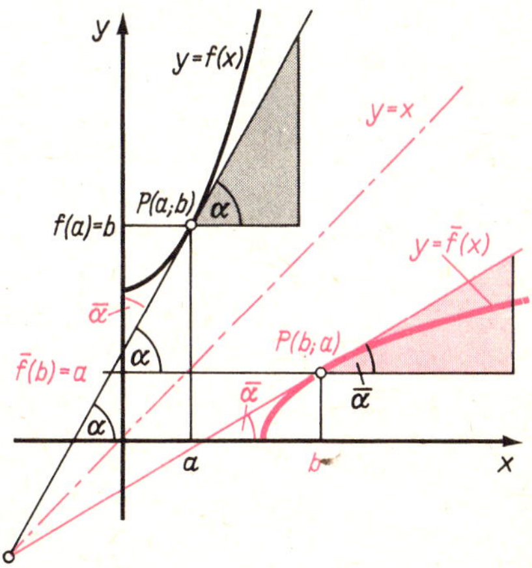

➡ C4

$$[a; b] \in f \quad y' = f'(a) = \tan \alpha$$
$$[b; a] \in \bar{f} \quad x' = \bar{f}'(b) = \tan \bar{\alpha}$$
$$\alpha + \bar{\alpha} = 90°$$

$$[a; b] \in f \quad y' = f'(a) = \tan \alpha$$
$$[b; a] \in \bar{f} \quad y' = \bar{f}'(b) = \tan \bar{\alpha}$$
$$\alpha + \bar{\alpha} = 90°$$

$$f'(a) \cdot \bar{f}'(b) = \tan \alpha \cdot \tan \bar{\alpha}$$
$$f'(a) \cdot \bar{f}'(b) = \tan \alpha \cdot \cot \alpha$$
$$f'(a) \cdot \bar{f}'(b) = 1$$
$$f'(a) = \frac{1}{\bar{f}'(b)} \text{ oder } \bar{f}'(b) = \frac{1}{f'(a)}$$

Der Satz wird angewendet, wenn die Ableitung einer gegebenen Funktion f a einer Stelle x_0 mit Hilfe der Ableitung ihrer Umkehrfunktion $\bar{f}$ an der Stell $f(x_0)$ ermittelt werden soll.
Hierzu nehmen wir in der Formulierung des Satzes folgende Veränderunge in der Bezeichnung vor: f und $\bar{f}$ werden gegeneinander vertauscht, und x wird durch z_0 ersetzt.

Allgemeiner Fall	Beispiel
Es sei f eine gegebene Funktion, x_0 sei ein Element des Definitionsbereiches von f. Gesucht ist $f'(x_0)$.	Gegeben sei $f(x) = \sqrt{x-2} \quad (x > 2)$. x_0 sei ein Element des Definitionsbereiches von f, also $x_0 > 2$. Gesucht ist $f'(x_0)$.
Es sei $\bar{f}$ die Umkehrfunktion von f, und es gelte: 1. $f(x_0)$ ist ein Element des Definitionsbereiches von $\bar{f}$. 2. $\bar{f}$ ist in einer Umgebung von $f(x_0)$ differenzierbar. 3. $\bar{f}'[f(x_0)] \neq 0$ Dann gilt nach dem Satz für $z_0 = f(x_0)$, folglich $x_0 = \bar{f}(z_0)$; $f'(x_0) = \frac{1}{\bar{f}'[f(x_0)]}$.	Die Umkehrfunktion von f ist $\bar{f}(x) = x^2 + 2 \quad (x > 0)$, und es gilt: 1. $f(x_0) = \sqrt{x_0 - 2}$ ist für $x_0 > 2$ ein Element des Definitionsbereiches von $\bar{f}$, d. h. $f(x_0) > 0$. 2. $\bar{f}$ ist für alle $x > 0$ differenzierbar, also auch in einer Umgebung von $f(x_0)$. 3. $\bar{f}'(x) = 2x \neq 0$ für $x > 0$, also $\bar{f}'[f(x_0)] = 2f(x_0) \neq 0$. Also gilt $f'(x_0) = \frac{1}{\bar{f}'[f(x_0)]} = \frac{1}{2f(x_0)}$ $f'(x_0) = \frac{1}{2\sqrt{x_0 - 2}}$ für alle $x_0 > 2$.

C5 Ableitung elementarer Funktionen

Die Ableitung von $f(x) = c$

SATZ:
Jede in einem Intervall $(a; b)$ konstante Funktion $f(x) = c$ $(c \in P)$ ist in $(a; b)$ differenzierbar, und es gilt für jedes x aus $(a; b)$:
$f'(x) = 0$.

Beweis:

Es sei x_0 eine beliebige Zahl aus $(a; b)$, dann gilt:

$$f'(x_0) = \lim_{h \to 0} \frac{f(x_0 + h) - f(x_0)}{h} = \lim_{h \to 0} \frac{c - c}{h} = \lim_{h \to 0} 0 = 0.$$

Da x_0 eine beliebige Zahl aus $(a; b)$ sein sollte, gilt $f'(x) = 0$ für alle x aus $(a; b)$.

Geometrische Deutung: Der Graph von $f(x) = c$ ist ein Stück einer Geraden parallel zur Abszissenachse. Sein Anstieg ist demnach an jeder Stelle des Intervalls (a, b) gleich Null.

$f(x) = 5 \qquad f'(x) = 0$

Die Ableitung von $f(x) = x^n$ $(n \in N, n > 0)$

SATZ:
Die Funktion $f(x) = x^n$ $(n > 0, n \in N)$ ist für alle $x \in P$ differenzierbar, und es gilt:
$f'(x) = n \cdot x^{n-1}$.

Beweis:

Es sei x_0 eine beliebige reelle Zahl.
Wir führen den Beweis durch vollständige Induktion (↗ Seite 12f.)

1. Induktionsanfang

$n = 1; \quad f(x_0) = x_0^1$

Es ist zu zeigen, daß $f'(x_0) = 1 \cdot x_0^{1-1}$.

In der Tat, sei $f(x_0) = x_0$, dann ist $f(x_0 + h) = x_0 + h$.

$$f'(x_0) = \lim_{h \to 0} \frac{f(x_0 + h) - f(x_0)}{h} = \lim_{h \to 0} \frac{(x_0 + h) - x_0}{h}$$

$$= \lim_{h \to 0} \frac{h}{h} = \lim_{h \to 0} 1 = 1$$

$f'(x_0) = 1$
$f'(x_0) = 1 \cdot 1$
$f'(x_0) = 1 \cdot x^0$
$f'(x_0) = 1 \cdot x^{1-1}$

Das war zu zeigen!

2. Induktionsschritt

Es ist zu zeigen:
Für alle k ($k \in N$, $k > 1$) gilt:
Wenn für $f(x_0) = x_0^k$ gilt $f'(x_0) = k \cdot x_0^{k-1}$,
dann gilt für $f_1(x_0) = x_0^{k+1}$
entsprechend $f_1'(x_0) = (k+1) \cdot x_0^{(k+1)-1}$.

In der Tat gilt:

$f_1(x_0) = x_0^{k+1}$

$f_1(x_0) = x_0^k \cdot x_0$ $\qquad u(x_0) = x_0^k,\; u'(x_0) = k \cdot x_0^{k-1}$

$f_1(x_0) = u(x_0) \cdot v(x_0)$ $\qquad v(x_0) = x_0,\; v'(x_0) = 1$

$f_1'(x_0) = u'(x_0) \cdot v(x_0) + v'(x_0) \cdot u(x_0)$ $\qquad$ (↗ Produktregel, Seite 79)

$$\begin{aligned} f_1'(x_0) &= k \cdot x_0^{k-1} \cdot x_0 + 1 \cdot x_0^k \\ &= k \cdot x_0^k + x_0^k \\ &= (k+1)\, x_0^k \\ &= (k+1)\, x_0^{(k+1)-1} \end{aligned}$$

Das war zu zeigen!

Aus der Gültigkeit von 1. und 2. folgt die Gültigkeit der Behauptung für alle natürlichen Zahlen.
Da x_0 eine beliebige reelle Zahl sein sollte, gilt die Aussage für alle reellen Zahlen.

$f(x) = 3x^2 \qquad f'(x) = 2 \cdot 3x^1$
$\qquad\qquad\qquad\qquad\quad = 6x$

Die Ableitung von $f(x) = x^m$ ($m < 0$, $m \in G$, $x \neq 0$)

▶ **SATZ:**
Die Funktion $f(x) = x^m$ ($m < 0$, $m \in G$, $x \neq 0$) ist für alle x ($x \neq 0$) differenzierbar, und es gilt
$f'(x) = m\, x^{m-1}$.

Beweis:

Es sei $m = -n$ ($n > 0$, $n \in N$).

$$f(x) = x^m = x^{-n} = \frac{1}{x^n}$$

$$f(x) = \frac{u(x)}{v(x)}$$

$u(x) = 1,\; u'(x) = 0$
$v(x) = x^n,\; v'(x) = nx^{n-1}$

$$\begin{aligned} f'(x) &= \frac{u'(x) \cdot v(x) - v'(x) \cdot u(x)}{[v(x)]^2} \\ &= \frac{0 \cdot x^n - nx^{n-1} \cdot 1}{x^{2n}} \\ &= -n \cdot x^{-n-1} \\ &= m \cdot x^{m-1} \end{aligned}$$

(↗ Quotientenregel, Seite 79)

Das war zu zeigen!

Es ist die Ableitung von $f(x) = \frac{1}{x^3}$ für alle $x \neq 0$ zu bilden.

$$f(x) = \frac{1}{x^3} = x^{-3} \qquad f'(x) = -3x^{-3-1} = -3x^{-4}$$

$$f'(x) = -\frac{3}{x^4}$$

Die Ableitung von $f(x) = x^r$ ($r \in R$, $x > 0$)

> **SATZ:**
> **Ist r eine beliebige rationale Zahl, so ist die Funktion $f(x) = x^r$ ($x > 0$) für jedes positive x differenzierbar, und es gilt**
> **$f'(x) = r \cdot x^{r-1}$.**

$$f(x) = \sqrt[3]{x} = x^{\frac{1}{3}}$$

$$f'(x) = \frac{1}{3} x^{\frac{1}{3}-1}$$

$$= \frac{1}{3} x^{-\frac{2}{3}} = \frac{1}{3\sqrt[3]{x^2}}$$

$$f(x) = \frac{1}{\sqrt[5]{x}} = x^{-\frac{1}{5}}$$

$$f'(x) = -\frac{1}{5} x^{-\frac{1}{5}-1}$$

$$= -\frac{1}{5} x^{-\frac{6}{5}} = -\frac{1}{5\sqrt[5]{x^6}}$$

$$= -\frac{1}{5x\sqrt[5]{x}}$$

$$f(x) = \sqrt[3]{x^2} = x^{\frac{2}{3}}$$

$$f'(x) = \frac{2}{3} x^{\frac{2}{3}-1}$$

$$= \frac{2}{3} x^{-\frac{1}{3}} = \frac{2}{3\sqrt[3]{x}}$$

$$f(x) = \frac{1}{\sqrt[4]{x^3}} = x^{-\frac{3}{4}}$$

$$f'(x) = -\frac{3}{4} x^{-\frac{3}{4}-1}$$

$$= -\frac{3}{4} x^{-\frac{7}{4}} = -\frac{3}{4\sqrt[4]{x^7}}$$

$$= -\frac{3}{4x\sqrt[4]{x^3}}$$

Die Ableitung von $f(x) = \sin x$

> **SATZ:**
> **Die Funktion $f(x) = \sin x$ ist für alle $x \in P$ differenzierbar, und es gilt**
> **$f'(x) = \cos x$.**

Beweis:

Es sei x_0 eine beliebige reelle Zahl. Dann ergibt sich als Differenzenquotient:

➡ C 5

$$\frac{f(x_0+h)-f(x_0)}{h} = \frac{\sin(x_0+h)-\sin x_0}{h}$$

$$= \frac{\sin x_0 \cdot \cos h + \cos x_0 \cdot \sin h - \sin x_0}{h}$$

$$= \frac{\cos x_0 \cdot \sin h - \sin x_0 \cdot (1-\cos h)}{h}$$

$$= \cos x_0 \cdot \frac{\sin h}{h} - \sin x_0 \cdot \frac{1-\cos h}{h}$$

$$= \cos x_0 \cdot \frac{\sin h}{h} - \sin x_0 \cdot \frac{2 \cdot \sin^2 \frac{h}{2}}{h}$$

$$= \cos x_0 \cdot \frac{\sin h}{h} - \sin x_0 \cdot \sin \frac{h}{2} \cdot \frac{\sin \frac{h}{2}}{\frac{h}{2}}.$$

[↗ Winkelfunktionen, Seite 50 (spez. Additionstheoreme)]

Wegen

$$\lim_{h\to 0} \frac{\sin h}{h} = 1 \quad \text{und} \quad \lim_{h\to 0} \frac{\sin \frac{h}{2}}{\frac{h}{2}} = 1 \quad \text{und} \quad \lim_{h\to 0} \sin \frac{h}{2} = 0$$

gilt

$$\lim_{h\to 0} \frac{f(x_0+h)-f(x_0)}{h} = \cos x_0 \cdot 1 - \sin x_0 \cdot 0 \cdot 1$$

$$= \cos x_0 .$$

Da x_0 eine beliebige reelle Zahl sein sollte, gilt die Aussage für alle reellen Zahlen.

Die Ableitung von $f(x) = \cos x$

▶ **SATZ:**

Die Funktion $f(x) = \cos x$ ist für alle $x \in P$ differenzierbar, und es gilt $f'(x) = -\sin x$.

Beweis:

Auf Grund der Beziehungen

$$\cos x = \sin\left(\frac{\pi}{2} - x\right), \quad \sin x = \cos\left(\frac{\pi}{2} - x\right) \quad \text{gilt}$$

$$f(x) = \cos x = \sin\left(\frac{\pi}{2} - x\right)$$

$$f'(x) = \cos\left(\frac{\pi}{2} - x\right) \cdot (-1) = -\sin x .$$

Die Ableitungen von $f(x) = \tan x$ und $f(x) = \cot x$

SATZ:
Die Funktionen $f(x) = \tan x$ und $f(x) = \cot x$ sind für jede Stelle x ihrer Definitionsbereiche differenzierbar, und es gilt

$$(\tan x)' = \frac{1}{\cos^2 x}, \quad (\cot x)' = -\frac{1}{\sin^2 x}.$$

Der Beweis kann mit Hilfe der Definitionsgleichungen

$$\tan x = \frac{\sin x}{\cos x}, \qquad \cot x = \frac{\cos x}{\sin x}$$ (↗ Seite 50)

und der Quotientenregel (↗ Seite 79) geführt werden.

Die Ableitung von $f(x) = \log_a x$

SATZ:
Jede Logarithmusfunktion $f(x) = \log_a x$ $(a > 0,\ a \neq 1,\ x > 0)$ ist für alle x mit $x > 0$ differenzierbar, und es gilt

$$f'(x) = \frac{1}{x} \log_a e.$$

Beweis:

Es sei x_0 eine beliebige reelle Zahl mit $x_0 > 0$, $a > 0$, $a \neq 1$. Als Differenzenquotient erhält man:

$$\frac{f(x_0 + h) - f(x_0)}{h} = \frac{\log_a (x_0 + h) - \log_a x_0}{h}$$

$$= \frac{1}{h} \log_a \frac{x_0 + h}{x_0}$$ (↗ Logarithmengesetze, Ma i Üb Seite 106)

$$= \frac{1}{h} \log_a \left(1 + \frac{h}{x_0}\right)$$

$$= \frac{1}{x_0} \cdot \frac{x_0}{h} \log_a \left(1 + \frac{h}{x_0}\right)$$

$$= \frac{1}{x_0} \log_a \left(1 + \frac{h}{x_0}\right)^{\frac{x_0}{h}}$$

Substitution $\frac{h}{x_0} = z$

Dann gilt:
Wenn $h \to 0$, so $z \to 0$.

$$= \frac{1}{x_0} \log_a (1 + z)^{\frac{1}{z}}$$

$$f'(x_0) = \lim_{h \to 0} \frac{f(x_0 + h) - f(x_0)}{h}$$

$$= \lim_{z \to 0} \frac{1}{x_0} \log_a (1 + z)^{\frac{1}{z}}$$

$$= \frac{1}{x_0} \cdot \log_a e$$

Das folgt aus

$$\lim_{z \to 0} \log_a (1 + z)^{\frac{1}{z}} = \log_a e$$

(↗ Seite 72)

Da x_0 eine beliebige Zahl mit $x_0 > 0$ sein sollte, gilt die Aussage für alle Zahlen x mit $x > 0$.

Die Ableitung von $f(x) = \ln x$

$$(\ln x)' = (\log_e x)' = \frac{1}{x} \cdot \log_e e = \frac{1}{x} \cdot 1 = \frac{1}{x}, \quad \text{also}$$

$$\boldsymbol{(\ln x)' = \frac{1}{x}.}$$

Die Ableitung von $f(x) = a^x$

SATZ:
Jede Exponentialfunktion $f(x) = a^x$ $(-\infty < x < \infty,\ a > 0,\ a \neq 1)$ ist an jeder Stelle x differenzierbar, und es gilt
$f'(x) = a^x \cdot \ln a$.

Beweis:

x_0 sei ein beliebiges Element des Definitionsbereiches von $f(x) = a^x$, also $-\infty < x_0 < \infty$.

Die Umkehrfunktion von f ist $\bar{f}(x) = \log_a x$, $x > 0$, und es gilt:

1. $f(x_0) = a^{x_0}$ ist für $-\infty < x_0 < \infty$ ein Element des Definitionsbereiches von $\bar{f}$, denn $f(x_0) > 0$.
2. $\bar{f}$ ist für alle $x > 0$ differenzierbar, also auch in einer Umgebung von $f(x_0)$.
3. $\bar{f}'(x) = \frac{1}{x} \log_a e \neq 0$ für alle x, $x > 0$,

   also $\bar{f}'[f(x_0)] = \frac{1}{f(x_0)} \cdot \log_a e \neq 0$.

Hieraus folgt (↗ Seite 82)

$$f'(x_0) = \frac{1}{\bar{f}'[f(x_0)]} = \frac{1}{\frac{1}{f(x_0)} \cdot \log_a e} = \frac{1}{a^{-x_0} \cdot \log_a e}$$

$$= a^{x_0} \cdot \frac{1}{\log_a e} = a^{x_0} \cdot \log_e a = a^{x_0} \cdot \ln a$$

Da x_0 eine beliebige Zahl sein sollte, gilt die Aussage für alle x mit $-\infty < x < \infty$.

■ $f(x) = 5^x \qquad f'(x) = 5^x \cdot \ln 5$.

Die Ableitung von $f(x) = e^x$

$(e^x)' = e^x \cdot \ln e = e^x \cdot 1 = e^x$.

Die e-Funktion geht durch Differentiation in sich selbst über; $f'(x) = f(x)$. Geometrisch bedeutet das: Der Anstieg der Tangente an die Kurve der Funktion $y = e^x$ ist in jedem Punkt gleich der Ordinate dieses Punktes.

C6 Lokales Verhalten von Funktionen

Lokale Monotonie

▶ **DEFINITION:**

Die Funktion f ist an der Stelle x_0 lokal monoton wachsend genau dann, wenn gilt: **1. f ist in einer Umgebung von x_0 definiert.** **2. Es gibt ein $\varepsilon > 0$, so daß für jedes x gilt:** **Wenn $x_0 - \varepsilon < x < x_0$, so $f(x) < f(x_0)$,** **wenn $x_0 < x < x_0 + \varepsilon$, so $f(x_0) < f(x)$.**	**Die Funktion f ist an der Stelle x_0 lokal monoton fallend genau dann, wenn gilt:** **1. f ist in einer Umgebung von x_0 definiert.** **2. Es gibt ein $\varepsilon > 0$, so daß für jedes x gilt:** **Wenn $x_0 - \varepsilon < x < x_0$, so $f(x) > f(x_0)$,** **wenn $x_0 < x < x_0 + \varepsilon$, so $f(x_0) > f(x)$.**

■ *Erläuterung* (Text für diese Bilder siehe nächste Seite):

Die Funktion f ist monoton wachsend	Die Funktion f ist monoton fallend
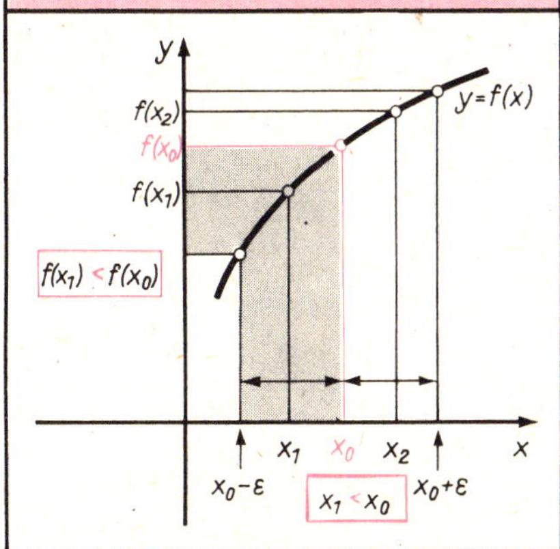	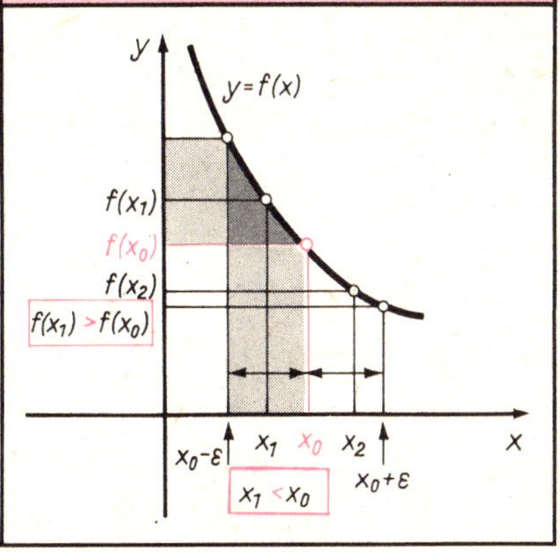

➡ C 6

Die Funktion f ist monoton wachsend	Die Funktion f ist monoton fallend
Im Intervall $(x_0 - \varepsilon;\ x_0 + \varepsilon)$ gilt: Für alle Argumente, die kleiner als x_0 sind, sind die Funktionswerte auch kleiner als $f(x_0)$. Für alle Argumente, die größer als x_0 sind, sind die Funktionswerte auch größer als $f(x_0)$.	Im Intervall $(x_0 - \varepsilon;\ x_0 + \varepsilon)$ gilt: Für alle Argumente, die kleiner als x_0 sind, sind die Funktionswerte größer als $f(x_0)$. Für alle Argumente, die größer als x_0 sind, sind die Funktionswerte kleiner als $f(x_0)$.

▶ **SATZ:**

Wenn eine Funktion f an der Stelle x_0 lokal monoton wachsend und in x_0 differenzierbar ist, so gilt $f'(x_0) \geqq 0$.	**Wenn eine Funktion f an der Stelle x_0 lokal monoton fallend und in x_0 differenzierbar ist, so gilt $f'(x_0) \leqq 0$.**

■ *Erläuterung:*

Die Funktion f ist monoton wachsend	Die Funktion f ist monoton fallend
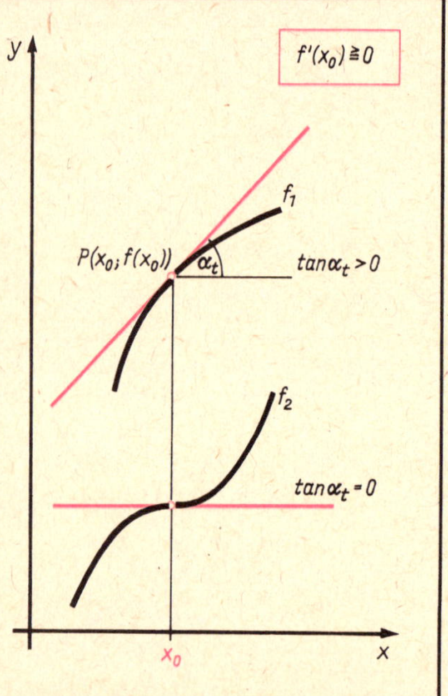	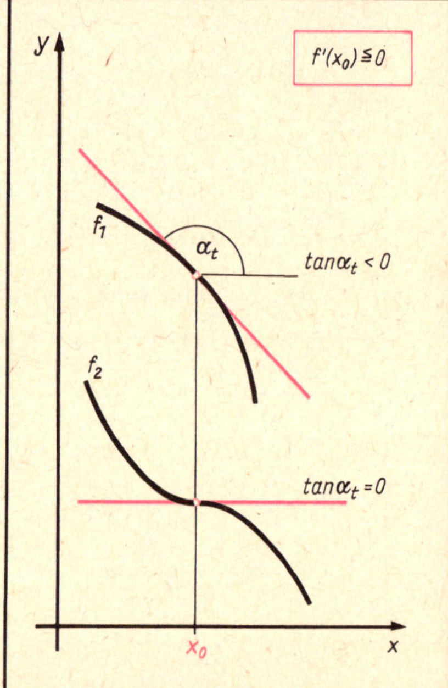
Der Anstieg der Tangente im Punkt $P(x_0; f(x_0))$ ist nicht negativ.	Der Anstieg der Tangente im Punkt $P(x_0; f(x_0))$ ist nicht positiv.

Im Falle $f'(x_0) = 0$ kann nicht auf das Wachsen oder Fallen der Funktion an der Stelle x_0 geschlossen werden (↗ nebenstehendes Bild).

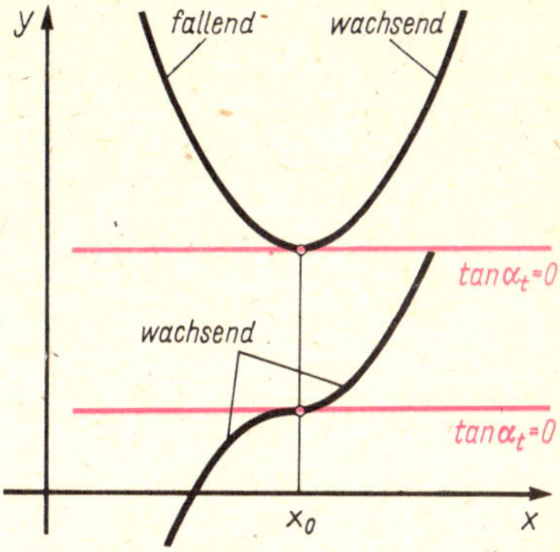

Nachweis der lokalen Monotonie
einer Funktion an der Stelle x_0:

SATZ:	
Wenn eine Funktion f an der Stelle x_0 differenzierbar ist, und es gilt $f'(x_0) > 0$, so ist f in x_0 lokal monoton wachsend.	**Wenn eine Funktion f an der Stelle x_0 differenzierbar ist, und es gilt $f'(x_0) < 0$, so ist f in x_0 lokal monoton fallend.**

Es ist die Funktion $f(x) = e^x$ auf Monotonie zu untersuchen.
Es gilt $f'(x) = e^x$.
Da $f'(x) = e^x$ für alle x positiv ist, ist $f(x) = e^x$ im ganzen Definitionsbereich monoton wachsend.

Mittelwertsatz der Differentialrechnung und Satz von *Rolle*[1]

SATZ (Mittelwertsatz der Differentialrechnung):
Ist eine Funktion f in $\langle a; b\rangle$ stetig und in $(a; b)$ differenzierbar, so gibt es mindestens eine Zahl ξ mit $a < \xi < b$, so daß gilt

$$\frac{f(b) - f(a)}{b - a} = f'(\xi).$$

Der Satz von *Rolle* ist ein Spezialfall des Mittelwertsatzes der Differentialrechnung für $f(a) = f(b) = 0$.

SATZ von *Rolle*:
Es sei f eine Funktion, die folgenden Bedingungen genügt:
1. **f ist in $\langle a; b\rangle$ stetig,**
2. **f ist in $(a; b)$ differenzierbar,**
3. **$f(a) = f(b) = 0$.**

Dann gilt: Es gibt (mindestens) eine Zahl ξ mit $a < \xi < b$, so daß gilt $f'(\xi) = 0$.

[1] *Rolle, Michel* (1652–1719), französischer Mathematiker, Mitglied der Académie des sciences, fand 1690 den hier angegebenen Satz und konnte ihn im Jahre 1691 beweisen.

➡ C 6

Geometrische Bedeutung	
Mittelwertsatz der Differentialrechnung	Satz von *Rolle*
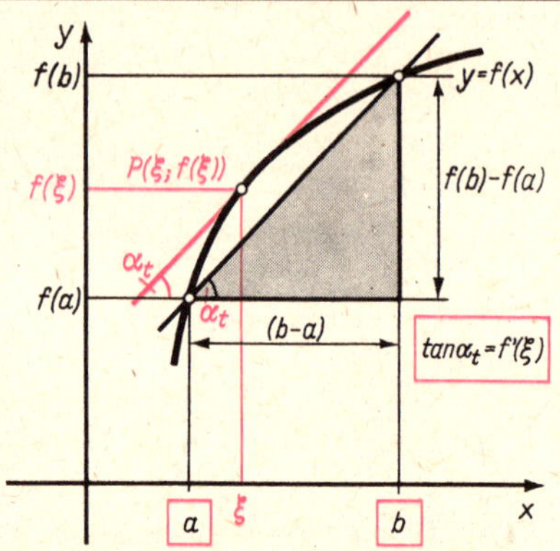	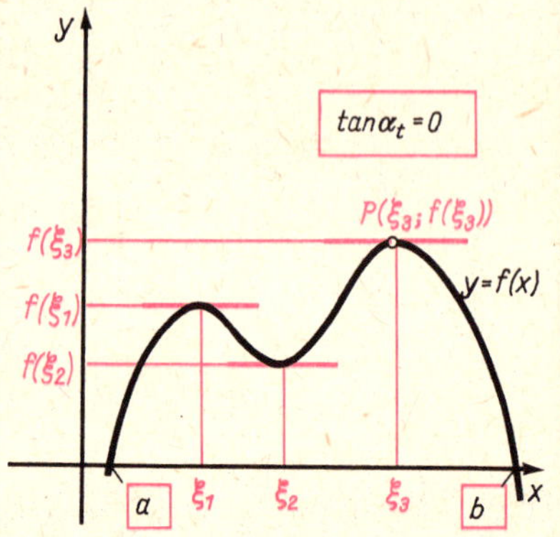
Das Bild der in $\langle a; b\rangle$ stetigen und in $(a; b)$ differenzierbaren Funktion f enthält mindestens einen Punkt $P(\xi; f(\xi))$, mit $a < \xi < b$, in dem die Tangente an das Bild parallel zur Sekante durch $P_1(a; f(a))$ und $P_2(b; f(b))$ verläuft.	Das Bild der in $\langle a; b\rangle$ stetigen und in $(a; b)$ differenzierbaren Funktion f, die die Nullstellen a und b besitzt, enthält mindestens einen Punkt $P(\xi; f(\xi))$, in dem die Tangente an das Bild von f parallel zur Abszissenachse verläuft.

▶ **SATZ:**

Die Funktion f ist eine in einem Intervall (a, b) konstante Funktion genau dann, wenn für jedes x aus dem Definitionsbereich von f gilt: $f'(x) = 0$.

▶ **SATZ:**

Es seien u und v zwei im Intervall $\langle a; b\rangle$ stetige und in $(a; b)$ differenzierbare Funktionen. Es gelte $u'(x) = v'(x)$ für alle x aus $(a; b)$.
Dann gilt:
$u(x) - v(x) = c = \text{constant}$ für alle x aus $\langle a; b\rangle$.

Lokale Extrema

▶ **DEFINITION:**

Die Funktion f hat an der Stelle x_0 ein lokales Maximum genau dann, wenn es ein $\varepsilon > 0$ gibt, so daß für jedes x mit $x \neq x_0$ und $x_0 - \varepsilon < x < x_0 + \varepsilon$ gilt $f(x) < f(x_0)$.	**Die Funktion f hat an der Stelle x_0 ein lokales Minimum genau dann, wenn es ein $\varepsilon > 0$ gibt, so daß für jedes x mit $x \neq x_0$ und $x_0 - \varepsilon < x < x_0 + \varepsilon$ gilt $f(x) > f(x_0)$.**

Erläuterung:

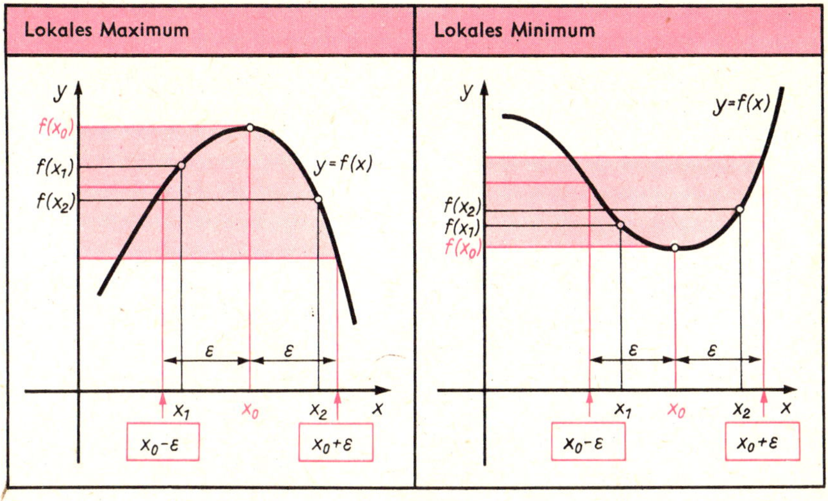

Im Unterschied zum globalen Maximum M, bei dem nur verlangt wird, daß *kein Funktionswert größer* als M ist, wird beim lokalen Maximum $M = f(x_0)$ verlangt, daß die Funktionswerte für Argumente in einer ε-Umgebung x_0 echt kleiner sind als M.

Entsprechendes gilt für Minima.

↗ Globale Extrema, Seite 75

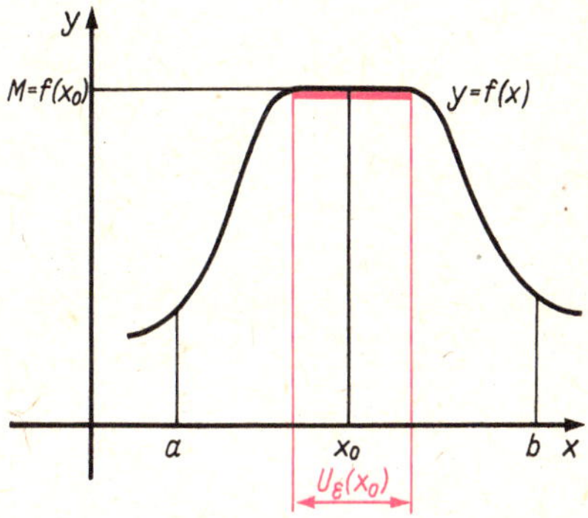

Die Funktion $y = f(x)$ besitzt in $\langle a; b\rangle$ zwar ein globales, aber kein lokales Maximum, da die Funktion f in der Umgebung $U_\varepsilon(x_0)$ konstant ist.

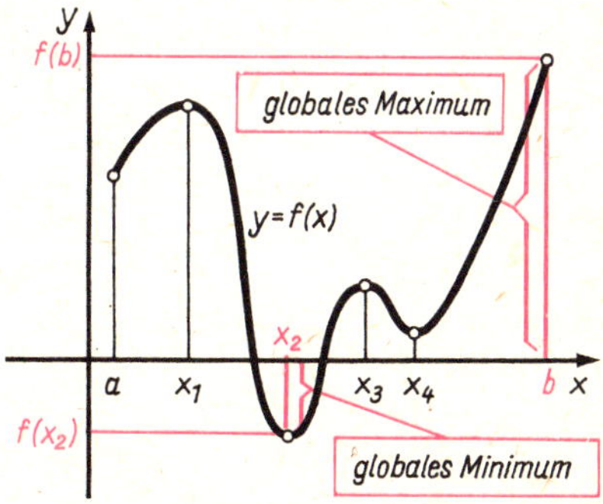

Ein lokales Extremum einer Funktion f kann auch globales Extremum sein. Das globale Maximum einer in einem Intervall $\langle a; b\rangle$ stetigen Funktion f ist entweder das größte lokale Maximum von f in $\langle a; b\rangle$ oder einer der Funktionswerte $f(a)$ oder $f(b)$. Entsprechendes gilt für das globale Minimum.

C 6

Untersuchung einer Funktion auf lokale Extrema an der Stelle x_0

1. *Notwendige, aber nicht hinreichende Bedingung*

▶ **SATZ:**

Wenn eine Funktion f in x_0 ein lokales Extremum hat und in x_0 differenzierbar ist, so gilt:
$f'(x_0) = 0$.

Daß diese Bedingung nicht hinreichend ist, zeigen folgende Beispiele:

■

Für jede konstante Funktion
$f(x) = c$ gilt
$f'(x) = 0$.

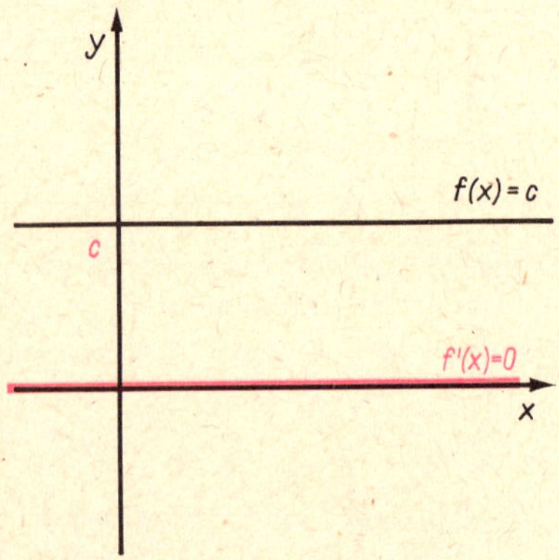

Die Funktion $f(x) = c$ hat kein lokales Extremum.

■

Für $f(x) = x^3$ ist an der Stelle
$x_0 = 0$
$f'(0) = 3 \cdot 0^2 = 0$.

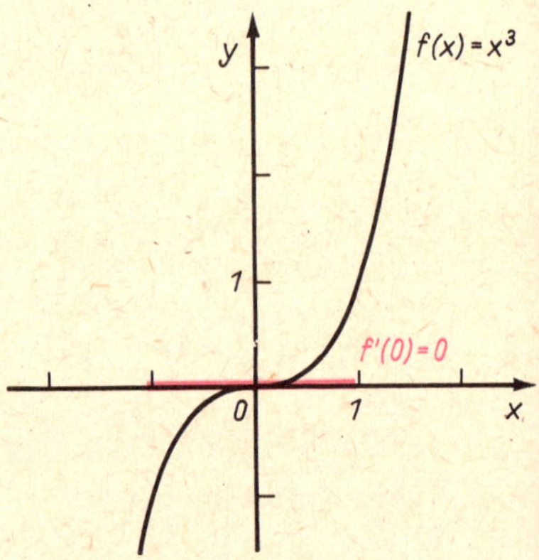

Die Funktion $f(x) = x^3$ hat an der Stelle $x_0 = 0$ kein lokales Extremum.

Es ist zu beachten: Der Satz liefert ein notwendiges Kriterium der Existenz lokaler Extrema nur für differenzierbare Funktionen. Es gibt darüber hinaus Funktionen, die lokale Extrema an Stellen haben, an denen sie keine Ableitung besitzen. So hat beispielsweise $f(x) = |x|$ an der Stelle $x_0 = 0$ ein lokales Minimum (↗ Seite 92).

2. *Hinreichende, aber nicht notwendige Bedingung*

▶ **SATZ:**

Gelten für eine Funktion f folgende Bedingungen:

1. f ist in einer Umgebung von x_0 differenzierbar,
2. $f'(x_0) = 0$,
3. f' wechselt an der Stelle x_0 das Vorzeichen,

dann hat f an der Stelle x_0 ein lokales Extremum, und zwar

ein lokales Maximum, wenn f' mit wachsendem x von positiven zu negativen Werten übergeht.

ein lokales Minimum, wenn f' mit wachsendem x von negativen zu positiven Werten übergeht.

Die Funktion f hat bei x_0 ein lokales Maximum. Es geht f' bei x_0 mit wachsendem x von positiven zu negativen Werten über.

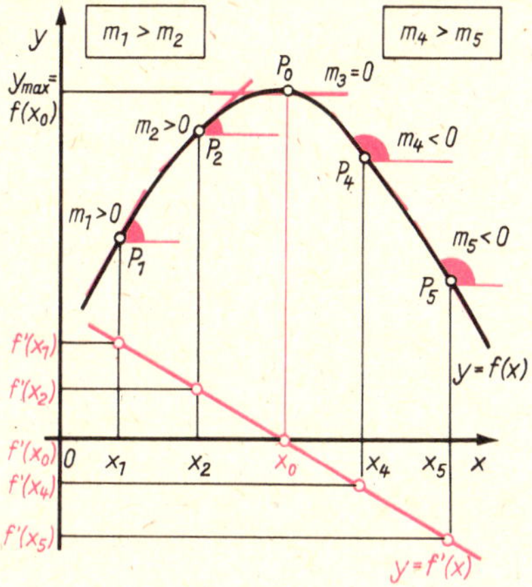

(Auf ein Beispiel, das zeigt, daß diese Bedingung keine notwendige Bedingung ist, wurde hier verzichtet.)

Die Funktion $f(x) = x^4$ hat an der Stelle $x_0 = 0$ ein lokales Minimum.

1. f ist in der Umgebung von $x_0 = 0$ differenzierbar
   $f'(x) = 4x^3$.
2. $f'(0) = 0$
3. f' wechselt an der Stelle $x_0 = 0$ das Vorzeichen von negativen zu positiven Werten.

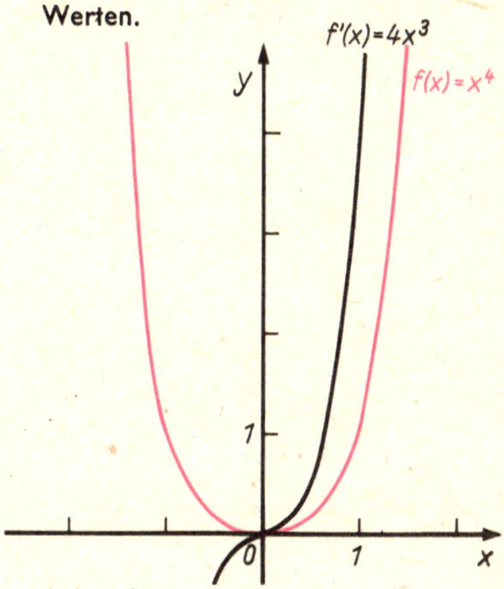

3. *Hinreichende, aber nicht notwendige Bedingung*

▶ **SATZ:**

Es sei f eine an der Stelle x_0 zweimal differenzierbare Funktion, für die gilt

$$f'(x_0) = 0,$$
$$f''(x_0) \neq 0.$$

Dann hat f an der Stelle x_0 ein lokales Extremum, und zwar ein lokales Maximum, wenn

$$f''(x_0) < 0,$$

ein lokales Minimum, wenn

$$f''(x_0) > 0.$$

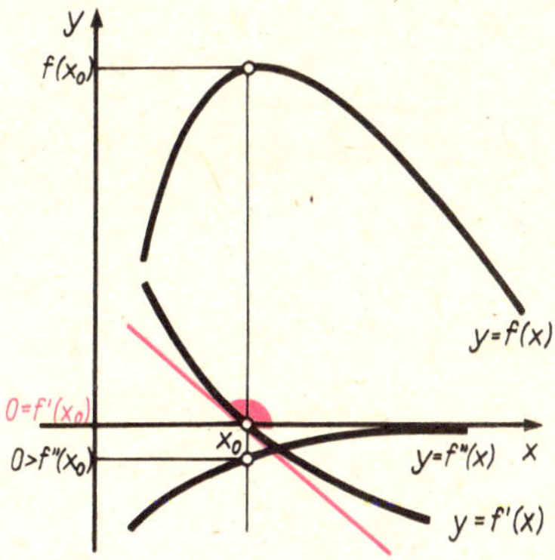

Es ist zu beachten:
Dieser Satz besagt nicht, daß im Falle $f''(x_0) = 0$ etwa stets kein Extremum vorliegt. Zum Beispiel ist für $f(x) = x^4$
$f''(x) = 12x^2$,
also gilt $f''(0) = 0$. Dennoch hat $f(x) = x^4$ an der Stelle $x_0 = 0$ ein lokales Minimum.

C 6

Berechnung lokaler Extrema

1. Fall:
f ist im Intervall $(a; b)$ zweimal differenzierbar.
1. Wir bilden die 1. Ableitung f' und die 2. Ableitung f''.
2. Wir berechnen die Nullstellen von f' in $(a; b)$, d. h., wir lösen die Gleichung $f'(x) = 0$.
Da $f'(x_0) = 0$ eine notwendige Bedingung dafür ist, daß f an der Stelle x_0 ein lokales Extremum besitzt, müssen sich die Extremstellen unter den Nullstellen von f' befinden. Andere Argumente kommen im Falle der Differenzierbarkeit von f als Extremstellen nicht in Frage.
3. Für jede dieser Nullstellen entscheiden wir mit Hilfe der weiteren Bedingungen ($f''(x_0) \neq 0$; Vorzeichenwechsel von f' an der Stelle x_0), ob dort ein lokales Extremum vorliegt.

2. Fall:
Es gibt im Intervall $\langle a; b \rangle$ Stellen, an denen f nicht differenzierbar ist. Für diese Stellen sind gesonderte Untersuchungen erforderlich.

↗ Kurvendiskussionen, Seite 100 (Beispiel für die Berechnung lokaler Extrempunkte)

Konvexität

DEFINITION:
Die Funktion f ist in x_0 lokal konvex genau dann, wenn gilt:
1. f ist in einer Umgebung von x_0 differenzierbar,
2. f' ist in x_0 lokal monoton wachsend.

Die Funktion $f(x) = x^2$ ist für alle reellen Zahlen lokal konvex, denn $f'(x) = 2x$ ist für alle x monoton wachsend, und f ist für alle x differenzierbar.

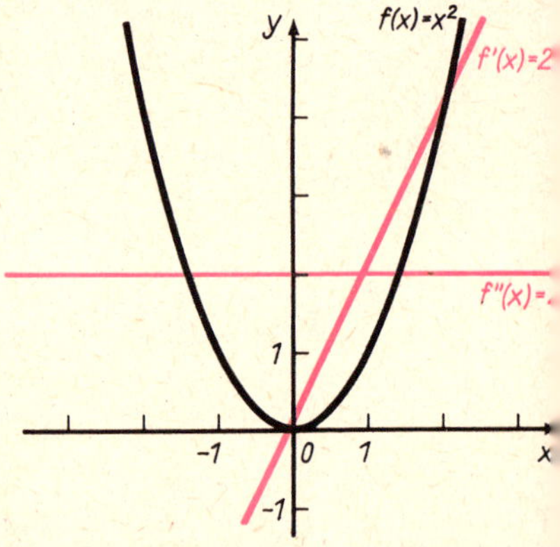

Geometrische Bedeutung: Ist die Funktion f lokal konvex, so ist ihr Bild nach unten gewölbt.

Konkavität

DEFINITION:
Die Funktion f ist in x_0 lokal konkav genau dann, wenn gilt
1. f ist in einer Umgebung von x_0 differenzierbar,
2. f' ist in x_0 lokal monoton fallend.

Die Funktion $f(x) = \sin x$ ist für alle x mit $0 < x < \pi$ lokal konkav, denn $f'(x) = \cos x$ ist für alle x mit $0 < x < \pi$ lokal monoton fallend, weil $f''(x) = -\sin x$ für alle x mit $0 < x < \pi$ negativ ist.

Geometrische Bedeutung: Ist die Funktion f lokal konkav, so ist ihr Bild nach oben gewölbt.

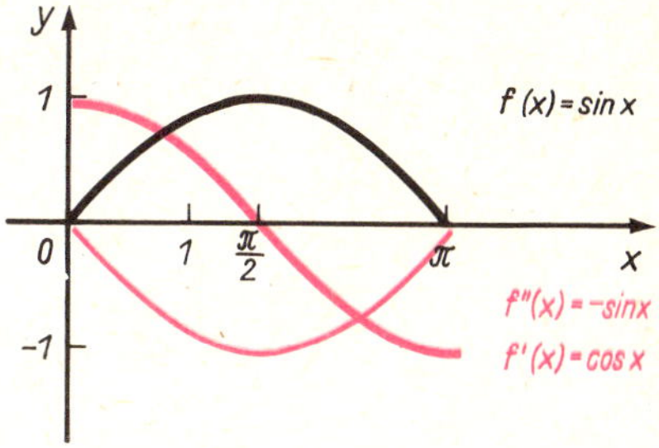

Wendepunkt

DEFINITION:
Die Funktion f hat an der Stelle x_0 einen Wendepunkt genau dann, wenn gilt:
1. f ist in einer Umgebung von x_0 differenzierbar,
2. $f'(x_0)$ ist ein lokales Extremum.

Die Tangente in einem Wendepunkt an die Kurve heißt **Wendetangente.**

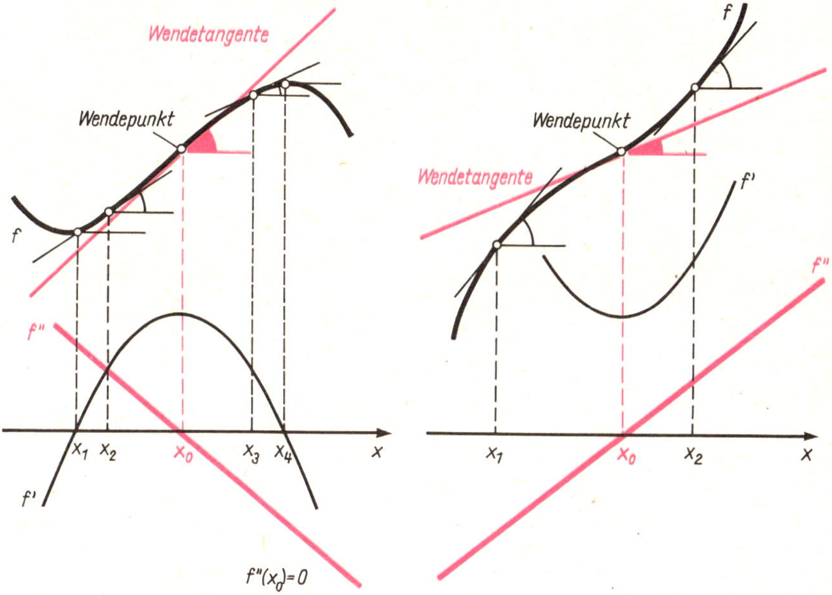

Die Wendestellen von f (d. h. die Stellen x_0, an denen die Funktion f Wendepunkte besitzt) sind identisch mit den Extremstellen von f'. Folglich gelten für die Ermittlung der Wendestellen von f die analogen notwendigen und hinreichenden Kriterien bezogen auf f', wie sie zur Ermittlung von Extremstellen angewandt werden (↗ Seite 94).

➡ C7

C7 Kurvendiskussionen

Unter einer Kurvendiskussion versteht man das Ermitteln charakteristischer Merkmale einer gegebenen Funktion und die graphische Darstellung der Funktion mit Hilfe dieser Merkmale.

	Merkmale der Funktion	Graphische Darstellung dieser Merkmale	Berechnung mit Hilfe der Funktionsgleichung
1.1.	Nullstellen $x_1, x_2, \ldots$	Abszissen der Schnittpunkte der Kurve mit der Abszissenachse $P_{x_1}(x_1; 0), P_{x_2}(x_2; 0), \ldots$	Ermitteln der Lösungen der Gleichung $f(x) = 0$
1.2.	Funktionswert für $x = 0$ $y_0 = f(0)$	Ordinate y_0 des Schnittpunktes der Kurve mit der Ordinatenachse $P_{y_0}(0; y_0)$	Ermitteln des Funktionswertes $f(0) = y_0$
2.	Pole $x_{p_1}, x_{p_2}, \ldots$	Asymptoten parallel zur Ordinatenachse durch die Punkte $P(x_{p_1}; 0)$, $P(x_{p_2}; 0)$	Bei gebrochenen rationalen Funktionen $\frac{u(x)}{v(x)}$; Ermitteln der x, für die gilt: $v(x) = 0$ und $u(x) \neq 0$
3.	Verhalten im Unendlichen	Spezielle Fälle: a) Asymptoten, die parallel zur Abszissenachse verlaufen	Berechnen von $\lim\limits_{x \to \pm\infty} f(x)$
		b) Asymptoten, die weder zur Abszissenachse noch zur Ordinatenachse parallel verlaufen	Bestimmen einer linearen Funktion $g(x)$ mit $\lim\limits_{x \to \pm\infty} [f(x) - g(x)] = 0$
4.	Lokale Extrema $f(x_{E_1})$, $f(x_{E_2}), \ldots$ an den Extremstellen $x_{E_1}, x_{E_2}, \ldots$	Lokale Extrempunkte $P_{E_1}, P_{E_2}, \ldots$ $P_E(x_E; f(x_E))$	4.1. Ermitteln der Lösungen der Gleichung $f'(x) = 0$ (notwendige Bedingung)
			4.2. Entscheiden, ob ein lokales Extremum vorliegt (hinreichende Bedingung)

	Merkmale der Funktion	Graphische Darstellung dieser Merkmale	Berechnung mit Hilfe der Funktionsgleichung	
			1. Möglichkeit $f''(x_E) \neq 0$	2. Möglichkeit $f'(x)$ wechselt Vorzeichen bei x_E
	an der Stelle x_E lokales Maximum	bei x_E ein Höchstpunkt	$f''(x_E) < 0$	$f'(x)$ wechselt von positiven zu negativen Werten bei x_E
	an der Stelle x_E lokales Minimum	bei x_E ein Tiefstpunkt	$f''(x_E) > 0$	$f'(x)$ wechselt von negativen zu positiven Werten bei x_E
			4.3. Berechnen der lokalen Extrema $y_{E_k} = f\left(x_{E_k}\right)$	
			4.4. Untersuchung auf weitere Extremstellen an Stellen, an denen f definiert ist, aber $f'(x)$ nicht existiert	
5.	Wendestellen $x_{W_1}, x_{W_2}, \ldots$	Wendepunkte $P_{W_1}, P_{W_2}, \ldots$ $P_W(x_W; f(x_W))$ $f'(x_W)$ ist Anstieg der Wendetangente	5.1. Ermitteln der Lösungen der Gleichung $f''(x) = 0$ (notwendige Bedingung)	
			5.2. Entscheiden, ob ein lokales Extremum für $f'(x)$ vorliegt (hinreichende Bedingung)	
			1. Möglichkeit $f'''(x_W) \neq 0$	2. Möglichkeit $f''(x)$ wechselt Vorzeichen bei x_W

	Merkmale der Funktion	Graphische Darstellung dieser Merkmale	Berechnung mit Hilfe der Funktionsgleichung	
		Die Kurve geht von einer konvexen in eine konkave Kurve über.	$f'''(x_W) < 0$	$f''(x)$ wechselt von positiven zu negativen Werten bei x_W
		Die Kurve geht von einer konkaven in eine konvexe Kurve über.	$f'''(x_W) > 0$	$f''(x)$ wechselt von negativen zu positiven Werten bei x_W
			5.3. Berechnen der Ordinaten der Wendepunkte $y_{W_k} = f(x_{W_k})$	

■ Kurvendiskussion für die Funktion $f(x) = \frac{x^2 - 3}{2x - 5} \quad \left(x \neq \frac{5}{2}\right)$

1. Schnittpunkte der Kurve mit den Koordinatenachsen[1]

1.1. Schnittpunkte mit der Abszissenachse $P_x(x; 0)$

$$f(x) = 0$$

$$\frac{x^2 - 3}{2x - 5} = 0$$

$$x^2 - 3 = 0 \qquad \text{für} \quad x \neq \frac{5}{2}$$

$$x_1 = \sqrt{3}$$
$$x_2 = -\sqrt{3}$$

$P_{x_1}(\sqrt{3}; 0)$	$P_{x_2}(-\sqrt{3}; 0)$

1.2. Schnittpunkt der Kurve mit der Ordinatenachse $P_y(0; y)$

$$f(0) = \frac{0^2 - 3}{2 \cdot 0 - 5} = \frac{-3}{-5} = \frac{3}{5}$$

$P_y\left(0; \frac{3}{5}\right)$

2. Pole

$$2x - 5 = 0$$

$$x_{P_1} = \frac{5}{2}$$

Untersuchung des Zählers: $\left(\frac{5}{2}\right)^2 - 3 \neq 0$

[1] Eine ausführliche graphische Darstellung für dieses Beispiel findet der Leser auf d 3. Umschlagseite am Ende des Buches.

3. Verhalten im Unendlichen

$$\lim_{x\to\pm\infty} f(x) = \lim_{x\to\pm\infty} \frac{x - \frac{3}{x}}{2 - \frac{5}{x}} = \pm\infty$$

Bestimmung der Asymptote

$$(x^2 - 3) : (2x - 5) = \frac{x}{2} + \frac{5}{4} + \frac{\frac{13}{4}}{2x - 5}$$

$$\frac{-\left(x^2 - \frac{5}{2}x\right)}{+\frac{5}{2}x - 3}$$

$$\frac{-\left(\frac{5}{2}x - \frac{25}{4}\right)}{\frac{13}{4}}$$

$$\frac{x^2 - 3}{2x - 5} = \frac{x}{2} + \frac{5}{4} + \frac{\frac{13}{4}}{2x - 5}$$

Die Gleichung der Asymptote ist $y = \frac{1}{2}x + \frac{5}{4}$, denn es gilt

$$\lim_{x\to\pm\infty} \left[\frac{x^2 - 3}{2x - 5} - \left(\frac{1}{2}x + \frac{5}{4}\right)\right] = \lim_{x\to\pm\infty} \left[\frac{\frac{13}{4}}{2x - 5}\right] = 0\,.$$

4. Lokale Extrempunkte

4.1. Extremstellen [notwendige Bedingung: $f'(x) = 0$]

$$f(x) = \frac{x^2 - 3}{2x - 5} = \frac{u(x)}{v(x)} \qquad u(x) = x^2 - 3 \qquad v(x) = 2x - 5$$

$$u'(x) = 2x \qquad v'(x) = 2$$

(↗ Quotientenregel, Seite 79)

$$f'(x) = \frac{u'(x) \cdot v(x) - u(x) \cdot v'(x)}{[v(x)]^2}$$

$$= \frac{2x \cdot (2x - 5) - (x^2 - 3) \cdot 2}{(2x - 5)^2}$$

$$= \frac{2x^2 - 10x + 6}{(2x - 5)^2}$$

$$f'(x) = 0$$

$$\frac{2x^2 - 10x + 6}{(2x - 5)^2} = 0$$

$$2x^2 - 10x + 6 = 0 \qquad \text{für} \quad x \neq \frac{5}{2}$$

$$x^2 - 5x + 3 = 0$$

$$x_{1,2} = \frac{5}{2} \pm \sqrt{\frac{13}{4}}$$

$$x_{E_1} = \frac{5 + \sqrt{13}}{2} \approx 4{,}303 \approx 4{,}3$$

$$x_{E_2} = \frac{5 - \sqrt{13}}{2} \approx 0{,}697 \approx 0{,}7$$

4.2. Entscheidung (hinreichende Bedingung – Vorzeichen von f'')

$$f'(x) = \frac{2x^2 - 10x + 6}{(2x-5)^2} = \frac{u(x)}{v(x)} \quad \text{mit} \quad u(x_E) = 0, \quad v(x_E) \neq 0$$

$$f''(x) = \frac{u'(x) \cdot v(x) - u(x) \cdot v'(x)}{[v(x)]^2}$$

$$f''(x_E) = \frac{u'(x_E) \cdot v(x_E) - u(x_E) \cdot v'(x_E)}{[v(x_E)]^2}$$

Wegen $u(x_E) = 0$, gilt

$$f''(x_E) = \frac{u'(x_E)}{v(x_E)}$$

$$= \frac{4x_E - 10}{(2x_E - 5)^2}.$$

$x_{E_1} = 4{,}3$

$f''(4{,}3) > 0$, also bei $x_{E_1} = 4{,}3$ ein lokales Minimum.

$x_{E_2} = 0{,}7$

$f''(0{,}7) < 0$, also bei $x_{E_2} = 0{,}7$ ein lokales Maximum.

4.3. Ordinaten der Extrempunkte $y_E = f(x_E)$

$$f(x) = \frac{x^2 - 3}{2x - 5}$$

$x_{E_1} = 4{,}3$

$y_{E_1} = f(4{,}3) \approx 4{,}3$

$P_{min}(4{,}3;\ 4{,}3)$

$x_{E_2} = 0{,}7$

$y_{E_2} = f(0{,}7) \approx 0{,}7$

$P_{max}(0{,}7;\ 0{,}7)$

5. Wendepunkte

5.1. Wendestellen [notwendige Bedingung: $f''(x) = 0$]

$$f'(x) = \frac{2x^2 - 10x + 6}{(2x-5)^2} = \frac{u(x)}{v(x)}$$

$$f''(x) = \frac{u'(x) \cdot v(x) - u(x) \cdot v'(x)}{[v(x)]^2}$$

$$= \frac{(4x - 10) \cdot (2x-5)^2 - (2x^2 - 10x + 6) \cdot 2(2x-5) \cdot 2}{(2x-5)^4}$$

$$= \frac{(4x - 10)(2x - 5) - 4(2x^2 - 10x + 6)}{(2x - 5)^3}$$

$$= \frac{26}{(2x - 5)^3}$$

Die notwendige Bedingung für die Existenz von Wendepunkten – f' ist differenzierbar und $f''(x) = 0$ – ist für kein x erfüllt.
Die Funktion hat keine Wendepunkte.
Zum Zeichnen der Kurve wählt man geeignete zusätzliche Punkte, zu deren Bestimmung man zweckmäßigerweise eine Tabelle benutzt.

x		x^2	$x^2 - 3$	$2x$	$2x - 5$	$\frac{x^2 - 3}{2x - 5}$
Nullst.	$\sqrt{3} \approx 1{,}7$					0
Nullst.	$-\sqrt{3} \approx -1{,}7$					0
	0	0	-3	0	-5	0,6
Max.	0,7	0,49	$-2{,}51$	1,4	$-3{,}6$	0,7
Min.	4,3	18,49	15,49	8,6	3,6	4,3
Pol	2,5					—
	-4	16	13	-8	-13	-1
	2,2	4,84	1,84	4,4	$-0{,}6$	$-3{,}1$
	3	9	6	6	1	6
	3,5	12,25	9,25	7	2	4,6
	6	36	33	12	7	4,7

Kurvendiskussion der Funktion $f(x) = x^4 - 2x^2 - 6$

1. Schnittpunkte der Kurve mit den Koordinatenachsen

1.1. Schnittpunkte mit der Abszissenachse $P_x(x; 0)$

$f(x) = 0$

$x^4 - 2x^2 - 6 = 0$ Substitution: $x^2 = z$

$z^2 - 2z - 6 = 0$

$P_{x_1}(1{,}9; 0)$	$P_{x_2}(-1{,}9; 0)$

1.2. Schnittpunkt mit der Ordinatenachse $P_y(0;\ y)$

$f(0) = -6$

$P_y(0; -6)$

2. Pole

Pole sind nicht vorhanden.

3. Verhalten im Unendlichen

$$\lim_{x \to +\infty} f(x) = \lim_{x \to +\infty} x^4 \left(1 - \frac{2}{x^2} - \frac{6}{x^4}\right) = \infty; \quad \lim_{x \to -\infty} f(x) = \infty$$

4. Lokale Extrempunkte

$P_{max}(0; -6)$

$P_{min_1}(-1; -7)$

$P_{min_2}(1; -7)$

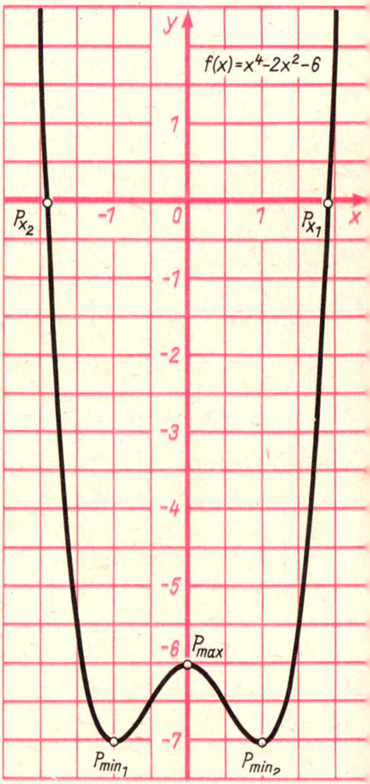

5. Wendepunkte

$P_{W_1}\left(\frac{1}{3}\sqrt{3};\ -\frac{59}{9}\right)$ bzw. $P_{W_1}(0,6; -6,6)$

$P_{W_2}\left(-\frac{1}{3}\sqrt{3};\ -\frac{59}{9}\right)$ bzw. $P_{W_2}(-0,6; -6,6)$

■ Kurvendiskussion für die Funktion $f(x) = \frac{x}{x^2 + 2}$; $-\infty < x < \infty$

1. Schnittpunkte der Kurve mit den Koordinatenachsen

1.1. Schnittpunkte mit der Abszissenachse $P_x(x;\ 0)$

$\frac{x}{x^2 + 2} = 0 \qquad x_1 = 0$

$P_{x_1}(0; 0)$

1.2. Schnittpunkt mit der Ordinatenachse $P_y\ (0;\ y)$

$$f(0) = \frac{0}{0^2 + 2} = 0$$

$P_y\ (0;\ 0)$

2. Pole

$x^2 + 2 = 0$ ist für kein reelles x erfüllt. Es existieren keine Pole.

3. Verhalten im Unendlichen

$$\lim_{x \to \pm\infty} f(x) = \lim_{x \to \pm\infty} \frac{\frac{1}{x}}{1 + \frac{2}{x^2}} = \frac{0}{1 + 0} = 0$$

Die Abszissenachse ist Asymptote.

4. Lokale Extrempunkte

$P_{max}\left(\sqrt{2};\ \frac{1}{4}\sqrt{2}\right)$ bzw.

$P_{max}\ (1{,}4;\ 0{,}35)$

$P_{min}\left(-\sqrt{2};\ -\frac{1}{4}\sqrt{2}\right)$ bzw.

$P_{min}\ (-1{,}4;\ -0{,}35)$

5. Wendepunkte

$P_{W_1}\ (0;\ 0)$

$P_{W_2}\left(\sqrt{6};\ \frac{1}{8}\sqrt{6}\right)$ bzw.

$P_{W_2}\ (2{,}4;\ 0{,}3)$

$P_{W_3}\left(-\sqrt{6};\ -\frac{1}{8}\sqrt{6}\right)$ bzw.

$P_{W_3}\ (-2{,}4;\ -0{,}3)$

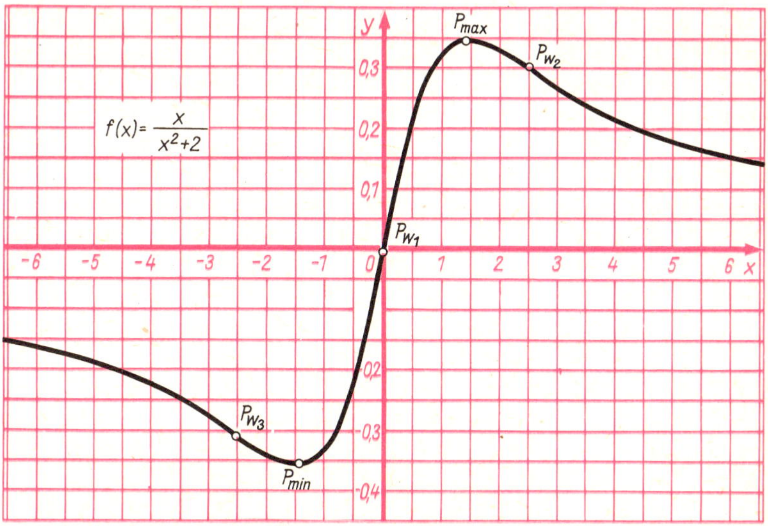

➡ C7

■ Kurvendiskussion für die Funktion $f(x) = \frac{4-x}{4}\sqrt{x} \quad (x \geqq 0)$

1. Schnittpunkte der Kurve mit den Koordinatenachsen

1.1. Schnittpunkt mit der Abszissenachse $P_x(x;\ 0)$

$$f(x) = 0$$

$$\frac{1}{4}(4-x)\sqrt{x} = 0$$

$x_1 = 0$ ist das Ende des Definitionsbereiches

$P_{x_1}(0;\ 0)$

$x_2 = 4$

$P_{x_2}(4;\ 0)$

1.2. Schnittpunkt mit der Ordinatenachse $P_y(0;\ y)$

$f(0) = 0$

$P_y(0;\ 0)$

2. Pole

Pole liegen nicht vor.

3. Verhalten im Unendlichen

$$\lim_{x \to +\infty} f(x) = -\infty$$

4. Lokale Extrempunkte

4.1. Extremstellen x_E [notwendige Bedingung: $f'(x_E) = 0$]

$$f'(x) = \frac{4-3x}{8\sqrt{x}} \qquad f'(x) = 0$$

$$\frac{4-3x}{8\sqrt{x}} = 0$$

$$4 - 3x = 0 \qquad \text{für} \quad x \neq 0 \qquad x_{E_1} = \frac{4}{3}$$

4.2. Entscheidung [hinreichende Bedingung $f''(x_E) \neq 0$]

$$f'(x) = \frac{4-3x}{8\sqrt{x}} = \frac{u(x)}{v(x)}$$

$$f''(x_E) = \frac{u'(x_E)}{v(x_E)} = \frac{-3}{8\sqrt{x_E}}$$

$$x_{E_1} = \frac{4}{3}$$

$f''\left(\frac{4}{3}\right) < 0$, also ein lokales Maximum bei $x_E = \frac{4}{3}$.

4.3. Ordinaten des Extrempunktes: $y_E = f(x_E)$

$$f(x) = \frac{4-x}{4}\sqrt{x}$$

$$x_E = \frac{4}{3}: \quad y_E = f\left(\frac{4}{3}\right) = \frac{4}{9}\sqrt{3}$$

$P_{max}\left(\frac{4}{3};\ \frac{4}{9}\sqrt{3}\right)$ bzw.

$P_{max}(1{,}33;\ 0{,}77)$

5. Wendepunkte

5.1. Wendestellen x_W [notwendige Bedingung: $f''(x_W) = 0$]

$$f''(x) = -\frac{3x+4}{16x\sqrt{x}} \qquad f''(x) = 0$$

$$-\frac{3x+4}{16x\sqrt{x}} = 0$$

$$3x + 4 = 0 \qquad \text{für } x \neq 0$$

$$x = -\frac{4}{3}$$

liegt außerhalb des Definitionsbereiches der Funktion f.
Die Funktion hat keine Wendepunkte.

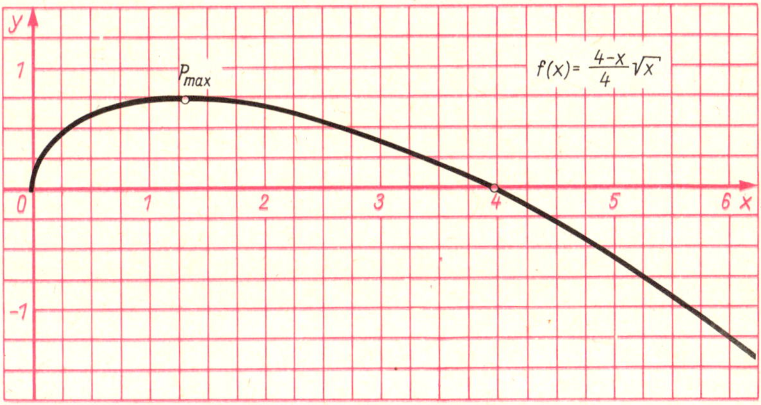

C8 Extremwertaufgaben

In der Praxis treten viele Probleme auf, zu denen es verschiedene Lösungen gibt. Man ist bestrebt, unter diesen Lösungen solche zu finden, die entsprechend dem Sachverhalt als möglichst günstig bzw. am günstigsten (optimal) anzusehen sind.
Eine Möglichkeit zur Bestimmung optimaler Lösungen besteht in der Ermittlung von lokalen Extremwerten gegebener Funktionen, die in vielen Fällen mit dem gesuchten (globalen) Extremwert in dem gegebenen Intervall übereinstimmen.

➡ C 8

■ Welche Abmessungen müßten Konservendosen in der Form eines geraden Kreiszylinders mit gegebenem Volumen V haben, damit zu ihrer Herstellung möglichst wenig Blech verbraucht wird?

Mathematische Formulierung des Problems

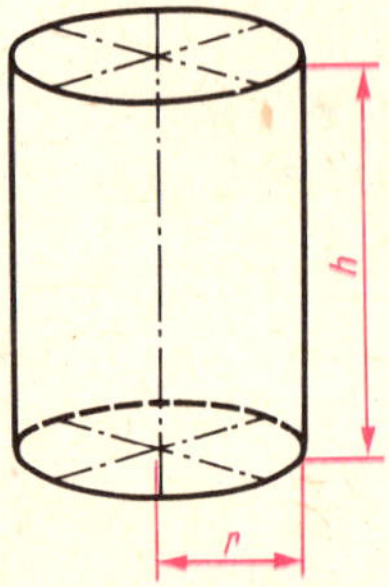

A_O soll ein Minimum werden.
Gesucht: r_{min}, h_{min}
$V = \text{const.}$

Lösung des mathematischen Problems

1. Aufstellen einer Funktionsgleichung für die zu minimierende Funktion A_O

1.1. $A_O(r;\ h) = 2\pi r^2 + 2\pi rh$
Das ist eine Funktion von zwei Variablen r und h.

1.2. Reduzierung der Variablenanzahl durch Einbeziehung der Nebenbedingung $V = \text{const.}$

$$V = \pi r^2 h$$

$$\frac{V}{\pi r^2} = h$$

$$A_O(r) = 2\pi r^2 + 2\pi r \cdot \frac{V}{\pi r^2}$$

$$A_O(r) = 2\pi r^2 + \frac{2V}{r} \qquad r > 0$$

Da die Variable r in unserem Fall eine Länge bedeutet, also positiv ist, wird das gegebene Problem durch die Funktion $A_O(r)$ mit dem Definitionsbereich $0 < r < \infty$ erfaßt.
Die Funktion $A_O(r)$ mit $0 < r < \infty$ ist Teilfunktion einer Funktion

$$f(x) = 2\pi x^2 + \frac{2V}{x} \quad (-\infty < x < \infty, \quad x \neq 0).$$

(Die folgende Abbildung auf Seite 109 stellt diesen Sachverhalt für $V = 1000\,\text{cm}^3$ dar.)

2. Bestimmung der Extrema von $A_O(r)$ für $r > 0$

2.1. Extremstellen r_E [notwendige Bedingung $A_O'(r_E) = 0$]

$$A_O'(r) = 4\pi r - \frac{2V}{r^2}$$

$$A_O'(r) = 0 \qquad\qquad 4\pi r^3 = 2V$$

$$4\pi r - \frac{2V}{r^2} = 0 \qquad\qquad r_E = \sqrt[3]{\frac{V}{2\pi}}$$

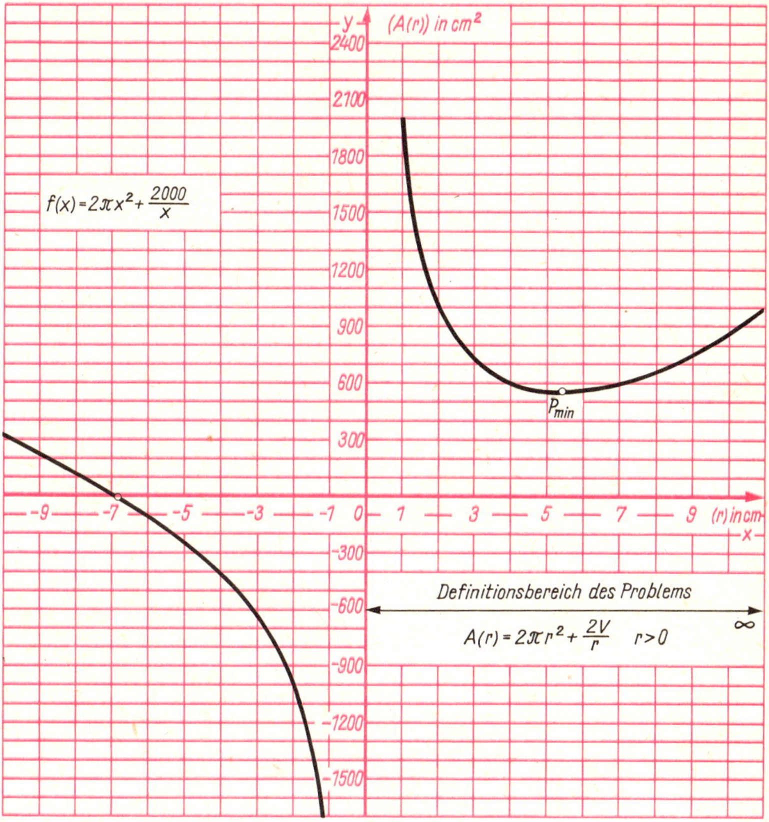

2.2. Entscheidung [hinreichende Bedingung $A_O''(r_E) \neq 0$]

$$A_O''(r) = 4\pi + \frac{4V}{r^3}$$

$$r_E = \sqrt[3]{\frac{V}{2\pi}}$$

$$A''\left(\sqrt[3]{\frac{V}{2\pi}}\right) = 4\pi + \frac{4V}{\frac{V}{2\pi}} > 0$$

Also hat $A_O(r)$ bei $r_E = \sqrt[3]{\frac{V}{2\pi}}$ ein lokales Minimum.

Im Definitionsbereich gibt es keine Stelle, für die $A_O(r)$ kleiner wäre als $A_O(r_E)$, denn $A_O(r)$ ist stetig, und es gilt

$$\lim_{r \to 0} A_O(r) = +\infty\,,$$

$$\lim_{r \to +\infty} A(r) = +\infty\,.$$

Da ferner $A_O(r)$ für alle $r > 0$ differenzierbar ist, gibt es außer r_E keine weitere Stelle, an der die Funktion $A_O(r)$ ein lokales Extremum haben könnte.
Damit ist das lokale Minimum auch Minimum im gesamten Intervall $0 < r < +\infty$ (globales Minimum).

3. Bestimmung von h_{min}

$$r_{min} = \sqrt[3]{\frac{V}{2\pi}}$$

$$h_{min} = \frac{V}{\pi r_{min}^2}$$

$$= \frac{V}{\pi \sqrt[3]{\frac{V^2}{4\pi^2}}} = \sqrt[3]{\frac{V^3}{\pi^3 \frac{V^2}{4\pi^2}}} = \sqrt[3]{\frac{4V}{\pi}} = \sqrt[3]{8\frac{V}{2\pi}} = 2\sqrt[3]{\frac{V}{2\pi}}$$

$$= 2\, r_{min}$$

4. Diskussion der Lösung

Der Zylinder mit der geforderten Minimalbedingung für die Oberfläch hat einen quadratischen Achsenschnitt:

$h_{min} = d_{min}$.

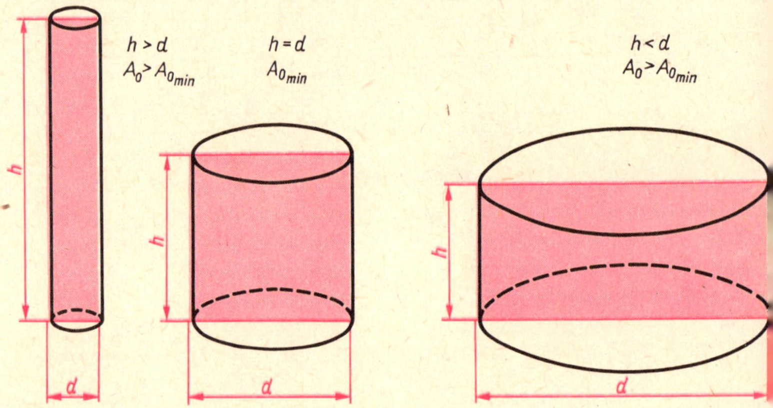

Lösung des praktischen Problems

Minimaler Blechverbrauch tritt genau dann ein, wenn die Konservendose einen quadratischen Achsenschnitt besitzen. Bei der praktischen He stellung von Konservendosen läßt man sich bei der Bestimmung der Ab messungen allerdings noch von weiteren Forderungen leiten, wie Art de in den Büchsen aufzubewahrenden Produkte und Handlichkeit beim Ve brauch der abgefüllten Mengen.

Näherungsweises Berechnen von Funktionswerten

Ist der Funktionswert $f(x_0)$ einer Funktion f bekannt, so kann man unter Anwendung des Mittelwertsatzes (↗ Seite 91) einen Funktionswert $f(x_0 + h)$ näherungsweise berechnen.
Hierbei wird vorausgesetzt, daß f
im Intervall $\langle x_0;\ x_0 + h\rangle$, $(h > 0)$ existiert und monoton ist.
Dann gilt, falls f' in $\langle x_0;\ x_0 + h\rangle$ monoton wächst:

$$f(x_0) + h \cdot f'(x_0) < f(x_0 + h) < f(x_0) + h \cdot f'(x_0 + h).$$

Es gilt, falls f in $\langle x_0;\ x_0 + h\rangle$ monoton fällt:

$$f(x_0) + h \cdot f'(x_0 + h) < f(x_0 + h) < f(x_0) + h \cdot f'(x_0).$$

Aus der Tafel der natürlichen Logarithmen kann der Funktionswert $\ln 15 \approx 2{,}7081$ abgelesen werden. Es soll der Funktionswert $\ln 15{,}2$ näherungsweise ermittelt werden.

$f(x) = \ln x;\quad x_0 = 15;\quad h = 0{,}2;\quad x_0 + h = 15{,}2$

$f'(x) = \frac{1}{x}$

Da die Funktion $f'(x)$ für $x > 0$ monoton fallend ist, gilt

$f(x_0) + h \cdot f'(x_0 + h) < f(x_0 + h) < f(x_0) + h \cdot f'(x_0)$

$(*)\quad \ln 15 + 0{,}2 \cdot \frac{1}{15{,}2} < \ln 15{,}2 < \ln 15 + 0{,}2 \cdot \frac{1}{15}.$

Da $f(x) = \ln x$ im gesamten Definitionsbereich monoton wachsend ist, erhält man für $\ln 15 \approx 2{,}7081$ (Tafelwert) folgende Abschätzung:

(1) $2{,}70805 < \ln 15 < 2{,}70815.$

Außerdem gilt

(2) $\frac{0{,}2}{15} = 0{,}01\overline{3} < 0{,}01334$

(3) $0{,}01315 < 0{,}013158 = \frac{0{,}2}{15{,}2}.$

Damit ergibt sich insgesamt aus der Ungleichungskette $(*)$ unter Verwendung der Abschätzungen (1), (2), (3):

$$\begin{aligned} 2{,}70805 + 0{,}01315 &< \ln 15{,}2 < 2{,}70815 + 0{,}01334 \\ 2{,}72120 &< \ln 15{,}2 < 2{,}72149 \\ 2{,}7212 &< \ln 15{,}2 < 2{,}7215. \end{aligned}$$

Setzen wir $\ln 15{,}2 \approx 2{,}7213$, so ist der Fehler dieses Näherungswertes höchstens gleich 0,0002:

$|\ln 15{,}2 - 2{,}7213| < 0{,}0002.$

Integralrechnung

D

D1 Das bestimmte Integral

Zerlegung eines Intervalls

DEFINITION:

Unter einer Zerlegung $\mathfrak{z}_n$ eines abgeschlossenen Intervalls $\langle a; b \rangle$ in n Teilintervalle versteht man eine (endliche) Folge

$x_0, x_1, x_2, \ldots, x_n$ mit $x_0 = a$, $x_n = b$ und $x_0 < x_1 < x_2 < \cdots < x_{n-1} < x_n$.

Zu jeder Zerlegung $\mathfrak{z}_n$ gibt es eine Zahl l_n, für die gilt:

1. l_n ist gleich der Länge eines der Teilintervalle, in die $\langle a; b \rangle$ durch $\mathfrak{z}_n$ zerlegt wird.
2. $l_n \geqq x_i - x_{i-1}; \quad i = 1, \ \ldots, n$

Diese Zahl wird **maximale Intervallänge der Zerlegung** $\mathfrak{z}_n$ genannt.

Zerlegungssumme

DEFINITION:

Unter einer Zerlegungssumme s_n, die zu einer im Intervall $\langle a; b \rangle$ stetigen Funktion f und zur Zerlegung $\mathfrak{z}_n$ gehört, versteht man die Zahl

$$s_n = \sum_{i=1}^{n} f(\xi_i) \cdot (x_i - x_{i-1}).$$

Hierbei sind die ξ_i beliebige Zahlen mit $x_{i-1} \leqq \xi_i \leqq x_i$.

Geometrische Bedeutung der Zerlegungssumme: Sind die Funktionswerte von f im Intervall $\langle a; b \rangle$ nicht negativ, so ist die Zerlegungssumme gleich der Summe der Flächeninhalte

$f(\xi_i) \cdot (x_i - x_{i-1})$

der Rechtecke mit den Seitenlängen $f(\xi_i)$ und $(x_i - x_{i-1})$. Die Zerlegungssumme ist ein Näherungswert für den Flächeninhalt der Fläche, die eingeschlossen wird durch den Graph

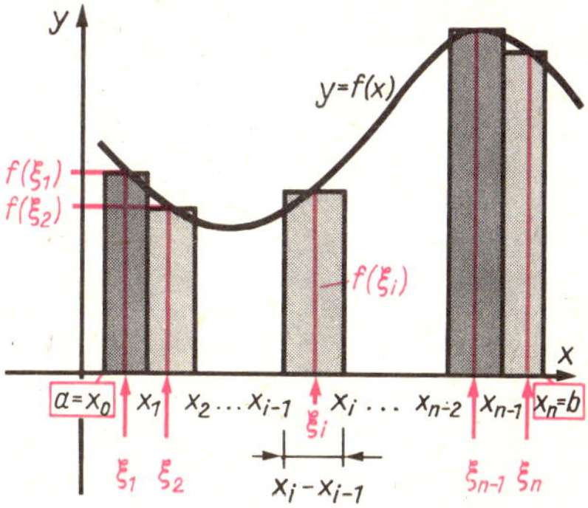

der Funktion f, die Abszissenachse und die Parallelen zur Ordinatenachse durch

$x = a$ und $x = b$.

Zerlegungsfolge

Ist für jede natürliche Zahl n ($n > 0$) eine Zerlegung $\mathfrak{z}_n$ des Intervalls $\langle a; b\rangle$ gegeben, so bilden diese Zerlegungen eine sogenannte **Zerlegungsfolge** ($\mathfrak{z}_n$) für das Intervall $\langle a; b\rangle$.

$\mathfrak{z}_1$: $a = x_0^{(1)} < x_1^{(1)} = b$

$\mathfrak{z}_2$: $a = x_0^{(2)} < x_1^{(2)} < x_2^{(2)} = b$

$\mathfrak{z}_3$: $a = x_0^{(3)} < x_1^{(3)} < x_2^{(3)} < x_3^{(3)} = b$

⋮

$\mathfrak{z}_n$: $a = x_0^{(n)} < x_1^{(n)} < x_2^{(n)} < \cdots < x_i^{(n)} < \cdots < x_{n-1}^{(n)} < x_n^{(n)} = b$

⋮

Ausgezeichnete Zerlegungsfolge

Unter einer **ausgezeichneten Zerlegungsfolge** versteht man eine Zerlegungsfolge, bei der die Folge der maximalen Intervallängen l_n jeder Zerlegung $\mathfrak{z}_n$ eine Nullfolge ist.

Das bestimmte Integral $\int_a^b f(x)\,dx$

SATZ:

Ist f eine beliebige im Intervall $\langle a; b\rangle$ stetige Funktion, so konvergiert bei jeder Wahl einer ausgezeichneten Zerlegungsfolge und bei jeder Wahl der Zwischenpunkte die zugehörige Folge der Zerlegungssummen, und zwar immer gegen ein und dieselbe Zahl g.

DEFINITION:

Das bestimmte Integral $\int_a^b f(x)\,dx$ einer im Intervall $\langle a; b\rangle$ stetigen Funktion ist der gemeinsame Grenzwert aller Folgen von Zerlegungssummen, die zu ausgezeichneten Zerlegungsfolgen ($\mathfrak{z}_n$) des Intervalls $\langle a; b\rangle$ gehören.

Ist folglich ($\mathfrak{z}_n$) eine ausgezeichnete Zerlegungsfolge von $\langle a; b\rangle$, so gilt:

$$\int_a^b f(x)\,dx = \lim_{n\to\infty} \sum_{i=1}^{n} f(\xi_i^{(n)})\,(x_i^{(n)} - x_{i-1}^{(n)})$$

mit $x_{i-1}^{(n)} \leq \xi_i^{(n)} \leq x_i^{(n)}$.

Zu berechnen ist $\int_a^b x^2\,dx$:

Wir wählen eine ausgezeichnete Zerlegungsfolge $(\mathfrak{z}_n)$, bei der das Intervall $\langle a; b\rangle$ durch jede Zerlegung $\mathfrak{z}_n$ in gleich große Teilintervalle zerlegt wird.

$$x_0{}^{(n)} = a,\ x_1{}^{(n)} = a + \frac{b-a}{n},\ \ldots,$$

$$\ldots,\ x_{i-1}{}^{(n)} = a + \frac{(i-1)}{n}(b-a),\ x_i{}^{(n)} = a + \frac{i}{n}(b-a),$$

$$\ldots,\ x_n{}^{(n)} = b$$

Als Zwischenpunkte $\xi_i{}^{(n)}$ wählen wir die rechten Endpunkte der Intervalle $\langle x_{i-1}{}^{(n)};\ x_i{}^{(n)}\rangle$, also

$$\xi_i{}^{(n)} = x_i{}^{(n)} = a + \frac{i}{n}(b-a).$$

Dann gilt für die Zerlegungssumme s_n

$$s_n = \sum_{i=1}^{n} f(\xi_i{}^{(n)}) \cdot (x_i{}^{(n)} - x_{i-1}{}^{(n)})$$

$$s_n = \sum_{i=1}^{n} \left[a + \frac{i}{n}(b-a)\right]^2 \cdot \left[\frac{i}{n}(b-a) - \frac{(i-1)}{n}(b-a)\right]$$

$$s_n = \sum_{i=1}^{n} \left[a + \frac{i}{n}(b-a)\right]^2 \cdot \left(\frac{b-a)}{n}\right)$$

$$s_n = \left(\frac{b-a)}{n}\right)\left[\sum_{i=1}^{n} a^2 + \sum_{i=1}^{n} 2\,\frac{a \cdot i}{n}(b-a) + \sum_{i=1}^{n} \frac{i^2}{n^2}(b-a)^2\right]$$

$$s_n = \left(\frac{b-a}{n}\right)\left[na^2 + \frac{2a\,(b-a)}{n} \cdot \frac{n}{2}(n+1) + \frac{(b-a)^2}{n^2} \cdot \frac{n\,(n+1)\,(2n+1)}{6}\right]$$

$$s_n = (b-a)\left[a^2 + a\,(b-a)\left(1 + \frac{1}{n}\right) + \frac{(b-a)^2}{6}\left(1 + \frac{1}{n}\right)\left(2 + \frac{1}{n}\right)\right]$$

$$\int_a^b x^2\,dx = \lim_{n\to\infty} s_n = (b-a)\left[a^2 + a\,(b-a) + \frac{(b-a)^2}{3}\right]$$

$$= (b-a)\left(ab + \frac{(b-a)^2}{3}\right)$$

$$\int_a^b x^2\,dx = \frac{b^3}{3} - \frac{a^3}{3}$$

D 1

DEFINITION:

$$\int_a^b f(x)\,dx = 0, \text{ wenn } b = a.$$

$$\int_a^b f(x)\,dx = -\int_b^a f(x)\,dx, \text{ wenn } b < a.$$

SATZ:

Ist f eine in $\langle a; b \rangle$ stetige Funktion und c eine beliebige Zahl aus dem Intervall $\langle a; b \rangle$, so gilt

$$\int_a^b f(x)\,dx = \int_a^c f(x)\,dx + \int_c^b f(x)\,dx.$$

Mittelwertsatz der Integralrechnung

Mittelwertsatz der Integralrechnung:

Ist f eine im Intervall $\langle a; b \rangle$ stetige Funktion, so gibt es stets mindestens eine Zahl ξ mit $a \leqq \xi \leqq b$, für die gilt:

$$\int_a^b f(x)\,dx = f(\xi) \cdot (b - a).$$

Geometrische Bedeutung

f sei im Intervall $\langle a; b \rangle$ stetig und nichtnegativ.
Somit gibt es eine Zahl ξ derart, daß die schraffierte Fläche gleich der Fläche des Rechtecks mit den Seiten $b - a$ und $f(\xi)$ ist.

↗ Flächeninhalt, Seite 123

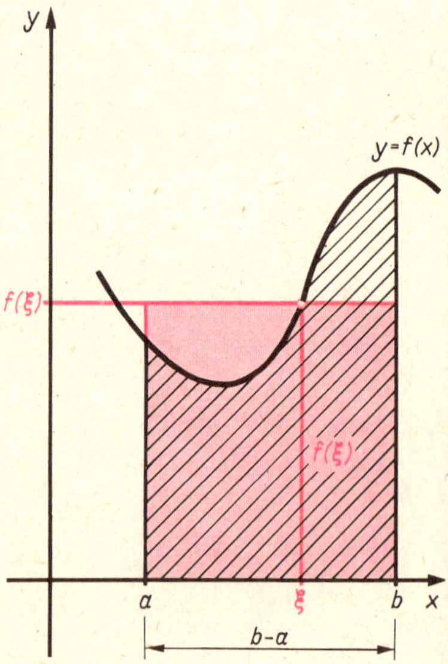

D2 Das unbestimmte Integral

Stammfunktion

DEFINITION:
Die Funktion F ist eine Stammfunktion der Funktion f im Intervall $\langle a; b\rangle$ genau dann, wenn für jedes x aus dem Intervall $\langle a; b\rangle$ gilt
$F'(x) = f(x)$.

SATZ:
Zwei beliebige Stammfunktionen F_1 und F_2 einer gegebenen Funktion f unterscheiden sich nur durch eine additive Konstante c
$F_2(x) - F_1(x) = c$.

Beweis:

Es seien F_1 und F_2 zwei Stammfunktionen von f, d. h., es gilt

$F_1'(x) = f(x)$ und $F_2'(x) = f(x)$.

Dann gilt

$F_1'(x) - F_2'(x) = 0$

$[F_1(x) - F_2(x)]' = 0$

Hieraus folgt (↗ Seite 92)

$F_1(x) - F_2(x) = c$.

Aus diesem Satz folgt: Kennt man **eine** Stammfunktion F zu einer gegebenen Funktion f, dann besteht die Menge **aller** Stammfunktionen dieser Funktion f aus allen Funktionen mit den Gleichungen $y = F(x) + c, c \in P$.

Unbestimmtes Integral $\int f(x)\,dx$

DEFINITION:
Unter dem unbestimmten Integral $\int f(x)\,dx$ einer im Intervall $\langle a; b\rangle$ stetigen Funktion f versteht man die Menge aller Stammfunktionen von f im Intervall $\langle a; b\rangle$.

Die gegebene Funktion f heißt **Integrand** des unbestimmten Integrals, die Konstante c heißt **Integrationskonstante.**

Die Operation, die einer gegebenen Funktion f eine Stammfunktion F zuordnet, heißt **Integration.** In diesem Sinne ist die Integration die Umkehrung der Differentiation.

Es gilt auf Grund des oben angeführten Satzes: Ist F eine Stammfunktion von f im Intervall $\langle a; b\rangle$, so gilt

$\int f(x)\,dx = \{F(x) + c\}, \quad c \in P$.

Hierbei ist $\{F(x) + c\}$ die Menge aller Funktionen $F(x) + c$.

➡ D 3

Im allgemeinen läßt man die geschweiften Klammern weg und schreibt nur

$\int f(x)\,dx = F(x) + c.$

In diesem Zusammenhang ist dann $F(x) + c$ eine Bezeichnung für die Meng $\{F(x) + c\}$.

■ Das unbestimmte Integral der Funktion $f(x) = 2x$ ist die Menge aller Funktionen $F(x) = x^2 + c$, $c \in P$.

Graphische Darstellung des unbestimmten Integrals der Funktion $f(x) = 2x$
$\int 2x\,dx = x^2 + c$

Die graphische Darstellung des unbestimmten Integrals ist eine Kurvenschar mit dem Scharparameter c. Alle Kurven haben an jeder Stelle x_0 des Intervalls den gleichen Anstieg. Jede dieser Kurven läßt sich in jede andere durch Verschiebung in Richtung der Ordinatenachse überführen.

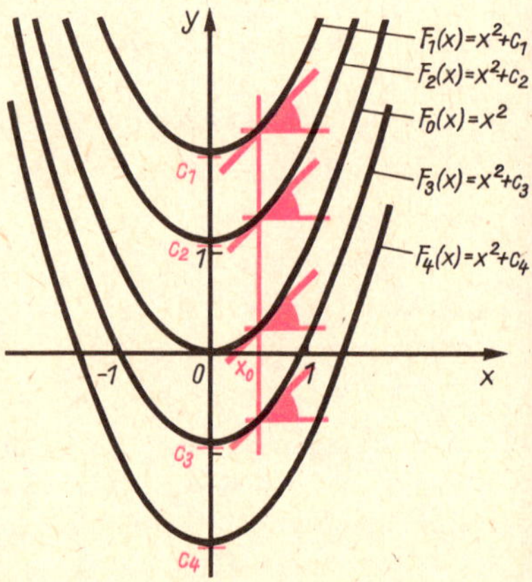

D 3 Integrationsregeln

Konstante und Summe

▶ **SATZ:**
Für jedes Intervall, in dem die Funktion f stetig ist, gilt
$\int k \cdot f(x)\,dx = k \int f(x)\,dx \quad (k \neq 0,\ k \in P).$

Das bedeutet: Die Menge der Stammfunktionen von $k \cdot f$ ist gleich der Meng der Funktionen, die man erhält, wenn man jede Stammfunktion von f mit multipliziert.

↗ Rationale Operationen mit Funktionen, Seite 30

Beweis:

Es sei F eine Stammfunktion von f, d. h., es ist

$$F' = f$$
$$k \cdot F' = k \cdot f$$
$$(k \cdot F)' = k \cdot f,$$

d. h., $k \cdot F$ ist eine Stammfunktion von $k \cdot f$.
Hieraus folgt: Die Menge $\int k \cdot f(x)\,dx$ besteht aus allen Funktionen $k \cdot F(x) + c$, c durchläuft alle reellen Zahlen.
Andererseits besteht die Menge $k \int f(x)\,dx$ aus allen Funktionen
$k(F + c) = k \cdot F + k \cdot c = k \cdot F + c_1$,
c_1 durchläuft alle reellen Zahlen.
Die beiden Mengen $\int kf(x)\,dx$ und $k \int f(x)\,dx$ sind identisch.

SATZ:

Für jedes Intervall, in dem die Funktionen f und g stetig sind, gilt
$$\int [f(x) + g(x)]\,dx = \int f(x)\,dx + \int g(x)\,dx.$$

Das bedeutet: Die Menge der Stammfunktionen von $f + g$ ist gleich der Menge der Funktionen, die man erhält, wenn man die Stammfunktionen von f und g paarweise addiert.

Beweis:

Es sei F eine beliebige Stammfunktion von f, d. h., $F' = f$. Ferner sei G eine beliebige Stammfunktion von g, d. h., $G' = g$. Dann ist $F + G$ auch Stammfunktion von $f + g$, denn es gilt $(F + G)' = F' + G' = f + g$.
Hieraus folgt:
Die Menge
$\int [f(x) + g(x)]\,dx$
besteht aus allen Funktionen
$F(x) + G(x) + c$,
wobei c alle reellen Zahlen durchläuft.
Andererseits besteht die Menge
$\int f(x)\,dx + \int g(x)\,dx$ aus allen Funktionen
$[F(x) + c_1] + [G(x) + c_2] = F(x) + G(x) + (c_1 + c_2)$,
wobei $(c_1 + c_2)$ alle reellen Zahlen durchläuft.
Die beiden Mengen
$\int [f(x) + g(x)]\,dx$ und $\int f(x)\,dx + \int g(x)\,dx$
sind folglich identisch.

SATZ:

Für jedes Intervall, in dem die Funktionen $f_1, f_2, \dots, f_n$ stetig sind, gilt
$$\int \left(\sum_{\nu=1}^{h} k_\nu f_\nu(x) \right) dx = \sum_{\nu=1}^{h} k_\nu \int f_\nu(x)\,dx.$$

Das bedeutet: Man kann Summen gliedweise integrieren und dabei konstante Faktoren vor das Integralzeichen ziehen.

➡ D 3

Integration durch Substitution

Gegeben sei eine im Intervall I stetige Funktion $y = f(x)$, für die eine Stamm-funktion F zu ermitteln ist.
$x = \varphi(t)$ sei eine im Intervall I_1 monotone und differenzierbare Funktion mi[t] $\varphi'(t) \neq 0$, durch die das Intervall I_1 umkehrbar eindeutig auf das Intervall [I] abgebildet wird.
Dann gilt für alle x aus I

> $\boldsymbol{\int f(x)\,dx = \int f[\varphi(t)]\,\varphi'(t)\,dt}$
> **mit** $\boldsymbol{x = \varphi(t)}$ **bzw.** $\boldsymbol{t = \bar{\varphi}(x)}$.

Das bedeutet: Ist $y = G(t) + c$ die Menge der Stammfunktionen vo[n] $y = f[\varphi(t)] \cdot \varphi'(t)$ in I_1, dann ist $y = G[\bar{\varphi}(x)] + c$ die Menge der Stamm-funktionen von $y = f(x)$ in I.

■ Es ist das unbestimmte Integral $\int \frac{x}{\sqrt{x^2+1}}\,dx$ zu ermitteln.

Wir beschränken uns zunächst auf $x > 0$ und setzen $\sqrt{x^2+1} = t$, woraus folg[t]

$x = \sqrt{t^2 - 1}$.

$x = \varphi(t) = \sqrt{t^2-1}$ ist für $t > 1$ monoton und differenzierbar, und es ist

$$\varphi'(t) = \frac{t}{\sqrt{t^2-1}}; \quad \varphi'(t) \neq 0 \text{ für } t > 1\,.$$

Durch $x = \varphi(t) = \sqrt{t^2-1}$ wird das Intervall I_1 $(t > 1)$ umkehrbar eindeuti[g] auf das Intervall I $(x > 0)$ abgebildet. Dann gilt für alle x aus I $(x > 0)$

$$\begin{aligned}\int \frac{x}{\sqrt{x^2+1}}\,dx &= \int \frac{\sqrt{t^2-1}}{t} \cdot \frac{t}{\sqrt{t^2-1}}\,dt \quad \text{mit} \quad t = \sqrt{x^2+1}\\ &= \int 1 \cdot dt\\ &= t + c\\ &= \sqrt{x^2+1} + c\,.\end{aligned}$$

Nachträglich können wir feststellen, daß dieses Ergebnis auch für $x \leqq 0$ gilt. Durch Differenzieren können wir die Richtigkeit überprüfen:

$$\begin{aligned}\left(\sqrt{x^2+1} + c\right)' &= \frac{1}{2}(x^2+1)^{-\frac{1}{2}} \cdot 2x\\ &= \frac{x}{\sqrt{x^2+1}}\,.\end{aligned}$$

Das unbestimmte Integral elementarer Funktionen

$$\int a\,dx = ax + c; \quad a \in P$$

$$\int x^r\,dx = \begin{cases} \dfrac{1}{r+1} x^{r+1} + c; & r \neq -1 \\ \ln|x| + c; & r = -1 \end{cases}$$

$$\int \sin x\,dx = -\cos x + c$$

$$\int \cos x\,dx = \sin x + c$$

$$\int a^x\,dx = \frac{a^x}{\ln a} + c; \quad a > 0,\ a \neq 1$$

$$\int e^x\,dx = e^x + c$$

Der Beweis erfolgt durch Differenzieren der Stammfunktionen.

$$\int (ax^2 + bx + e)\,dx = a\int x^2\,dx + b\int x\,dx + \int e\,dx = a\frac{1}{3}x^3 + b\frac{1}{2}x^2 + ex + c$$

$$\int \frac{1}{x^3}\,dx = \int x^{-3}\,dx = \frac{1}{-3+1}x^{-3+1} + c = \frac{-1}{2x^2} + c$$

$$\int \sqrt[3]{x}\,dx = \int x^{\frac{1}{3}}\,dx = \frac{1}{\frac{1}{3}+1}x^{\frac{1}{3}+1} + c = \frac{3}{4}x^{\frac{4}{3}} + c = \frac{3}{4}\sqrt[3]{x^4} + c$$

$$\int x\sqrt{x}\,dx = \int \sqrt{x^3}\,dx = \int x^{\frac{3}{2}}\,dx = \frac{1}{\frac{3}{2}+1}x^{\frac{3}{2}+1} + c = \frac{2}{5}x^{\frac{5}{2}} + c = \frac{2}{5}\sqrt{x^5} + c$$

Hauptsatz der Differential- und Integralrechnung

Hauptsatz der Differential- und Integralrechnung:

Ist f eine im Intervall $\langle a; b\rangle$ stetige Funktion und ist F irgendeine Stammfunktion von f im Intervall $\langle a; b\rangle$, dann gilt:

$$\int_a^b f(x)\,dx = F(b) - F(a).$$

D 3

Beweis:

Wir übernehmen ohne Beweis den folgenden Satz:

Ist f eine im Intervall $\langle a; b\rangle$ stetige Funktion, so ist das bestimmte Integra[l] $\int_a^x f(t)\,dt$ mit variabler oberer Grenze x eine Stammfunktion von f im Interval[l] $\langle a; b\rangle$.

$$\left[\int_a^x f(t)\,dt\right]' = f(x).$$

Aus diesem Satz folgt übrigens auch, daß es zu jeder stetigen Funktion f imme[r] eine Stammfunktion gibt.

Ist nun F eine Stammfunktion von f, dann unterscheidet sie sich von $\int_a^x f(t)\,d[t]$ nur durch einen konstanten Summanden

$$\int_a^x f(t)\,dt - F(x) = c.$$

Wir bestimmen c, indem wir setzen $x = a$:

$$\int_a^a f(t)\,dt - F(a) = c$$

$$0 - F(a) = c.$$

Folglich gilt

$$\int_a^x f(t)\,dt = F(x) - F(a),$$

für $x = b$

$$\int_a^b f(t)\,dt = F(b) - F(a).$$

Bedeutung des Hauptsatzes der Differential- und Integralrechnung:

1. Der Satz bringt den Zusammenhang zwischen Differentialrechnung un[d] Integralrechnung zum Ausdruck. Einerseits können die Ableitung einer Funk-tion f an einer Stelle x_0 und das bestimmte Integral einer Funktion f in eine[m] Intervall *unabhängig voneinander* durch Grenzwertbildung definiert werden[.] Andererseits ist das bestimmte Integral mit variabler oberer Grenze eine Stamm-funktion des Integranden

$$\left[\int_a^x f(t)\,dt\right]' = f(x).$$

2. Mit Hilfe des Hauptsatzes hat man die Möglichkeit, bestimmte Integrale ohn[e] Grenzwertbestimmungen zu berechnen.
Die Berechnung des bestimmten Integrals wird auf das Aufsuchen einer Stamm-funktion zurückgeführt.

Zum Zwecke der Berechnung wendet man auch folgende Schreibweise an:

$$\int_a^b f(x)\,dx = [F(x)]_a^b = F(b) - F(a).$$

$$\int_2^5 x^2\,dx = \left[\frac{x^3}{3}\right]_2^5 = \frac{5^3}{3} - \frac{2^3}{3} = \frac{125 - 8}{3} = \frac{117}{3} = 39$$

D 4 Anwendungen der Integralrechnung

Flächeninhalt

DEFINITION:
Ist f eine im Intervall $\langle a; b\rangle$ stetige Funktion, deren Funktionswerte in $\langle a; b\rangle$ nicht negativ sind, so versteht man unter dem Flächeninhalt[1] A des Flächenstücks, das von dem Graphen von f, der Abszissenachse und den Parallelen zur Ordinatenachse durch $x = a$ und $x = b$ begrenzt wird, das bestimmte Integral der Funktion f im Intervall $\langle a; b\rangle$, d. h., es ist

$$A = \int_a^b f(x)\,dx.$$

Die Fläche liegt nur oberhalb der Abszissenachse.

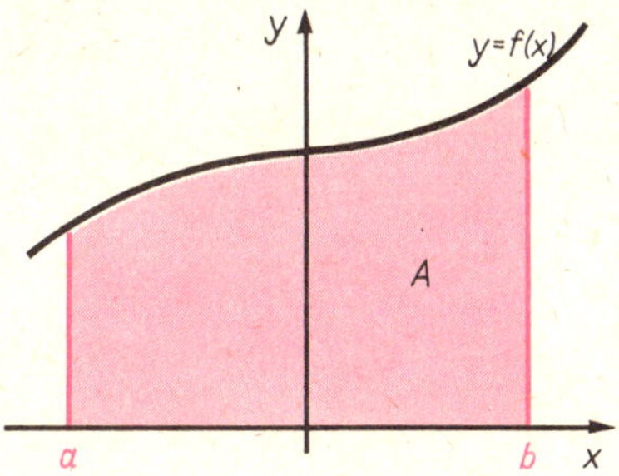

$$A = \int_a^b f(x)\,dx$$

$$\int_a^b f(x) \geqq 0,$$

denn die Summanden $f(\xi_i)(x_i - x_{i-1})$ der Zerlegungssummen s_n sind sämtlich nicht negativ, da $f(\xi_i) \geqq 0$, $(x_i - x_{i-1}) > 0$.

Diese Definition läßt sich auf weitere Fälle von Flächenberechnungen anwenden.

1 Hier wird der Flächeninhalt als reelle Zahl definiert. Dieser Zahl entspricht bei Vorgabe von Einheiten des Flächeninhalts in praktischen Berechnungen die Maßzahl der Fläche.

D 4

Die Fläche liegt nur unterhalb der Abszissenachse.

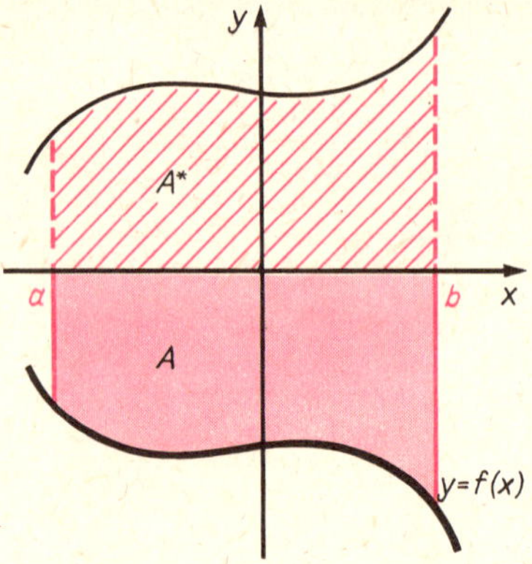

$A = \left| \int_a^b f(x)\,dx \right|$

$\int_a^b f(x)\,dx \leqq 0$, denn die Summanden $f(\xi_i)(x_i - x_{i-1})$ der Zerlegungssummen s_n sind sämtlich nicht positiv, da

$f(\xi_i) \leqq 0\,,\quad x_i - x_{i-1} > 0$

$$A = A^*$$

$$A^* = \int_a^b -f(x)\,dx$$

$$= -\int_a^b f(x)\,dx$$

$$= \left| \int_a^b f(x)\,dx \right|$$

Die Fläche liegt sowohl oberhalb als auch unterhalb der Abszissenachse.

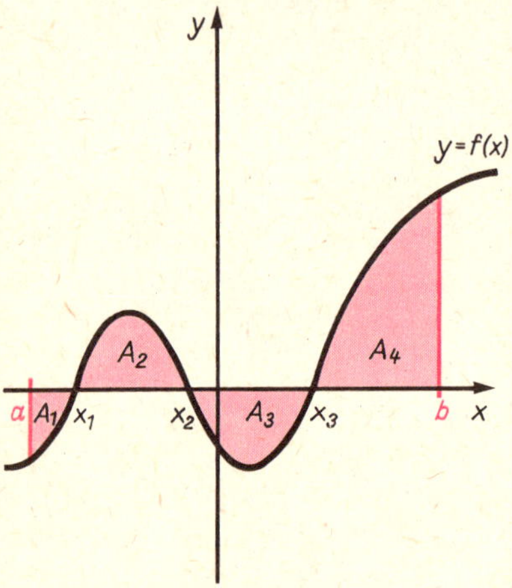

$A = A_1 + A_2 + A_3 + A_4$

$A_1 = \left| \int_a^{x_1} f(x)\,dx \right|, \quad A_2 = \int_{x_1}^{x_2} f(x)\,dx$

$A_3 = \left| \int_{x_2}^{x_3} f(x)\,dx \right|, \quad A_4 = \int_{x_3}^{b} f(x)\,dx$

In den Zerlegungssummen s_n treten sowohl positive [für $f(\xi_i) > 0$] als auch negative Summanden [für $f(\xi_i) < 0$)] auf, denn es gilt immer $x_i - x_{i-1} > 0$. Deshalb wird das Problem auf die Berechnung der Teilflächen zurückgeführt.

Der Graph der einen Funktion f_2 liegt an keiner Stelle des Intervalls $\langle a; b \rangle$ oberhalb des Graphen der Funktion f_1.

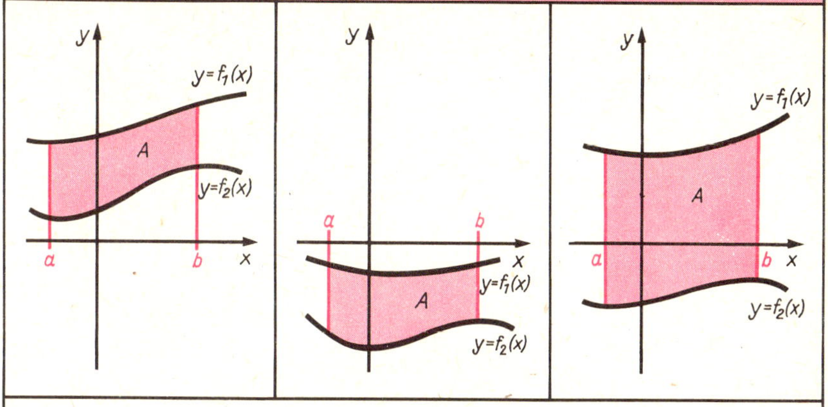

In allen diesen Fällen gilt $A = \int_a^b [f_1(x) - f_2(x)]\, dx$.

Der Graph der einen Funktion f_2 liegt in einem Teilintervall von $\langle a; b \rangle$ oberhalb des Graphen der Funktion f_1.

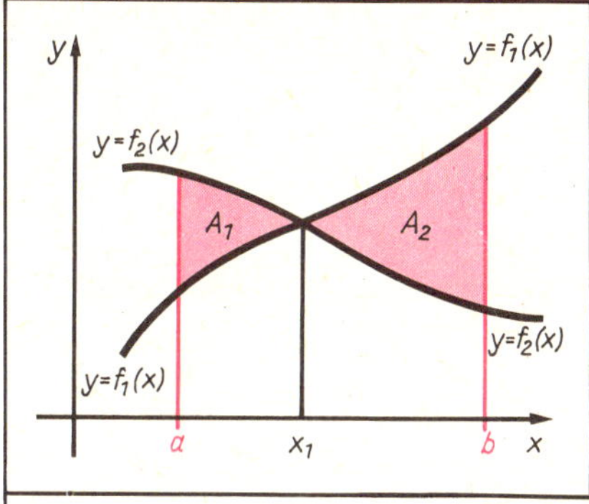

In diesem Fall haben die Graphen einen Schnittpunkt bei $x = x_1$. Die Berechnung der Gesamtfläche erfolgt durch die Berechnung der beiden Teilflächen: $A = A_1 + A_2$.

$$A = \int_a^{x_1} [f_2(x) - f_1(x)]\, dx + \int_{x_1}^b [f_1(x) - f_2(x)]\, dx$$

Es ist die Fläche zu berechnen, die eingeschlossen wird von dem Graphen der Funktion $f(x) = (x - 3)(x + 2)$, von der Abszissenachse und den Geraden $x = -3$ und $x = 4$.

Lösung: Zunächst ermittelt man die Schnittpunkte des Graphen von $y = f(x)$ mit der Abszissenachse im Intervall $\langle -3; 4 \rangle$, um festzustellen, ob das Flächenstück ganz oberhalb, ganz unterhalb oder auf beiden Seiten der Abszissenachse liegt.

D 4

Die Nullstellen von f sind $x = 3$ und $x = -2$. Beide Nullstellen liegen im Intervall $\langle -3; 4\rangle$.

Die gesuchte Fläche liegt also sowohl oberhalb als auch unterhalb der Abszissenachse.

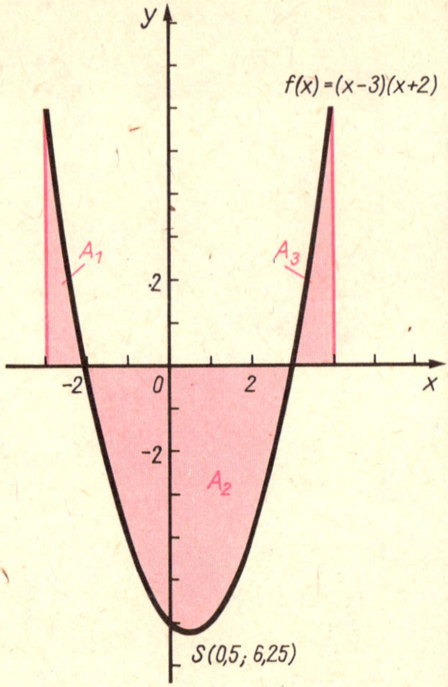

$$A = A_1 + A_2 + A_3$$

$$A_1 = \int_{-3}^{-2} (x^2 - x - 6)\,dx$$

$$= \left[\frac{x^3}{3} - \frac{x^2}{2} - 6x\right]_{-3}^{-2}$$

$$= \left[\frac{(-2)^3}{3} - \frac{(-2)^2}{2} - 6\cdot(-2)\right] - \left[\frac{(-3)^3}{3} - \frac{(-3)^2}{2} - 6\cdot(-3)\right]$$

$$A_1 = \frac{17}{6}$$

$$A_2 = \left|\int_{-2}^{3} (x^2 - x - 6)\,dx\right|$$

$$= -\int_{-2}^{3} (x^2 - x - 6)\,dx$$

$$A_2 = \frac{125}{6}$$

$A_3 = A_1$ auf Grund der Symmetrieeigenschaften der Parabel

$$A = A_1 + A_2 + A_3 = 2\cdot\frac{17}{6} + \frac{125}{6} = \frac{53}{2}$$

■ Es ist die Fläche zu berechnen, die eingeschlossen wird von dem Graphen der Funktion $y = 2\cdot\sin(3x + \pi)$ und der Abszissenachse im Intervall $\langle 0; 2\pi\rangle$.

Auf Grund der Symmetrieeigenschaften des Graphen von
$y = 2\cdot\sin(3x + \pi)$ gilt
$A = 6\cdot A_1$.

$$A_1 = \left|\int_{0}^{\frac{\pi}{3}} 2\sin(3x + \pi)\,dx\right|$$

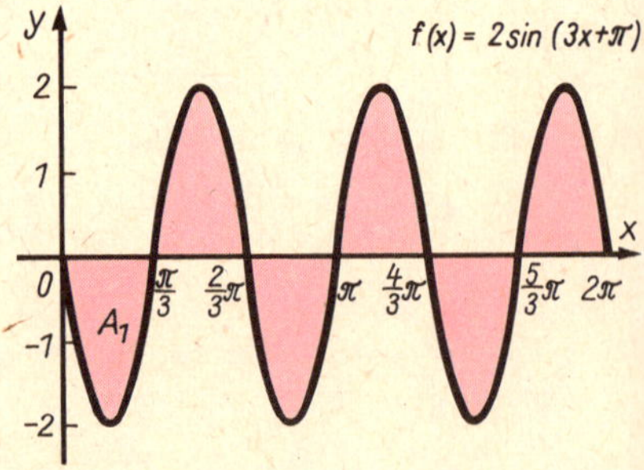

Mittels Integration durch Substitution (↗ Seite 120) bestimmen wir zunächst das unbestimmte Integral.

$\int 2 \cdot \sin(3x + \pi)\,dx$

$y = f(x) = 2\sin(3x + \pi)$ ist eine für alle reellen Zahlen stetige Funktion. Durch die Substitution $3x + \pi = t$ erhält man die Funktion

$$x = \varphi(t) = \frac{t - \pi}{3},$$

die für alle reellen Zahlen monoton und differenzierbar ist, für die

$$x' = \varphi'(t) = \frac{1}{3} \neq 0$$

gilt und die die Menge der reellen Zahlen umkehrbar eindeutig auf sich abbildet. Unter diesen Voraussetzungen gilt

$$\begin{aligned}\int 2 \cdot \sin(3x + \pi)\,dx &= \int f[\varphi(t)] \cdot \varphi'(t)\,dt \\ &= \int 2 \cdot \sin t \cdot \frac{1}{3}\,dt \\ &= -\frac{2}{3} \cdot \cos t + c \\ &= -\frac{2}{3} \cdot \cos(3x + \pi) + c\end{aligned}$$

$$\begin{aligned}\int_0^{\frac{\pi}{3}} 2 \cdot \sin(3x + \pi)\,dx &= \left[-\frac{2}{3} \cdot \cos(3x + \pi)\right]_0^{\frac{\pi}{3}} \\ &= -\frac{2}{3} \cdot \cos 2\pi + \frac{2}{3} \cdot \cos \pi \\ &= -\frac{2}{3} \cdot 1 + \frac{2}{3} \cdot (-1) \\ &= -\frac{4}{3}\end{aligned}$$

$$A_1 = \frac{4}{3}$$

$$A = 6 \cdot A_1 = 6 \cdot \frac{4}{3} = 8$$

Eine andere Möglichkeit zur Bestimmung von

$$\int_0^{\frac{\pi}{3}} 2 \cdot \sin(3x + \pi)\,dx$$

ist folgende. Das Intervall $0 \leqq x \leqq \frac{\pi}{3}$ wird durch

$$t = \bar{\varphi}(x) = 3x + \pi$$

auf das Intervall $\pi \leqq t \leqq 2\pi$ abgebildet. Dann gilt

$$\int_0^{\frac{\pi}{3}} 2 \cdot \sin(3x + \pi)\,dx = \int_{\pi}^{2\pi} f[\varphi(t)] \cdot \varphi'(t)\,dt$$

➡ D 4

$$= \int_{\pi}^{2\pi} 2 \cdot \sin t \cdot \frac{1}{3}\, dt$$

$$= \left[-\frac{2}{3} \cdot \cos t \right]_{\pi}^{2\pi} = -\frac{4}{3}$$

↗ Winkelfunktionen, Seite 50
↗ Integration durch Substitution, Seite 120

■ Es ist die Fläche zu berechnen, die von den Bildern der Funktionen

$f_1(x) = \frac{1}{5}(x^2 - 2x + 10)$ und $f_2(x) = \frac{1}{5}(2x + 31)$

eingeschlossen wird.
Zur Berechnung der Schnittpunkte der Graphen von f_1 und f_2 ist das Gleichungssystem

$$y = \frac{1}{5}(2x + 31)$$

$$y = \frac{1}{5}(x^2 - 2x + 10)$$

zu lösen. Man erhält
$x_1 = 7$, $x_2 = -3$,
$y_1 = 9$, $y_2 = 5$.

Die Schnittpunkte sind
$P_1(7; 9)$, $P_2(-3; 5)$.

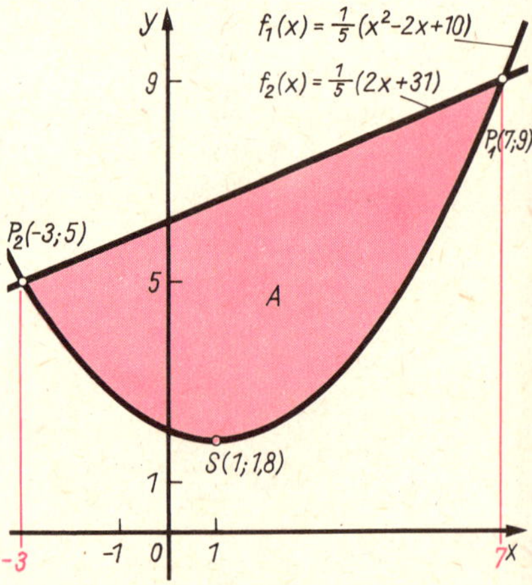

Berechnung des gesuchten Flächeninhalts

f_2 liegt im Intervall $\langle -3; 7 \rangle$ ganz oberhalb $f_1(x)$. Folglich gilt:

$$A = \int_{-3}^{7} [f_2(x) - f_1(x)]\, dx$$

$$= \int_{-3}^{7} \left[\frac{1}{5}(2x + 31) - \frac{1}{5}(x^2 - 2x + 10) \right] dx$$

$$= \frac{1}{5} \int_{-3}^{7} (-x^2 + 4x + 21)\, dx$$

$$= \frac{1}{5} \left[-\frac{x^3}{3} + 2x^2 + 21x \right]_{-3}^{7}$$

$$= \frac{1}{5} \left[-\frac{343}{3} + 98 + 147 - (9 + 18 - 63) \right]$$

$$= \frac{100}{3}$$

Volumen

DEFINITION:

Das Volumen[1] eines Körpers, der zwischen den Ebenen $x = a$ und $x = b$ in einem dreidimensionalen kartesischen Koordinatensystem liegt und dessen Querschnittsflächen an der Stelle $x (a \leq x \leq b)$ den Flächeninhalt $A(x)$ haben, wobei die Menge der geordneten Paare $[x; A(x)]$ mit $a \leq x \leq b$ eine stetige Funktion ist, ist das folgende bestimmte Integral:

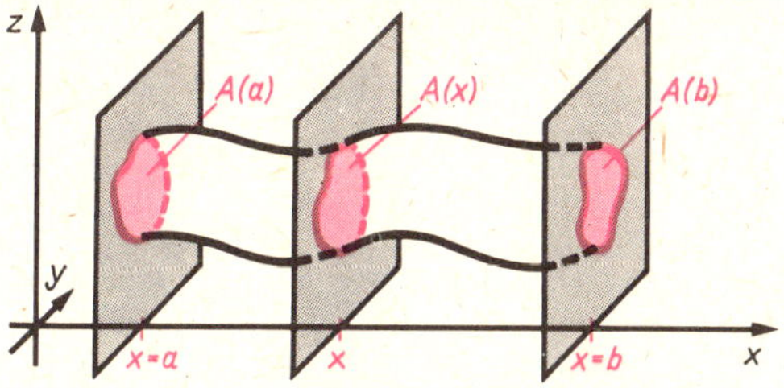

$$V = \int_a^b A(x)\,dx$$

Volumen einer Kugel
(↗ Kugel, Ma i Üb, Seite 245)

Querschnittsfläche $A(x)$:

$A(x) = \pi [\varrho(x)]^2$

$A(x) = \pi (r^2 - x^2)$

Berechnung des Volumens:

$$V = \int_{-r}^{r} A(x)\,dx = \int_{-r}^{r} \pi (r^2 - x^2)\,dx$$

$$= \pi \left[r^2 x - \frac{x^3}{3} \right]_{-r}^{r}$$

$$= \frac{4}{3} \pi r^3$$

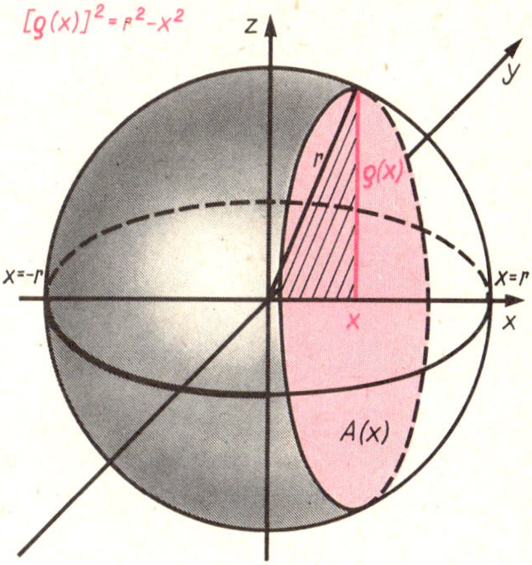

Satz des Cavalieri[2]

SATZ:

Zwei Körper, die zwischen den Ebenen $x = a$ und $x = b$ in einem dreidimensionalen kartesischen Koordinatensystem liegen, haben gleiche Volumina, wenn die Flächeninhalte ihrer Querschnitte für jedes x mit $a \leq x \leq b$ übereinstimmen.

[1] Hier wird das Volumen als reelle Zahl definiert. Dieser Zahl entspricht bei Vorgabe von Einheiten des Volumens in praktischen Berechnungen die **Maßzahl** des Volumens.

[2] Der Mathematiker *Bonaventura Cavalieri* (1598?–1647), Schüler *Galileis*, lehrte ab 1629 in Bologna.

➡ D 4

Die Gültigkeit dieses Satzes folgt unmittelbar aus der Definition des Volumens durch ein bestimmtes Integral. Hiernach hängt das Volumen nicht von der Gestalt der Querschnittsflächen, sondern nur von deren Flächeninhalten ab.

↗ Volumenvergleiche, Ma i Üb, Seite 237

Volumen von Rotationskörpern

1

Rotation des Bildes von $y = f(x)$ um die x-Achse.

$$A(x) = \pi y^2 = \pi [f(x)]^2$$

$$V = \int_a^b A(x)\,dx = \int_a^b \pi [f(x)]^2\,dx$$

$$V = \pi \int_a^b [f(x)]^2\,dx$$

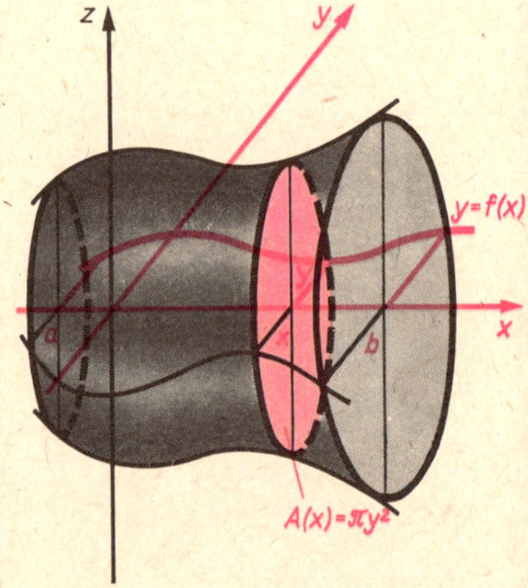

2

Rotation des Bildes von $x = \varphi(y)$ um die y-Achse.

$$A(y) = \pi x^2 = \pi [\varphi(y)]^2$$

$$V = \int_c^d A(y)\,dy = \int_c^d \pi [\varphi(y)]^2\,dy$$

$$V = \pi \int_c^d [\varphi(y)]^2\,dy$$

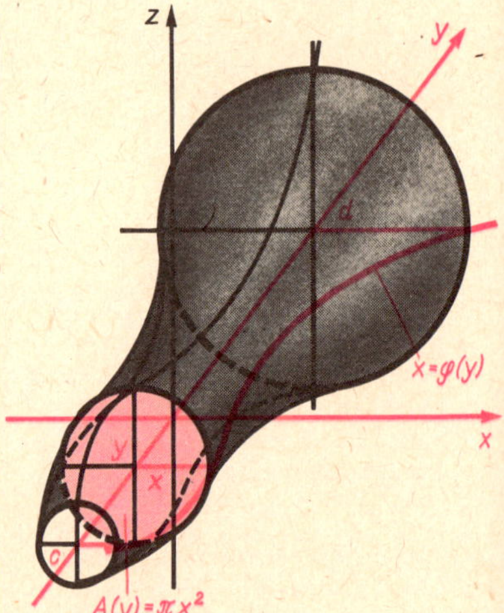

Rotationsellipsoid · Rotation um die *x*-Achse

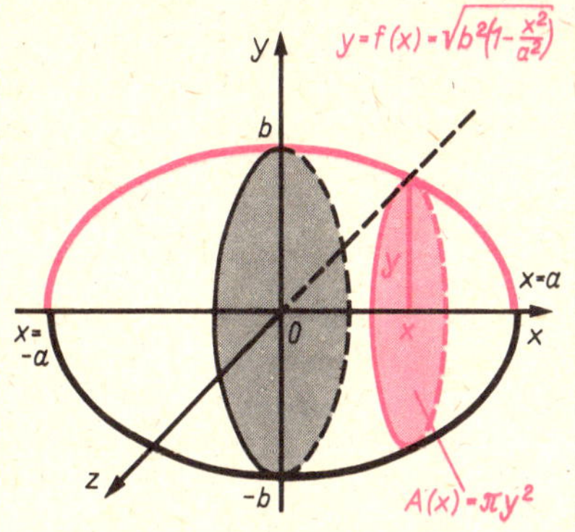

$$\frac{x^2}{a^2} + \frac{y^2}{b^2} = 1$$

$$[f(x)]^2 = y^2 = b^2\left(1 - \frac{x^2}{a^2}\right)$$

$$V = \pi \int_{-a}^{a} [f(x)]^2 \, dx$$

$$= 2\pi \int_{0}^{a} [f(x)]^2 \, dx$$

$$= 2\pi \int_{0}^{a} b^2\left(1 - \frac{x^2}{a^2}\right) dx$$

$$= 2\pi b^2 \left[x - \frac{x^3}{3a^2}\right]_0^a$$

$$= 2\pi b^2 \left(a - \frac{a}{3}\right)$$

$$V = \frac{4}{3}\pi b^2 a$$

Rotationsellipsoid Rotation um die *y*-Achse

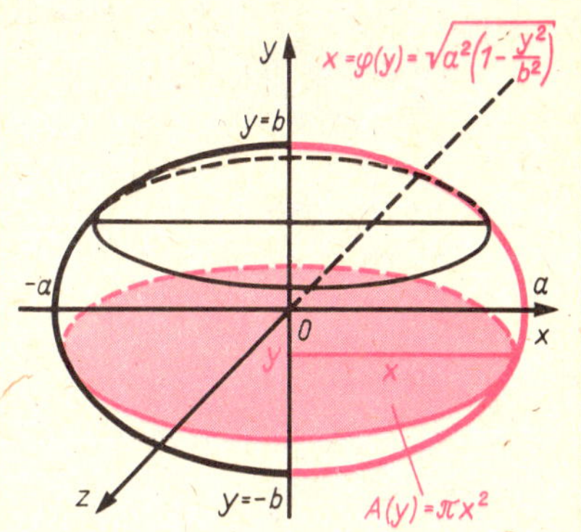

$$\frac{x^2}{a^2} + \frac{y^2}{b^2} = 1$$

$$[\varphi(y)]^2 = x^2 = a^2\left(1 - \frac{y^2}{b^2}\right)$$

$$V = \pi \int_{-b}^{b} [\varphi(y)]^2 \, dy$$

$$= 2\pi \int_{0}^{b} [\varphi(y)]^2 \, dy$$

$$= 2\pi \int_{0}^{b} a^2\left(1 - \frac{y^2}{b^2}\right) dy$$

$$= 2\pi a^2 \left[y - \frac{y^3}{3b^2}\right]_0^b$$

$$= 2\pi a^2 \left(b - \frac{b}{3}\right)$$

$$V = \frac{4}{3}\pi a^2 b$$

Physikalische Arbeit bei veränderlicher Kraft

Wirkt eine konstante Kraft F längs eines Weges und in Richtung dieses Weges, und ist s die Länge des Weges, so ist die Arbeit, die durch diese Kraft verrichtet wird, definiert als

$$W = F \cdot s \, .$$

➡ D 4

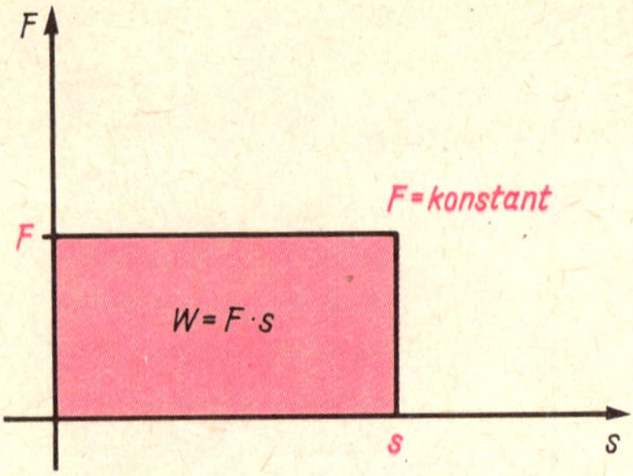

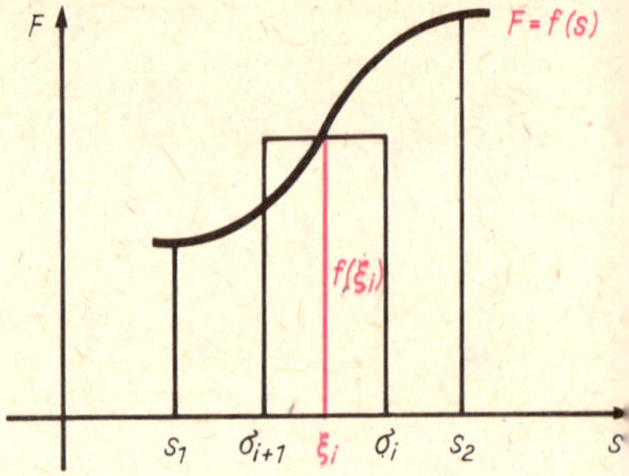

Wirkt eine veränderliche Kraft $F = f(s)$ längs eines Weges und in Richtung dieses Weges von einem Punkt mit der Entfernung s_1 von einem gewissen Anfangspunkt ab bis zu einem Punkt mit einer Entfernung s_2 vom gleichen Anfangspunkt, so wird die Arbeit, die durch diese Kraft verrichtet wird, definiert als

$$W = \int_{s_1}^{s_2} F\,ds = \int_{s_1}^{s_2} f(s)\,ds$$

Man nennt dieses Integral das **Wegintegral der Kraft.**

↗ Mechanische Arbeit, Wissensspeicher Physik, Seite 111

Spannarbeit und potentielle Energie an einer Schraubenfeder

Beim Spannen einer Feder gilt das Gesetz:
Die beim Spannen wirkende Kraft F ist proportional der Längenänderung der Feder

$F = k \cdot s$.

Für die beim Dehnen einer Feder um die Längenänderung s_E aus dem ungespannten Zustand aufgewendete Arbeit W gilt:

$W = \int_{s_1}^{s_2} k \cdot s\,ds$; in diesem Fall ist $s_1 = 0$, $s_2 = s_E$

$$= \left[k\,\frac{s^2}{2}\right]_0^{s_E} = \frac{k}{2}\,s_E^2$$

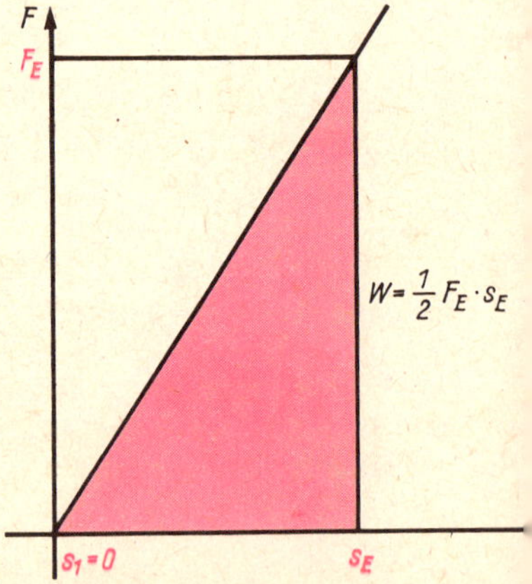

Bezeichnet man mit F_E die Kraft, die die Feder im gespannten Zustand (mit der Längenausdehnung s_E) hält, so ergibt sich unter Berücksichtigung von $F_E = k \cdot s_E$

$$W = \frac{1}{2}\,F_E \cdot s_E\,.$$

↗ Federspannarbeit, Wiss Ph, Seite 113

Vektorrechnung E

E 1 Verschiebungen

Gerichtete Strecken

Liegt für eine Strecke ein Richtungs- oder Durchlaufssinn fest, so heißt diese Strecke gerichtete Strecke.

↗ Orientierte Strecken, Ma i Üb, Seite 131

Im Folgenden werden gerichtete Strecken wie ungerichtete Strecken durch einen übergesetzten Strich gekennzeichnet.
In Zeichnungen können gerichtete Strecken durch eine Pfeilspitze gekennzeichnet werden, die zum Endpunkt weist.

(1) $\overline{AB}$ Die Strecke $\overline{AB}$ wird von A nach B durchlaufen.

(2) $\overline{DC}$ Die Strecke $\overline{CD}$ wird von D nach C durchlaufen.

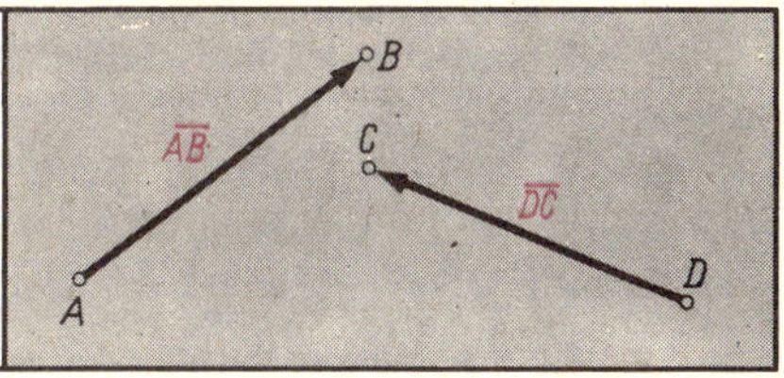

Eine gerichtete Strecke $\overline{AB}$ kann eindeutig festgelegt werden
- durch die Angabe ihres Anfangspunktes A und ihres Endpunktes B,
- durch die Angabe ihres Anfangspunktes A, ihrer Länge, ihrer Richtung und ihres Richtungssinnes.

Parallelgleiche Strecken

DEFINITION:

Zwei gerichtete Strecken $\overline{AB}$ und $\overline{CD}$ heißen parallelgleich, wenn
a) die Punkte A, B, C, D nicht auf derselben Geraden liegen und die Strecke $\overline{AB}$ parallel zur Strecke $\overline{CD}$ sowie die Strecke $\overline{AC}$ parallel zur Strecke $\overline{BD}$ ist

oder wenn

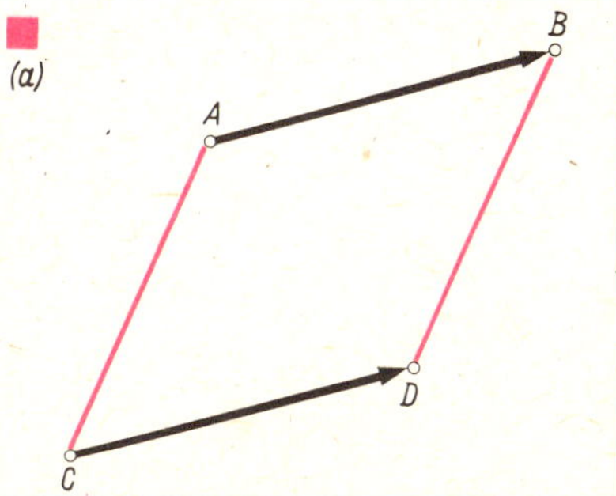

b) **die Punkte *A, B, C, D* auf derselben Geraden liegen und es Punkte *E* und *F* so gibt, daß sowohl $\overline{AB}$ und $\overline{EF}$ als auch $\overline{CD}$ und $\overline{EF}$ die unter a) angegebene Bedingung erfüllen**

oder wenn

c) ***A* = *B* und *C* = *D* ist.**

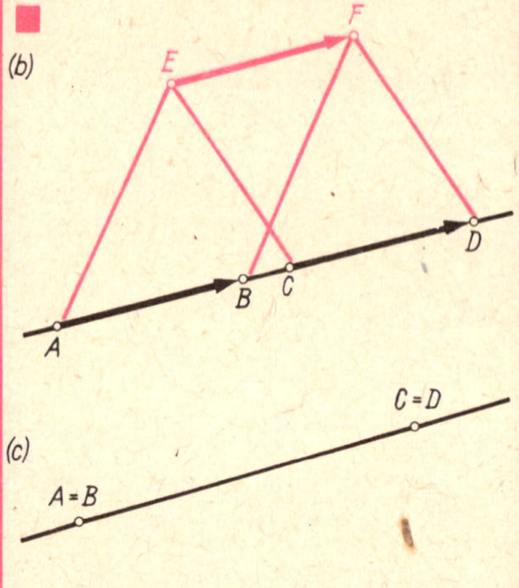

Verschiebung

DEFINITION:
Verschiebung einer Geraden (einer Ebene, des Raumes) heißt eine umkehrbar eindeutige Abbildung des betreffenden geometrischen Gebildes auf sich selbst, bei der alle durch Original- und Bildpunkt bestimmten gerichteten Strecken zueinander parallelgleich sind.

Die Verschiebung, bei der *A* der Originalpunkt und *B* der Bildpunkt ist, d. h die *A* in *B* abbildet, wird mit $\overrightarrow{AB}$ oder $\vec{a}$ bezeichnet. Das geordnete Punktepaa [*A*; *B*] repräsentiert diese Verschiebung.

	Veranschaulichung durch Zeichnung	Bezeichnung	Repräsentant
Gerichtete Strecke		$\overline{AB}$	—
Verschiebung	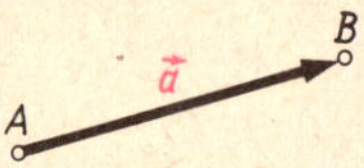	$\overrightarrow{AB}$, $\vec{a}$	[*A*; *B*]

Betrag der Verschiebung $\left|\vec{a}\right| = \left|\overrightarrow{AB}\right|$ nennt man die Länge der gerichteten Streck $\overline{AB}$, die diese Verschiebung kennzeichnet.

↗ Verschiebungen, Ma i Üb, Seite 144
↗ Geordnetes Paar, Ma i Üb, Seite 56
↗ Abbildung, Ma i Üb, Seite 57

Gleichgerichtete Verschiebungen, entgegengesetzt gerichtete Verschiebungen

Zwei Verschiebungen $\vec{a}, \vec{b}$ heißen gleich gerichtet, wenn sie gleiche Richtung und gleichen Richtungssinn haben.	Zwei Verschiebungen $\vec{a}, \vec{b}$ heißen entgegengesetzt gerichtet, wenn sie gleiche Richtung und entgegengesetzten Richtungssinn haben.
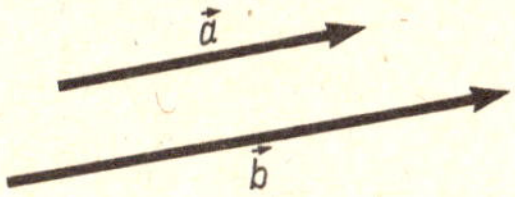	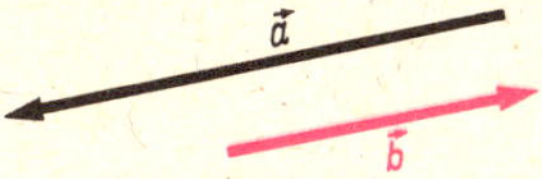

Entgegengesetzt gerichtete Verschiebungen gleichen Betrags nennt man **entgegengesetzte Verschiebungen.**

$\overrightarrow{BA}$ ist die entgegengesetzte Verschiebung zu $\overrightarrow{AB}$.
$-\vec{a}$ ist die entgegengesetzte Verschiebung zu $\vec{a}$.

↗ Subtraktion von Verschiebungen, Seite 137
↗ Richtung, Ma i Üb, Seite 129

Addition von Verschiebungen

SATZ:
Werden zwei Verschiebungen nacheinander ausgeführt, so ist das Ergebnis wieder eine Verschiebung.

DEFINITION:
Die als Ergebnis des Nacheinanderausführens zweier Verschiebungen $\vec{a} = \overrightarrow{AB}$ und $\vec{b} = \overrightarrow{BC}$ resultierende Verschiebung $\vec{c} = \overrightarrow{AC}$ heißt die Summe von $\vec{a}$ und $\vec{b}$.
Man schreibt: $\vec{c} = \vec{a} + \vec{b}$ oder $\overrightarrow{AC} = \overrightarrow{AB} + \overrightarrow{BC}$.

Gegeben:
Die Verschiebungen $\vec{a} = \overrightarrow{AB}$ und $\vec{b} = \overrightarrow{AC}$ mit $|\vec{a}| = 3\,\text{cm}$, $|\vec{b}| = 2\,\text{cm}$, $\sphericalangle CAB = 45°$

Gesucht:
Die Länge der Summe $\vec{a} + \vec{b} = \overrightarrow{AD}$

➡ E 1

Lösung

zeichnerisch	rechnerisch
Zur gerichteten Strecke $\overrightarrow{AC}$ wird in B die mit $\overrightarrow{AC}$ gleichgerichtete Strecke $\overrightarrow{BD}$ angetragen. Die gerichtete Strecke $\overrightarrow{AD}$ kennzeichnet die Verschiebung $\overrightarrow{AD} = \vec{a} + \vec{b}$. 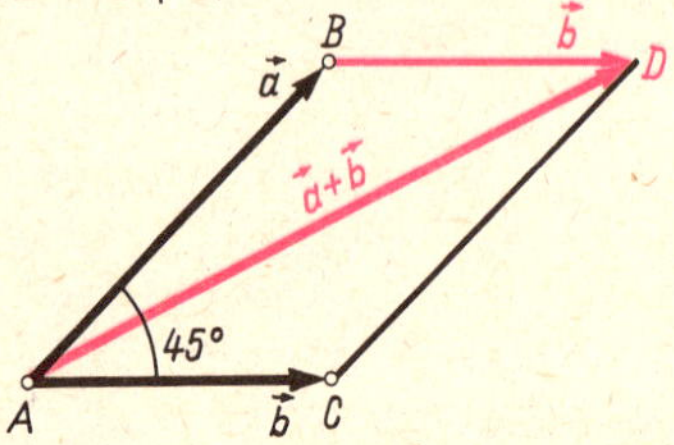 	Anwendung des Kosinussatzes: $\overrightarrow{AD}^2 = \overrightarrow{AB}^2 + \overrightarrow{BD}^2$ $\quad - 2 \cdot \overrightarrow{AB} \cdot \overrightarrow{BD} \cdot \cos \sphericalangle ABD$ $3^2 + 2^2 - 2 \cdot 3 \cdot 2 \cdot \cos(180^\circ - 45^\circ)$ $= 9 + 4 - 12 \cdot (-0{,}7071) \approx 21{,}48$ $\sqrt{21{,}48} \approx 4{,}6$ Ergebnis: Der Betrag der Verschiebung $\overrightarrow{AD} = \vec{a} + \vec{b}$ ist ungefähr gleich 4,6 cm. ↗ Berechnung von schiefwinkligen Dreiecken, Ma i Üb, Seite 120

Die Summe aus einer Verschiebung und der zu ihr entgegengesetzten Verschiebung heißt **identische Verschiebung** oder **Nullverschiebung**; sie wird m $\vec{o}$ bezeichnet.

■ $\vec{a} = \overrightarrow{AB};\ \vec{b} = \overrightarrow{BA}$

$\vec{a} + \vec{b} = \overrightarrow{AB} + \overrightarrow{BA} = \overrightarrow{AA} = \vec{o}$

Eigenschaften der Addition von Verschiebungen
Für jede beliebige Verschiebung $\vec{a}$, $\vec{b}$ und $\vec{c}$ mit $\vec{o}$ als Nullverschiebung gilt: $\vec{a} + \vec{o} = \vec{o} + \vec{a} = \vec{a}$, $\vec{a} + \vec{b} = \vec{b} + \vec{a}$ (Kommutativität), – Bild (a) –, $(\vec{a} + \vec{b}) + \vec{c} = \vec{a} + (\vec{b} + \vec{c})$ (Assoziativität), – Bild (b) –
(a) 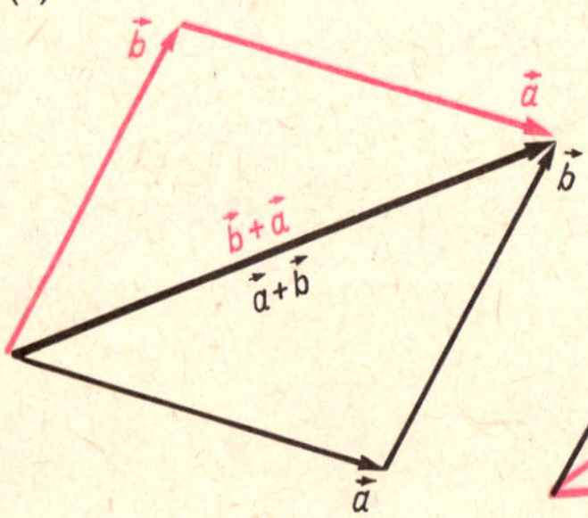 (b) 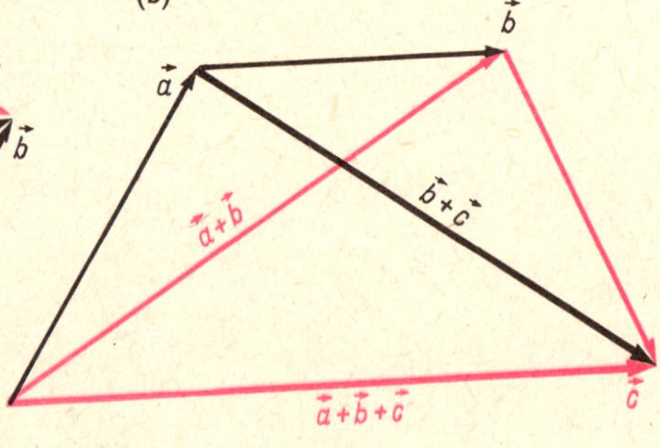

Subtraktion von Verschiebungen

DEFINITION:

Differenz zweier Verschiebungen $\vec{b}$ und $\vec{a}$ heißt die Verschiebung $\vec{c}$, für die die Gleichung $\vec{a} + \vec{c} = \vec{b}$ gilt.
Man bezeichnet diese Differenz mit $\vec{c} = \vec{b} - \vec{a}$.

Eigenschaften der Subtraktion von Verschiebungen
Für jede beliebige Verschiebung $\vec{a}, \vec{b}$ mit $\vec{o}$ als Nullverschiebung gilt: $\vec{a} - \vec{o} = \vec{a}$; $\vec{o} - \vec{a} = -\vec{a}$; $\vec{a} = -(-\vec{a};)$ $\vec{b} - \vec{a} = \vec{b} + (-\vec{a})$; $-(\vec{a} + \vec{b}) = -\vec{a} - \vec{b}$; $-(\vec{a} - \vec{b}) = -\vec{a} + \vec{b}$.

Multiplikation einer Verschiebung mit einer reellen Zahl

DEFINITION:

Produkt einer Verschiebung $\vec{a}$ mit einer reellen Zahl λ heißt jene Verschiebung, deren Betrag das $|\lambda|$-fache des Betrages von $\vec{a}$ ist und die für $\lambda \geqq 0$ mit $\vec{a}$ und für $\lambda < 0$ mit $-\vec{a}$ gleich gerichtet ist.
Man bezeichnet dieses Produkt mit $\lambda \vec{a}$.

$\lambda > 1$	$\lambda = 1$	$0 < \lambda < 1$	$\lambda < 0$
z.B. $\lambda = 1{,}5$ 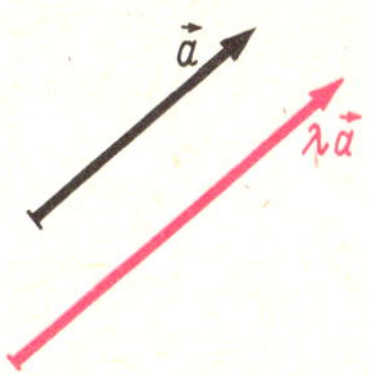	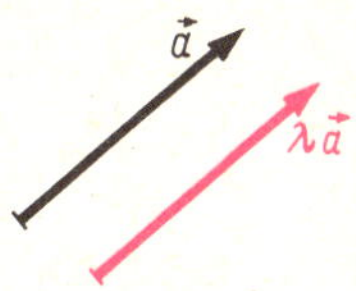	z.B. $\lambda = 0{,}5$ 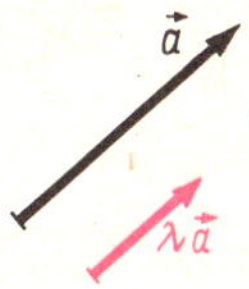	z.B. $\lambda = -0{,}5$ 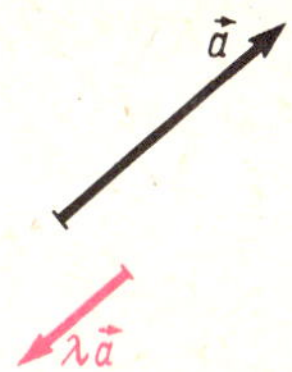

Eigenschaften der Multiplikation einer Verschiebung mit einer reellen Zahl		
Für jede beliebige Verschiebung $\vec{a}, \vec{b}$ mit $\vec{o}$ als Nullverschiebung und jede beliebige reelle Zahl λ, μ gilt:		
$\lvert\lambda \vec{a}\rvert = \lvert\lambda\rvert \cdot \lvert\vec{a}\rvert$;	$\lambda(\mu \vec{a}) = (\lambda \mu) \vec{a}$	(Assoziativität),
$0 \cdot \vec{a} = \vec{o}$; $\lambda \vec{o} = \vec{o}$;	$(\lambda + \mu) \vec{a} = \lambda \vec{a} + \mu \vec{a}$	(1. Distributivgesetz)
$1\vec{a} = \vec{a}$; $(-1)\vec{a} = -\vec{a}$;	$\lambda(\vec{a} + \vec{b}) = \lambda \vec{a} + \lambda \vec{b}$	(2. Distributivgesetz)

➡ E 1

Parallelität zweier Verschiebungen

▶ **DEFINITION:**
Zwei Verschiebungen $\vec{a}$ und $\vec{b}$ sind parallel, wenn es eine reelle Zahl λ gibt, für die $\vec{a} = \lambda \vec{b}$ oder $\vec{b} = \lambda \vec{a}$ ist.

Daraus und aus anderen Eigenschaften von Verschiebungen folgt:

- Jede Verschiebung ist parallel zur Nullverschiebung.
- Jede Verschiebung ist parallel zu sich selbst.
- Jede Verschiebung ist parallel zu der ihr entgegengesetzten Verschiebung.

↗ Punkte und Geraden einer Ebene (parallel), Ma i Üb, Seite 128

n-Tupel reeller Zahlen

▶ **DEFINITION:**
Ist n eine natürliche Zahl, so heißt jede geordnete Menge von reellen Zahlen $a_1, \ldots, a_n$ ein n-Tupel reeller Zahlen.
Man schreibt: $[a_1; a_2; \ldots; a_n]$.

■ Für $n = 2$ nennt man diese geordnete Menge (reelles) Zahlenpaar, für $n = 3$ (reelles) Zahlentripel, für $n = 4$ (reelles) Zahlenquadrupel.

▶ **DEFINITION:**
Summe zweier n-Tupel $[a_1; a_2; \ldots; a_n]$ und $[b_1; b_2; \ldots; b_n]$ heißt das n-Tupel $[a_1 + b_1; a_2 + b_2; \ldots; a_n + b_n]$.
Man schreibt:
$[a_1; a_2; \ldots; a_n] + [b_1; b_2; \ldots; b_n] = [a_1 + b_1; a_2 + b_2; \ldots; a_n + b_n]$.

▶ **DEFINITION:**
Produkt eines n-Tupels $[a_1; a_2; \ldots; a_n]$ mit der reellen Zahl λ heißt das n-Tupel $[\lambda a_1; \lambda a_2; \ldots; \lambda a_n]$.
Man schreibt: $\lambda [a_1; a_2; \ldots; a_n] = [\lambda a_1; \lambda a_2; \ldots; \lambda a_n]$.

↗ Geordnetes Paar, Ma i Üb, Seite 56

■ Gegeben: Die 4-Tupel (Quadrupel) $[3; -1; 0; -4]$ und $[2; 6; 3; -1]$
Gesucht: Summe der gegebenen 4-Tupel
Lösung: $[3; -1; 0; -4] + [2; 6; 3; -1]$
$= [3 + 2; -1 + 6; 0 + 3; -4 - 1] = [5; 5; 3; -5]$

■ Gegeben: Das Tripel $[3; -1; 0]$ und die reelle Zahl -2
Gesucht: Produkt des gegebenen Tripels mit der gegebenen Zahl
Lösung: $(-2) \cdot [3; -1; 0] = [(-2) \cdot 3; (-2) \cdot (-1); (-2) \cdot 0] = [-6; 2; 0]$

E 2 Vektorraum

Eine Menge heißt Vektorraum, wenn für ihre Elemente, die Vektoren, eine Addition und eine Multiplikation mit reellen Zahlen so definiert sind, daß für beliebige Elemente $\vec{a}, \vec{b}, \vec{c}$ der Menge und beliebige reelle Zahlen λ, μ folgende Gesetze gelten:

(1) $\vec{a} + \vec{b} = \vec{b} + \vec{a}$

(2) $(\vec{a} + \vec{b}) + \vec{c} = \vec{a} + (\vec{b} + \vec{c})$

(3) zu je zwei Elementen $\vec{a}$ und $\vec{b}$ der Menge existiert genau ein Element $\vec{c}$ dieser Menge so, daß $\vec{a} + \vec{c} = \vec{b}$ ist.

(4) $1 \cdot \vec{a} = \vec{a}$

(5) $(\lambda + \mu)\,\vec{a} = \lambda\,\vec{a} + \mu\,\vec{a}$

(6) $\lambda\,(\vec{a} + \vec{b}) = \lambda\,\vec{a} + \lambda\,\vec{b}$

(7) $\lambda\,(\mu\,\vec{a}) = (\lambda\,\mu)\,\vec{a}$

Beispiele für Vektorräume:

- Die Menge der Verschiebungen einer Geraden.
- Die Menge der Verschiebungen einer Ebene (des Raumes).
- Die Menge aller *n*-Tupel für ein gegebenes *n*.
- Die Menge aller an einem Punkt angreifenden Kräfte.

↗ Verschiebung, Seite 134
↗ Kraft F, Wiss Ph, Seite 87

Die *Subtraktion von Vektoren* (↗ 137), *einander entgegengesetzte Vektoren* (↗ 135), die *Parallelität von Vektoren* (↗ 138) und der *Nullvektor* (↗ 136) werden analog zu den entsprechenden Sachverhalten bei Verschiebungen definiert. Für Vektoren werden im allgemeinen auch die für Verschiebungen gebräuchlichen Bezeichnungen verwendet.

Gebräuchliche Bezeichnungen für Vektoren

Freie Vektoren	Ortsvektoren in einem Koordinatensystem
$\vec{a}, \vec{b}, \vec{c} \ldots$ $\overrightarrow{AB}, \overrightarrow{CD}$ (falls die gerichteten Strecken $\overline{AB}, \overline{CD}$ Repräsentanten der betreffenden Vektoren sind)	$\overrightarrow{OP}, \overrightarrow{OQ}$ (Ortsvektoren der Punkte *P* und *Q* in einem System mit dem Ursprung *O*) $\vec{r}, \vec{x}$ (eventuell mit Indizes) $\vec{a}, \vec{b}, \vec{p}, \vec{q}$ (Ortsvektoren der Punkte *A*, *B*, *P*, *Q*)

Das Pfeilsymbol wird auch für vektorielle Größen in der Physik angewendet, z. B. $\vec{P}$ (Kraft), $\vec{a}$ (Beschleunigung).

↗ Beschleunigung *a*, Wiss Ph, Seite 96

➡ E 2

Gebräuchliche Darstellung eines Vektors durch eine gerichtete Strecke

Numerisch durch Angabe der Koordinaten des Anfangs- und des Endpunktes der gerichteten Strecke (in einem gegebenen Koordinatensystem)

■ $\vec{a} = \overrightarrow{AB}$ mit $A(x_1, y_1, z_1)$, $B(x_2, y_2, z_2)$

Zeichnerisch

in der Ebene durch Aufzeichnen:

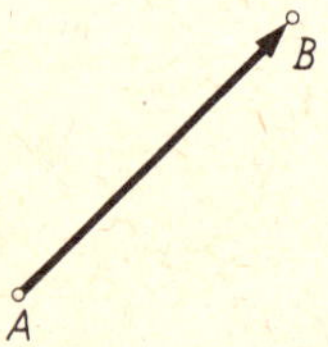

im Raum durch Eintafel- oder Zweitafelprojektion:

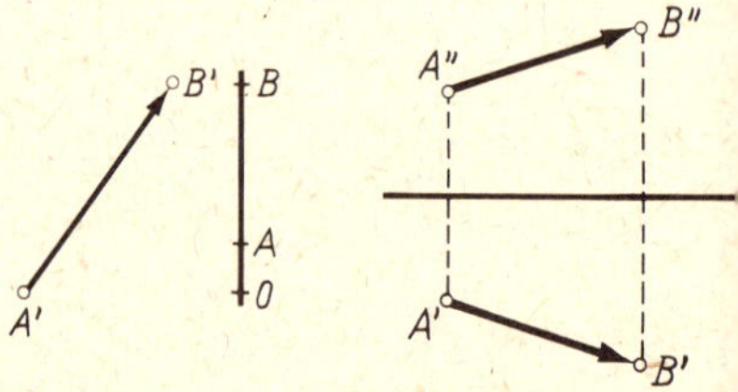

Darstellung eines Vektors durch Komponenten bzw. Koordinaten in einem Koordinatensystem

Ebene: System $\{O; \vec{i}, \vec{j}\}$		Raum: System $\{O; \vec{i}, \vec{j}, \vec{k}\}$	
Freier Vektor	Ortsvektor des Punktes $P(x; y)$	Freier Vektor	Ortsvektor des Punktes $P(x; y; z)$
$\vec{a} = a_x\vec{i} + a_y\vec{j}$	$\vec{x} = x\vec{i} + y\vec{j}$	$\vec{a} = a_x\vec{i} + a_y\vec{j} + a_z\vec{k}$	$\vec{x} = x\vec{i} + y\vec{j} + z\vec{k}$
Schreibweisen für die Komponenten- bzw. Koordinatendarstellung			
$\vec{a} = \begin{vmatrix} a_x \\ a_y \end{vmatrix}$	$\vec{x} = \begin{vmatrix} x \\ y \end{vmatrix}$	$\vec{a} = \begin{vmatrix} a_x \\ a_y \\ a_z \end{vmatrix}$	$\vec{x} = \begin{vmatrix} x \\ y \\ z \end{vmatrix}$
$\vec{a} = \begin{Bmatrix} a_x \\ a_y \end{Bmatrix}$	$\vec{x} = \begin{Bmatrix} x \\ y \end{Bmatrix}$	$\vec{a} = \begin{Bmatrix} a_x \\ a_y \\ a_z \end{Bmatrix}$	$\vec{x} = \begin{Bmatrix} x \\ y \\ z \end{Bmatrix}$
$\vec{a} = \left\{ \begin{matrix} a_x \\ a_y \end{matrix} \right.$	$\vec{x} = \left\{ \begin{matrix} x \\ y \end{matrix} \right.$	$\vec{a} = \left\{ \begin{matrix} a_x \\ a_y \\ a_z \end{matrix} \right.$	$\vec{x} = \left\{ \begin{matrix} x \\ y \\ z \end{matrix} \right.$
$\vec{a} = \{a_x, a_y\}$ $\vec{a} = (a_x, a_y)$	$\vec{x} = \{x, y\}$ $\vec{x} = (x, y)$	$\vec{a} = \{a_x, a_y, a_z\}$ $\vec{a} = (a_x, a_y, a_z)$	$\vec{x} = \{x, y, z\}$ $\vec{x} = (x, y, z)$
$\vec{e}_1 = \vec{i}$; $\vec{e}_2 = \vec{j}$		$\vec{e}_1 = \vec{i}$; $\vec{e}_2 = \vec{j}$; $\vec{e}_3 = \vec{k}$	

↗ Basen, Seite 142; Koordinatensysteme, Seite 143

Linearkombination von Vektoren

DEFINITION:

Sind $\vec{a}_1, \vec{a}_2, \ldots, \vec{a}_n$ Vektoren und $\lambda_1, \lambda_2, \ldots, \lambda_n$ reelle Zahlen, so heißt jeder Vektor $\vec{b}$, der sich in der Gestalt

$$\vec{b} = \lambda_1 \vec{a}_1 + \lambda_2 \vec{a}_2 + \ldots + \lambda_n \vec{a}_n$$

schreiben läßt, eine Linearkombination der Vektoren $\vec{a}_1, \vec{a}_2, \ldots, \vec{a}_n$.

■

Gegeben: $\vec{a}_1, \vec{a}_2, \vec{a}_3, \vec{a}_4$
Gesucht:
$\vec{b} = 3\,\vec{a}_1 + 0{,}6\,\vec{a}_2 + 0\,\vec{a}_3 + 1{,}2\,\vec{a}_4$

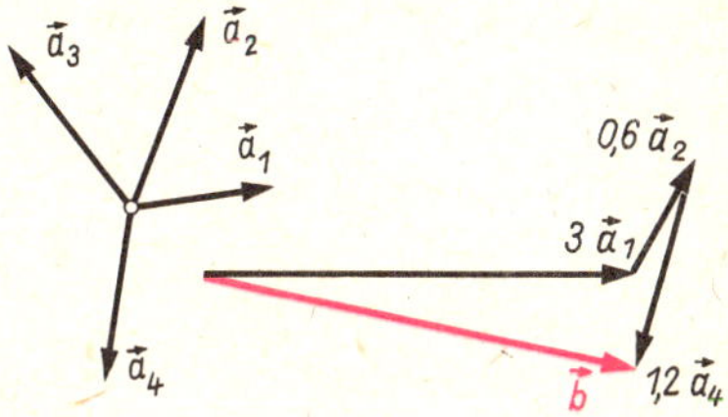

Die reellen Zahlen $\lambda_1, \lambda_2, \ldots, \lambda_n$ heißen Koeffizienten der Linearkombination.

SATZ:

Ist $\vec{b}$ ein beliebiger Vektor und sind $\vec{a}_1$ und $\vec{a}_2$ zwei nicht zueinander parallele Vektoren einer Ebene, in der $\vec{b}$ liegt, dann kann $\vec{b}$ auf eindeutige Weise als Linearkombination

$$\vec{b} = \lambda_1 \vec{a}_1 + \lambda_2 \vec{a}_2$$

von $\vec{a}_1$ und $\vec{a}_2$ dargestellt werden.

SATZ:

Im Raum gibt es zu zwei Vektoren $\vec{a}_1$ und $\vec{a}_2$ stets einen von $\vec{o}$ verschiedenen Vektor $\vec{a}_3$, der keine Linearkombination von $\vec{a}_1$ und $\vec{a}_2$ ist.

SATZ:

Sind $\vec{a}_1, \vec{a}_2, \vec{a}_3$ drei Vektoren, von denen keiner eine Linearkombination der beiden anderen ist, dann kann jeder Vektor $\vec{b}$ des Raumes auf eindeutige Weise als Linearkombination

$$\vec{b} = \lambda_1 \vec{a}_1 + \lambda_2 \vec{a}_2 + \lambda_3 \vec{a}_3$$

von $\vec{a}_1, \vec{a}_2, \vec{a}_3$ dargestellt werden.

Lineare Unabhängigkeit

DEFINITION:

Vektoren $\vec{a}_1, \vec{a}_2, \ldots, \vec{a}_n$ heißen linear unabhängig, wenn die Gleichung

$$\lambda_1 \vec{a}_1 + \lambda_2 \vec{a}_2 + \ldots + \lambda_n \vec{a}_n = \vec{o}$$

nur gilt für

$$\lambda_1 = \lambda_2 = \ldots = \lambda_n = 0.$$

E 2

Sind Vektoren nicht linear unabhängig, dann heißen sie linear abhängig.

In einer Ebene

a)

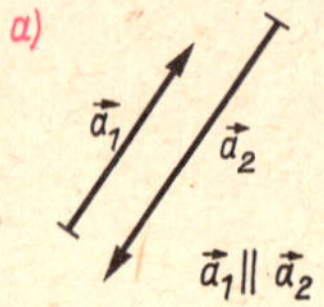

linear abhängig

b)

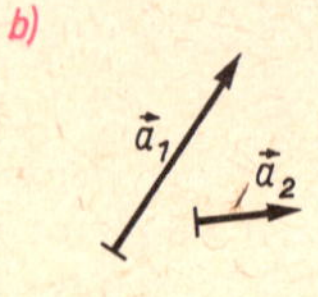

linear unabhängig

Im Raum

c)

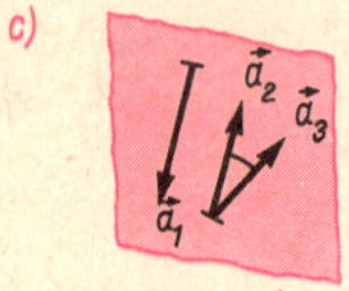

linear abhängig

d)

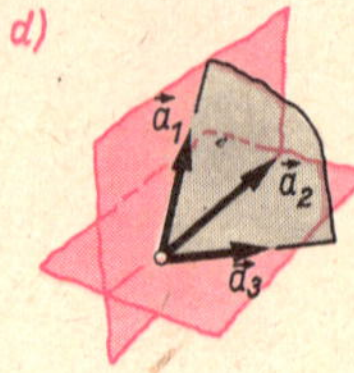

linear unabhängig

Winkel zweier Vektoren

DEFINITION:

Unter dem Winkel zweier von $\vec{o}$ verschiedener Vektoren $\vec{a}$ und $\vec{b}$ versteht man den Winkel, den für $\vec{a} = \overrightarrow{AB}$ und für $\vec{b} = \overrightarrow{AC}$ die Strecken $\overline{AB}$ und $\overline{AC}$ im Punkte A miteinander bilden.

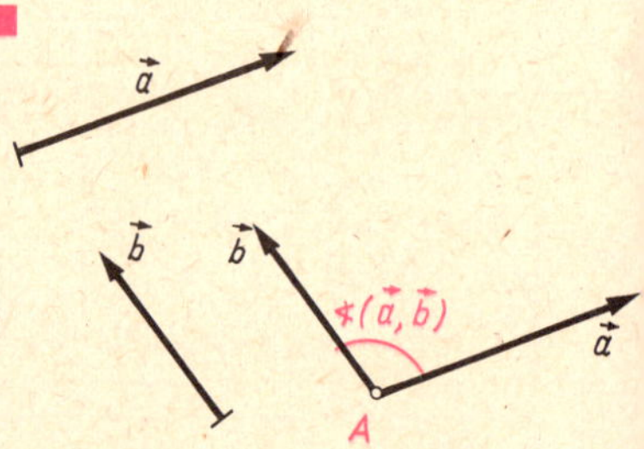

Basen

In einer Ebene:

DEFINITION:

Jedes Paar linear unabhängiger Vektoren $\vec{a}_1$ und $\vec{a}_2$ heißt Basis des Vektorraumes der Vektoren der Ebene.
Man bezeichnet sie mit $\{\vec{a}_1, \vec{a}_2\}$.

Ist $\vec{b} = \lambda_1 \vec{a}_1 + \lambda_2 \vec{a}_2$, so heißen
- die Zahlen λ_1, λ_2 die Koordinaten und
- die Vektoren $\lambda_1 \vec{a}_1$, $\lambda_2 \vec{a}_2$ die Komponenten des Vektors $\vec{b}$ bezüglich der Basis $\{\vec{a}_1, \vec{a}_2.\}$

Im Raum:

DEFINITION:

Jedes Tripel linear unabhängiger Vektoren $\vec{a}_1$, $\vec{a}_2$, $\vec{a}_3$ heißt Basis des Vektorraumes der Vektoren des Raumes.
Man bezeichnet sie mit $\{\vec{a}_1, \vec{a}_2, \vec{a}_3\}$.

Ist $\vec{b} = \lambda_1 \vec{a}_1 + \lambda_2 \vec{a}_2 + \lambda_3 \vec{a}_3$, so heiß
- die Zahlen λ_1, λ_2, λ_3 die Koordinat und
- die Vektoren $\lambda_1 \vec{a}_1$, $\lambda_2 \vec{a}_2$, $\lambda_3 \vec{a}_3$ d Komponenten des Vektors $\vec{b}$ bezü lich der Basis $\{\vec{a}_1, \vec{a}_2, \vec{a}_3\}$.

Koordinatensysteme

In einer Ebene:

In der Ebene wird durch eine Basis $\{\vec{a}_1, \vec{a}_2\}$ und einen Punkt O, den Ursprung, ein Koordinatensystem festgelegt. Man bezeichnet es mit $\{O; \vec{a}_1, \vec{a}_2\}$.

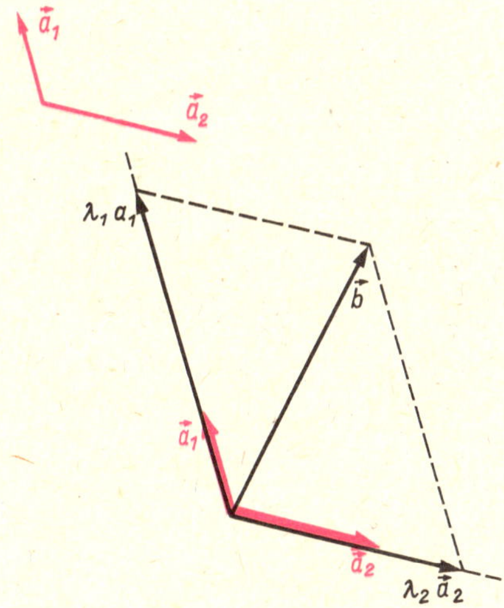

Orthogonale Basis: Die Basisvektoren $\vec{a}_1$ und $\vec{a}_2$ bilden miteinander einen rechten Winkel.

Im Raum:

Im Raum wird durch eine Basis $\{\vec{a}_1, \vec{a}_2, \vec{a}_3\}$ und einen Punkt O, den Ursprung, ein Koordinatensystem festgelegt. Man bezeichnet es mit $\{O; \vec{a}_1, \vec{a}_2, \vec{a}_3\}$.

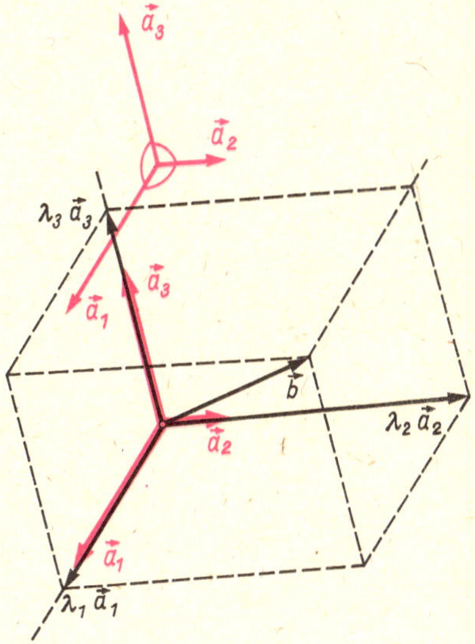

Orthogonale Basis: Die Basisvektoren $\vec{a}_1, \vec{a}_2, \vec{a}_3$ bilden paarweise miteinander rechte Winkel.

Jedes zu einer orthogonalen Basis zugehörige Koordinatensystem heißt orthogonal oder rechtwinklig.
Ist der Winkel zwischen den Basisvektoren kein rechter (die Winkel 0 und π scheiden aus), so nennt man die Basis und die ihr zugehörigen Koordinatensysteme schiefwinklig.

Ortsvektor: Ist O der Ursprung eines Koordinatensystems und P ein beliebiger Punkt der Ebene, so bezeichnet man $\overrightarrow{OP}$ als den Ortsvektor des Punktes P in bezug auf den Ursprung des Koordinatensystems.

Ortsvektor: Auch im Raum kann der Ortsvektor $\overrightarrow{OP}$ in bezug auf die Basisvektoren zerlegt werden:
$\overrightarrow{OP} = \lambda_1 \vec{a}_1 + \lambda_2 \vec{a}_2 + \lambda_3 \vec{a}_3$.
Für die Koordinaten von P bezüglich $\{O; \vec{a}_1, \vec{a}_2, \vec{a}_3\}$ schreibt man:
$P(\lambda_1; \lambda_2, \lambda_3)$.

E 2

Die Koeffizienten der Zerlegung des Ortsvektors $\overrightarrow{OP}$ in bezug auf die Basisvektoren, d. h. die reellen Zahlen λ_1 und λ_2 der Zerlegung $\overrightarrow{OP} = \lambda_1 \vec{a}_1 + \lambda_2 \vec{a}_2$ heißen Koordinaten von P bezüglich des Systems.
Man schreibt: $P(\lambda_1; \lambda_2)$.

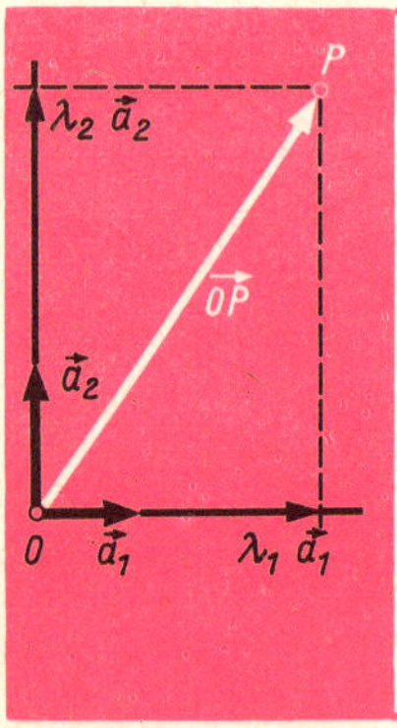

Ortsvektor $\overrightarrow{OP}$

Basis $\{\vec{a}_1, \vec{a}_2\}$

Koordinatensystem $\{O; \vec{a}_1, \vec{a}_2\}$

Komponenten von $\overrightarrow{OP}$: $\lambda_1 \vec{a}_1$; $\lambda_2 \vec{a}_2$

Koordinaten von $\overrightarrow{OP}$: $P(\lambda_1; \lambda_2)$

Rechtssystem: $\vec{a}_1, \vec{a}_2, \vec{a}_3$ haben eine Lage wie Daumen, Zeigefinger und Mittelfinger der rechten Hand. Andernfalls spricht man von einem Linkssystem.

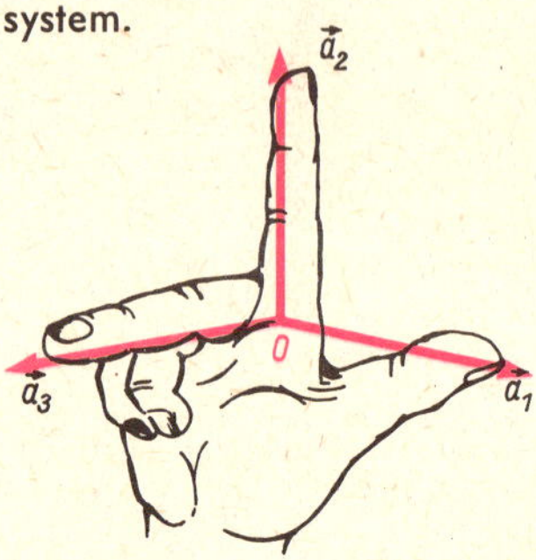

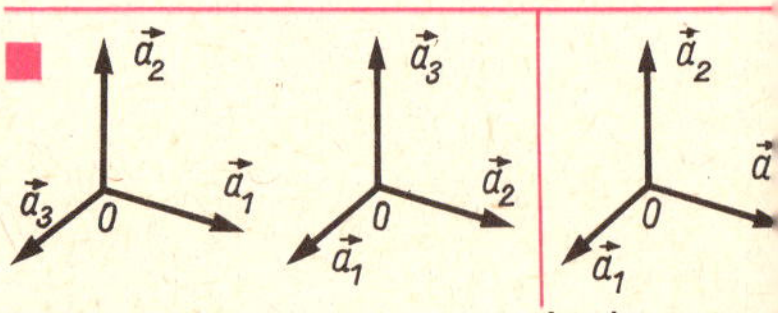

Rechtssysteme Linkssystem

Normierte Basis: Die Basisvektoren $\vec{a}_1, \vec{a}_2$ bzw. $(\vec{a}_1, \vec{a}_2, \vec{a}_3)$ haben den Betrag 1, d. h., sie sind Einheitsvektoren (↗ Seite 145).

Kartesische Koordinatensysteme

Kartesische Koordinatensysteme sind orthogonal und normiert (kurz orthonormiert).

	Ebene	Raum
Basis	$\{\vec{i}, \vec{j}\}$	$\{\vec{i}, \vec{j}, \vec{k}\}$
Koordinatensystem	$\{O; \vec{i}, \vec{j}\}$	$\{O; \vec{i}, \vec{j}, \vec{k}\}$
Komponenten und Komponentendarstellung eines Vektors	$b_x \vec{i}, b_y \vec{j}$ $\vec{b} = b_x \vec{i} + b_y \vec{j}$	$b_x \vec{i}, b_y \vec{j}, b_z \vec{k}$ $\vec{b} = b_x \vec{i} + b_y \vec{j} + b_z \vec{k}$
Komponenten und Komponentendarstellung eines Ortsvektors $\overrightarrow{OP} = \vec{x}$	$x \vec{i}, y \vec{j}$ $\vec{b} = x \vec{i} + y \vec{j}$	$x \vec{i}, y \vec{j}, z \vec{k}$ $\vec{b} = x \vec{i} + y \vec{j} + z \vec{k}$
Koordinaten des Punktes P mit dem Ortsvektor $\overrightarrow{OP}$	$x; y$	$x; y; z$
Betrag des Ortsvektors $\overrightarrow{OP} = \vec{x}$	$\lvert\vec{x}\rvert = \sqrt{x^2 + y^2}$	$\lvert\vec{x}\rvert = \sqrt{x^2 + y^2 + z^2}$

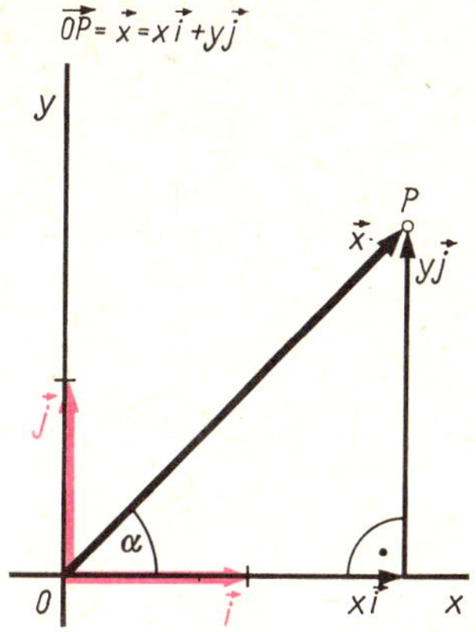

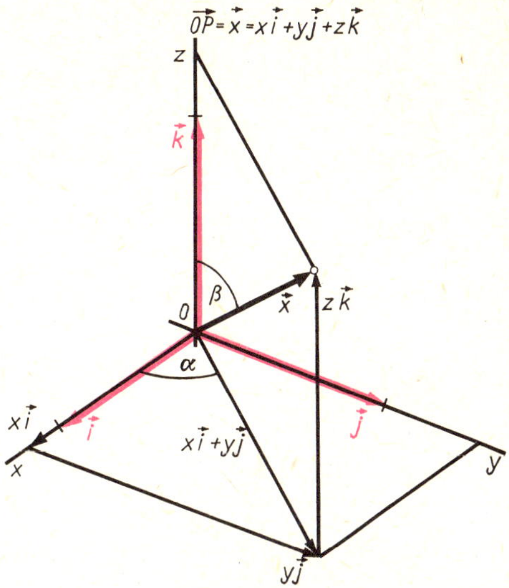

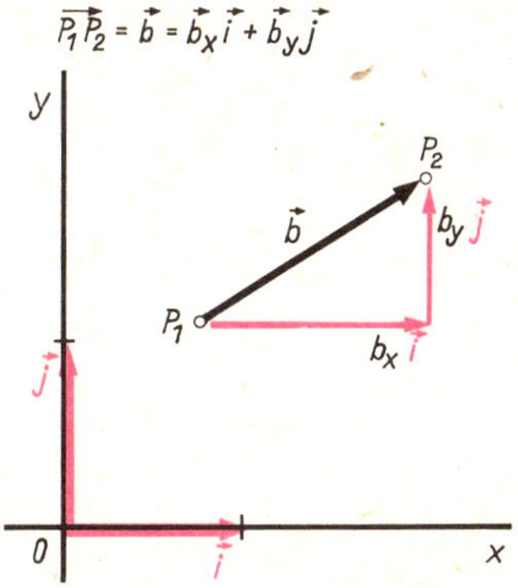

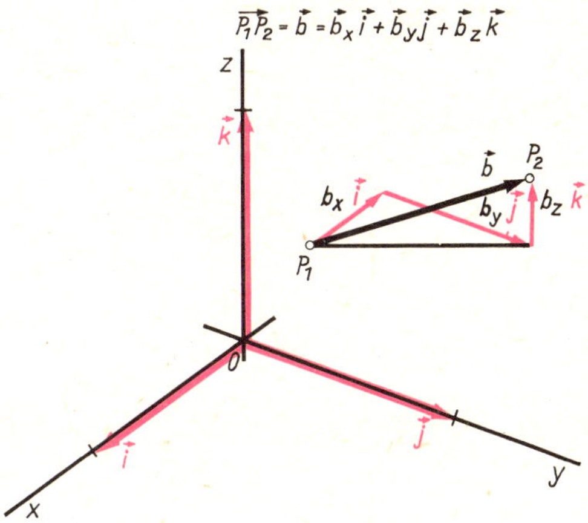

↗ Koordinatensystem, Ma i Üb, Seite 56

etrag eines Vektors

Der Betrag des Ortsvektors $\overrightarrow{OP}$ kann mit Hilfe des Satzes von PYTHAGORAS ermittelt werden.

In einer Ebene:

$$\left|\overrightarrow{OP}\right|^2 = \left|\vec{x}\right|^2 = x^2 + y^2$$

$$\left|\overrightarrow{OP}\right| = \left|\vec{x}\right| = \sqrt{x^2 + y^2}$$

Im Raum:

$$\left|\overrightarrow{OP}\right|^2 = \left|\vec{x}\right|^2 = x^2 + y^2 + z^2$$

$$\left|\overrightarrow{OP}\right| = \left|\vec{x}\right| = \sqrt{x^2 + y^2 + z^2}$$

E 2

Sind $P_1(x_1; y_1)$ und $P_2(x_2; y_2)$ zwei beliebige Punkte der Ebene, so ist ihr gegenseitiger Abstand, d. h. der Betrag des Vektors $\overrightarrow{P_1 P_2}$:

$$\left|\overrightarrow{P_1 P_2}\right| = \sqrt{(x_2 - x_1)^2 + (y_2 - y_1)^2}.$$

Für $\sphericalangle(\vec{i}, \vec{x}) = \alpha$ erhält man:

$$x = \left|\vec{x}\right| \cos\alpha$$
$$y = \left|\vec{x}\right| \sin\alpha.$$

(Vgl. auch mit dem Bild auf Seite 145!)

Sind $P_1(x_1; y_1; z_1)$ und $P_2(x_2; y_2; z_2)$ zwei beliebige Punkte des Raumes, so ist ihr gegenseitiger Abstand, d. h. der Betrag des Vektors $\overrightarrow{P_1 P_2}$:

$$\left|\overrightarrow{P_1 P_2}\right| = \sqrt{(x_2 - x_1)^2 + (y_2 - y_1)^2 + (z_2 - z_1)^2}.$$

Für $\sphericalangle(\vec{i}, x\vec{i} + y\vec{j}) = \alpha$ und $\sphericalangle(\vec{k}, \vec{x}) = \beta$ erhält man:

$$x = \left|\vec{x}\right| \sin\beta \cos\alpha$$
$$y = \left|\vec{x}\right| \sin\beta \sin\alpha$$
$$z = \left|\vec{x}\right| \cos\beta.$$

(Vgl. auch mit dem Bild auf Seite 145!)

Summe, Differenz, Produkt

SATZ:

Die Koordinaten der Summe (Differenz) zweier Vektoren $\vec{b}$ und $\vec{c}$ bezüglich einer Basis sind gleich den Summen (Differenzen) der entsprechenden Koordinaten von $\vec{b}$ und $\vec{c}$.

In einer Ebene:

$$\vec{b} = \lambda_1 \vec{a}_1 + \lambda_2 \vec{a}_2$$
$$\vec{c} = \mu_1 \vec{a}_1 + \mu_2 \vec{a}_2$$

$$\vec{b} \pm \vec{c} = (\lambda_1 \pm \mu_1)\vec{a}_1 + (\lambda_2 \pm \mu_2)\vec{a}_2$$

$\vec{b} = 3\vec{i} - 5\vec{j}$; $\vec{c} = 6\vec{i} + 2\vec{j}$

$\vec{b} + \vec{c} = 9\vec{i} - 3\vec{j}$

$\vec{b} - \vec{c} = -3\vec{i} - 7\vec{j}$

Im Raum:

$$\vec{b} = \lambda_1 \vec{a}_1 + \lambda_2 \vec{a}_2 + \lambda_3 \vec{a}_3$$
$$\vec{c} = \mu_1 \vec{a}_1 + \mu_2 \vec{a}_2 + \mu_3 \vec{a}_3$$

$$\vec{b} \pm \vec{c} = (\lambda_1 \pm \mu_1)\vec{a}_1 + (\lambda_2 \pm \mu_2)\vec{a}_2 + (\lambda_3 \pm \mu_3)\vec{a}_3$$

$\vec{b} = 2\vec{i} - 3\vec{j} + \vec{k}$; $\vec{c} = 5\vec{i} - \vec{j} - 2\vec{k}$

$\vec{b} + \vec{c} = 7\vec{i} - 4\vec{j} - \vec{k}$

$\vec{b} - \vec{c} = -3\vec{i} - 2\vec{j} + 3\vec{k}$

↗ Betrag und Richtung der Summe zweier Vektoren, Seite 170

SATZ:

Die Koordinaten des Produkts eines Vektors $\vec{b}$ mit einer reellen Zahl λ bezüglich einer Basis sind gleich den Produkten der entsprechenden Koordinaten von $\vec{b}$ mit λ.

In einer Ebene:

$\vec{b} = \lambda_1 \vec{a}_1 + \lambda_2 \vec{a}_2$

$\lambda \vec{b} = (\lambda\lambda_1) \vec{a}_1 + (\lambda\lambda_2) \vec{a}_2$

$\vec{b} = 3\vec{i} - 5\vec{j};\ \lambda = 0{,}5$

$\lambda \vec{b} = 1{,}5\vec{i} - 2{,}5\vec{j}$

Im Raum:

$\vec{b} = \lambda_1 \vec{a}_1 + \lambda_2 \vec{a}_2 + \lambda_3 \vec{a}_3$

$\lambda \vec{b} = (\lambda\lambda_1) \vec{a}_1 + (\lambda\lambda_2) \vec{a}_2 + (\lambda\lambda_3) \vec{a}_3$

$\vec{b} = 2\vec{i} - 3\vec{j} + \vec{k};\ \lambda = -0{,}5$

$\lambda \vec{b} = -\vec{i} + 1{,}5\vec{j} - 0{,}5\vec{k}$

Transformation eines Koordinatensystems in der Ebene

Sind $\{O; \vec{i}, \vec{j}\}$ und $\{O'; \vec{i}'; \vec{j}'\}$ zwei orthonormierte Rechtssysteme der Ebene,

$x_0; y_0$ die Koordinaten von O' im System $\{O; \vec{i}, \vec{j}\}$,

und ist der Winkel

$\alpha = \sphericalangle(\vec{i}, \vec{i}') = \sphericalangle(\vec{j}, \vec{j}')$,

so ist

$\vec{i}' = \cos\alpha \cdot \vec{i} + \sin\alpha \cdot \vec{j}$,

$\vec{j}' = -\sin\alpha \cdot \vec{i} + \cos\alpha \cdot \vec{j}$.

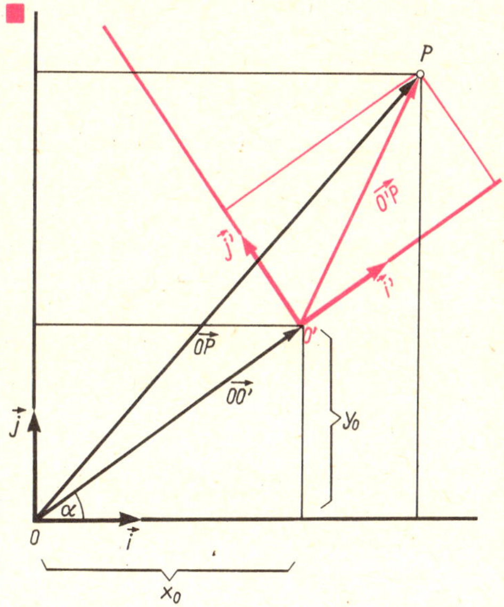

Ferner gelten die Gleichungen

$x' = x \cdot \cos\alpha + y \cdot \sin\alpha - (x_0 \cdot \cos\alpha + y_0 \cdot \sin\alpha)$

$y' = (-x) \cdot \sin\alpha + y \cdot \cos\alpha - [(-x_0) \cdot \sin\alpha + y_0 \cdot \cos\alpha]$

bzw.

$x' = (x - x_0) \cdot \cos\alpha + (y - y_0) \cdot \sin\alpha$

$y' = -(x - x_0) \cdot \sin\alpha + (y - y_0) \cdot \cos\alpha$

➡ E 2

■ *Gegeben:*

Koordinatensystem $\{O; \vec{i}, \vec{j}\}$ und ein Punkt $P\,(4;\,3)$ sowie
Koordinatensystem $\{O'; \vec{i}', \vec{j}'\}$ mit $\overrightarrow{OO'} = 3\vec{i} + 1{,}5\vec{j}$
und $\sphericalangle\,(\vec{i}, \vec{i}') = 23°$

Gesucht:

Koordinaten x', y' von P im System $\{O'; \vec{i}', \vec{j}'\}$

Lösung:

Da O' im System $\{O; \vec{i}, \vec{j}\}$ die Koordinaten $x_0 = 3$ und $y_0 = 1{,}5$ hat, ist

$$x' = (4 - 3) \cdot \cos 23° + (3 - 1{,}5) \cdot \sin 23°$$
$$= 1 \cdot 0{,}92 + 1{,}5 \cdot 0{,}39 = 1{,}51$$
$$y' = (4 - 3) \cdot (-\sin 23°) + (3 - 1{,}5) \cdot \cos 23°$$
$$= 1 \cdot (-0{,}39) + 1{,}5 \cdot 0{,}92 = 0{,}99$$

Ergebnis:

$P\,(1{,}51;\,0{,}99)$

Verschiebung	Drehung
Ist der Winkel $\alpha = 0°$ und damit $\vec{i} = \vec{i}'$ und $\vec{j}' = \vec{j}$, dann geht $\{O; \vec{i}', \vec{j}'\}$ durch eine Verschiebung aus $\{O; \vec{i}, \vec{j}\}$ hervor. Für diese als Verschiebung oder Translation bezeichnete Transformation des Koordinatensystems gilt: $x' = x - x_0$, $y' = y - y_0$.	Ist (für einen beliebigen Winkel α) $O' = O$, d. h. $x_0 = y_0 = 0$, dann spricht man von einer Drehung oder Rotation des Koordinatensystems. In diesem Falle gilt: $x' = x \cdot \cos\alpha + y \cdot \sin\alpha$, $y' = -x \cdot \sin\alpha + y \cdot \cos\alpha$.
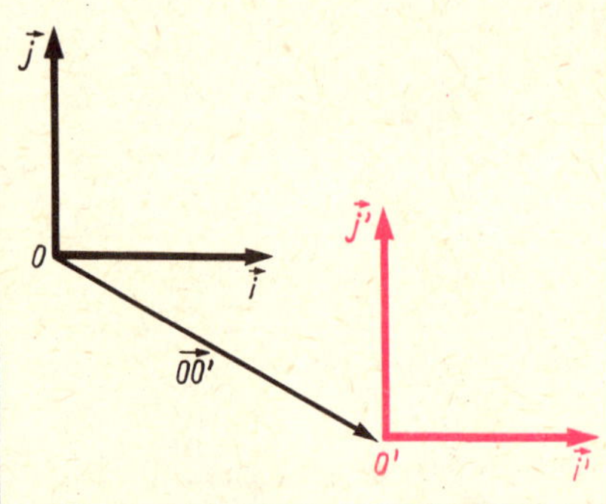	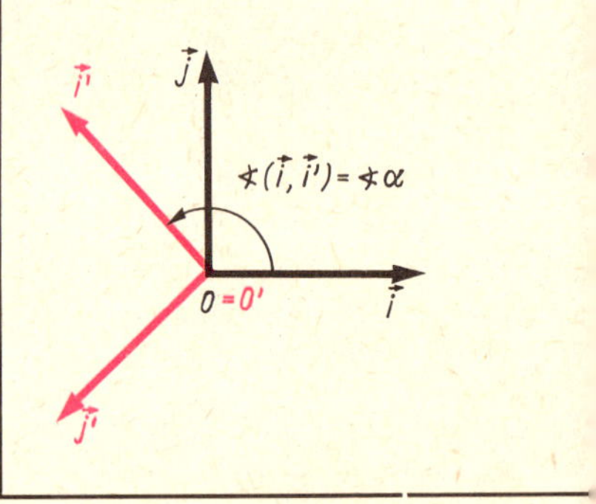

Additionstheoreme der Winkelfunktionen

Mit Hilfe der Drehung des Koordinatensystems lassen sich die Additionstheoreme der Winkelfunktionen herleiten.

↗ Winkelfunktionen, Ma i Üb, Seite 109

Gegeben seien drei orthonormierte Rechtssysteme $\{O; \vec{i}, \vec{j}\}$, $\{O; \vec{i'}, \vec{j'}\}$, $\{O; \vec{i''}, \vec{j''}\}$ mit $\sphericalangle(\vec{i}, \vec{i'}) = \alpha$ und $\sphericalangle(\vec{i'}, \vec{i''}) = \beta$.

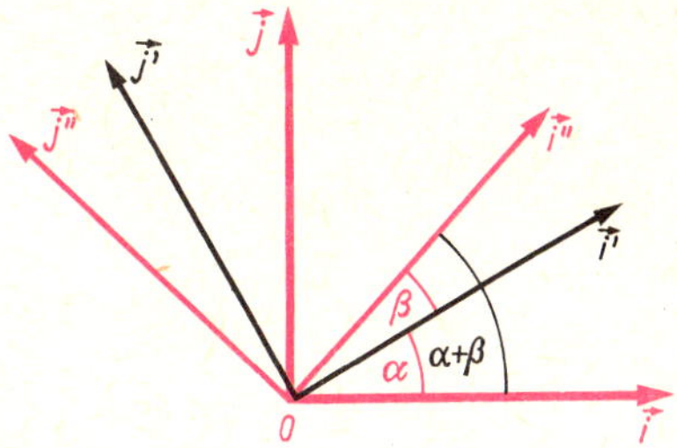

Da

$$\vec{i'} = \cos\alpha \cdot \vec{i} + \sin\alpha \cdot \vec{j},$$
$$\vec{j'} = -\sin\alpha \cdot \vec{i} + \cos\alpha \cdot \vec{j},$$
$$\vec{i''} = \cos\beta \cdot \vec{i'} + \sin\beta \cdot \vec{j'},$$
$$\vec{j''} = -\sin\beta \cdot \vec{i'} + \cos\beta \cdot \vec{j'}$$

ist, ergibt sich

$$\vec{i''} = \cos\beta\left(\cos\alpha \cdot \vec{i} + \sin\alpha \cdot \vec{j}\right) + \sin\beta\left(-\sin\alpha \cdot \vec{i} + \cos\alpha \cdot \vec{j}\right),$$
$$\vec{j''} = -\sin\beta\left(\cos\alpha \cdot \vec{i} + \sin\alpha \cdot \vec{j}\right) + \cos\beta\left(-\sin\alpha \cdot \vec{i} + \cos\alpha \cdot \vec{j}\right).$$

Andererseits ist wegen $\sphericalangle(\vec{i}, \vec{i''}) = \sphericalangle(\vec{i}, \vec{i'}) + \sphericalangle(\vec{i'}, \vec{i''})$

$$\vec{i''} = \cos(\alpha + \beta) \cdot \vec{i} + \sin(\alpha + \beta) \cdot \vec{j}$$
$$\vec{j''} = -\sin(\alpha + \beta) \cdot \vec{i} + \cos(\alpha + \beta) \cdot \vec{j}.$$

Infolge der linearen Unabhängigkeit von $\vec{i}$ und $\vec{j}$ gilt somit

$$\mathbf{\sin(\alpha + \beta) = \sin\alpha\cos\beta + \cos\alpha\sin\beta,}$$
$$\mathbf{\cos(\alpha + \beta) = -\sin\alpha\sin\beta + \cos\alpha\cos\beta.}$$

Wird β durch $-\beta$ ersetzt, erhält man

$$\mathbf{\sin(\alpha - \beta) = \sin\alpha\cos\beta - \cos\alpha\sin\beta,}$$
$$\mathbf{\cos(\alpha - \beta) = \sin\alpha\sin\beta + \cos\alpha\cos\beta.}$$

3 Analytische Geometrie der Geraden

Geradengleichungen in der Ebene

Eine Gerade ist durch die Angabe
- eines Punktes und der Richtung der Geraden oder
- zweier Punkte eindeutig bestimmt.

	Parameterdarstellung	parameterfreie Darstellung
Punktrichtungsgleichung	Vektordarstellung: $\vec{x} = \vec{x}_0 + t\vec{a} \; (\vec{a} \neq \vec{o})$	$y - y_0 = m(x - x_0)$
	Koordinatendarstellung: $x = x_0 + t a_x$, $y = y_0 + t a_y$	

E 3

	Parameterdarstellung	parameterfreie Darstellung
Zweipunktegleichung	**Vektordarstellung:** $\vec{x} = \vec{x}_0 + t(\vec{x}_1 - \vec{x}_0)$ $(\vec{x}_1 - \vec{x}_0 \neq \vec{o})$	
	Koordinatendarstellung: $x = x_0 + t(x_1 - x_0)$ $y = y_0 + t(y_1 - y_0)$	$(y - y_0)(x_1 - x_0)$ $= (x - x_0)(y_1 - y_0)$

Parametergleichungen einer Geraden (Vektordarstellung)

(a) Die Gerade ist durch einen Punkt und die Richtung der Geraden bestimmt.

1 Ist eine Gerade durch einen Punkt P_0 und einen Richtungsvektor $\overrightarrow{P_0A} = \vec{a} \neq \vec{o}$ gegeben und bedeutet t eine reelle Zahl, so gilt für alle Punkte P der Geraden:

$$\overrightarrow{P_0P} = t \cdot \vec{a}$$
mit $-\infty < t < \infty$.

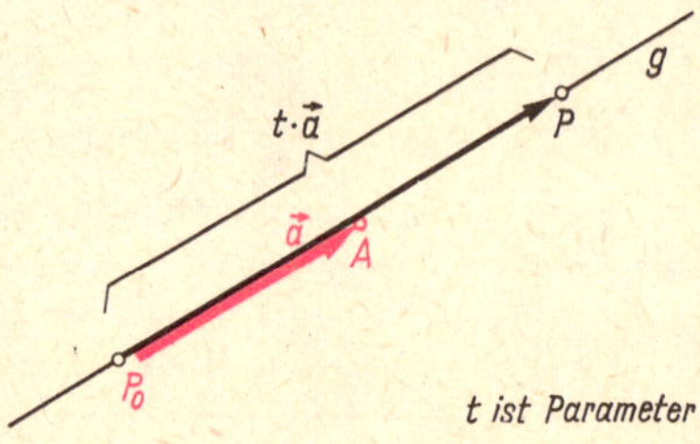

2 Ist außer P_0 und $\overrightarrow{P_0A} = \vec{a} \neq \vec{o}$ ein weiterer Punkt O der Ebene, z. B. der Ursprung eines Koordinatensystems gegeben, so erhält man die Parametergleichung:

$$\overrightarrow{OP} = \vec{x} = \vec{x}_0 + t \cdot \vec{a}$$
mit $-\infty < t < \infty$.

Man nennt diese Gleichung **Punkt-Richtungs-Parametergleichung.**

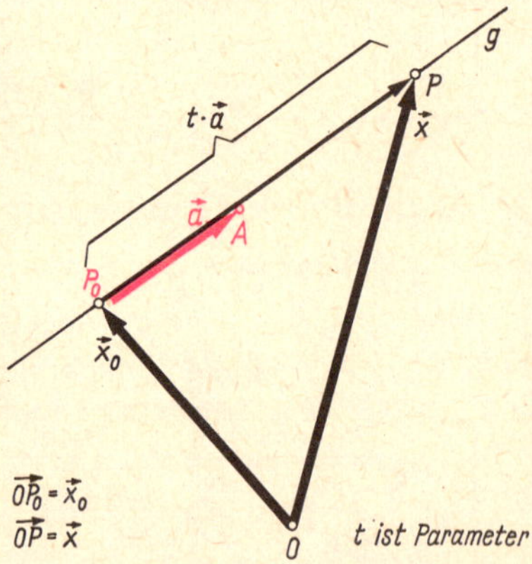

In beiden Gleichungen gilt $t > 0$, falls $\overrightarrow{P_0P}$ mit $\vec{a}$ gleichgerichtet ist. Es gilt $t < 0$ falls $\overrightarrow{P_0P}$ zu $\vec{a}$ entgegengesetzt gerichtet ist.

Im Fall 1 gilt ferner $|\vec{t}| = \dfrac{|\overrightarrow{P_0P}|}{|\vec{a}|}$.

(b) Die Gerade ist durch zwei Punkte bestimmt.

3 Ist eine Gerade durch zwei ihrer Punkte P_0 und P_1 gegeben, so daß gilt

$\overrightarrow{OP_0} = \vec{x}_0$ und $\overrightarrow{OP_1} = \vec{x}_1$,

so stellt der Vektor $\overrightarrow{P_0P_1}$ einen Richtungsvektor der Geraden dar. Es gilt dann für alle Punkte P der Geraden

$$\overrightarrow{OP} = \vec{x} = \vec{x}_0 + t\,(\vec{x}_1 - \vec{x}_0)$$
mit $-\infty < t < \infty$.

Man nennt diese Gleichung **Zweipunkte-Parametergleichung.**

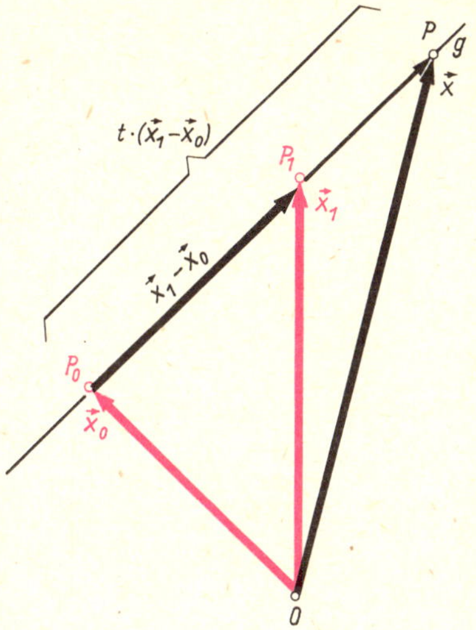

t ist Parameter

Wird in einer Parametergleichung der Geraden der Parameter einer Beschränkung unterworfen, so beschreibt die Gleichung nicht mehr die gesamte Gerade, sondern Teile derselben.

Die Gleichung

$\vec{x} = \vec{x}_0 + t\,\vec{a},\ t \geqq 0$

ist eine Gleichung des Strahls mit dem Anfangspunkt P_0 und der gleichen Orientierung wie der Vektor $\vec{a}$.

Die Gleichung

$\vec{x} = \vec{x}_0 + t\,(\vec{x}_1 - \vec{x}_0)$ mit $0 \leqq t \leqq 1$

ist eine Parametergleichung der Strecke $\overline{P_0P_1}$.

Ist ein Koordinatensystem gegeben, so können die Vektoren $\vec{x}$, $\vec{x}_0$, $\vec{x}_1$ und $\vec{a}$ durch ihre Komponenten dargestellt werden (↗ Bilder S. 152).

In der Ebene:

Für das Koordinatensystem $\{O;\ \vec{i}, \vec{j}\}$ ergibt sich:

$\vec{x} = x\,\vec{i} + y\,\vec{j}$

$\vec{x}_0 = x_0\,\vec{i} + y_0\,\vec{j}$

$\vec{x}_1 = x_1\,\vec{i} + y_1\,\vec{j}$

$\vec{a} = a_x\,\vec{i} + a_y\,\vec{j}$

Im Raum:

Für das Koordinatensystem $\{O;\ \vec{i}, \vec{j}, \vec{k}\}$ ergibt sich:

$\vec{x} = x\,\vec{i} + y\,\vec{j} + z\,\vec{k}$

$\vec{x}_0 = x_0\,\vec{i} + y_0\,\vec{j} + z_0\,\vec{k}$

$\vec{x}_1 = x_1\,\vec{i} + y_1\,\vec{j} + z_1\,\vec{k}$

$\vec{a} = a_x\,\vec{i} + a_y\,\vec{j} + a_z\,\vec{k}$

➡ E 3

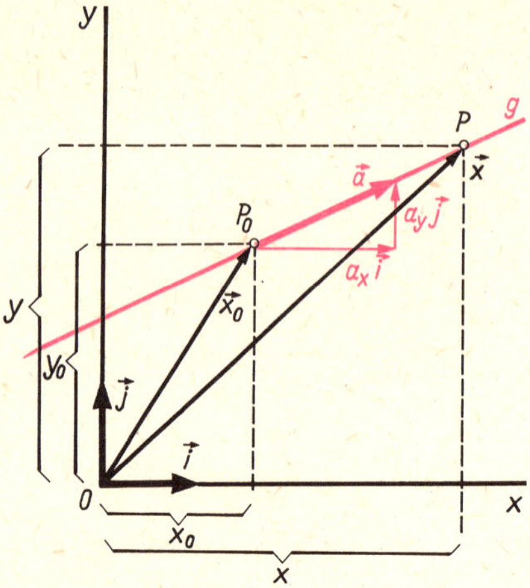

■ *Gegeben:*

Gerade *g* durch zwei Punkte
$P_0(-2; -1)$, $P_1(3; 5)$

Gesucht:

Parametergleichung von *g*
(in Vektordarstellung)

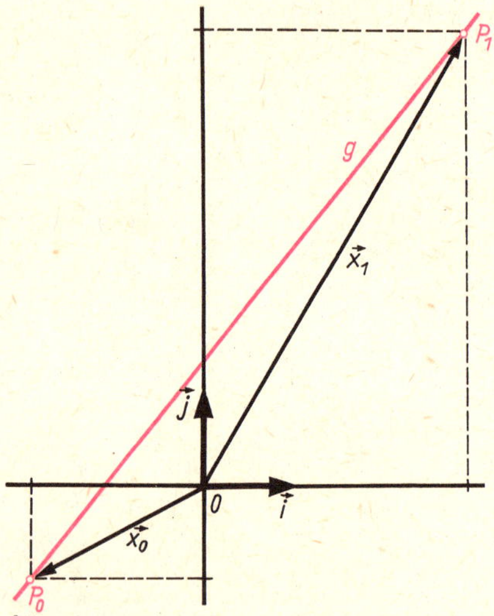

Lösung:

Aus $\overrightarrow{OP_0} = \vec{x}_0 = x_0\vec{i} + y_0\vec{j}$
$= -2\vec{i} - \vec{j}$

und $\overrightarrow{OP_1} = \vec{x}_1 = x_1\vec{i} + y_1\vec{j}$
$= 3\vec{i} + 5\vec{j}$

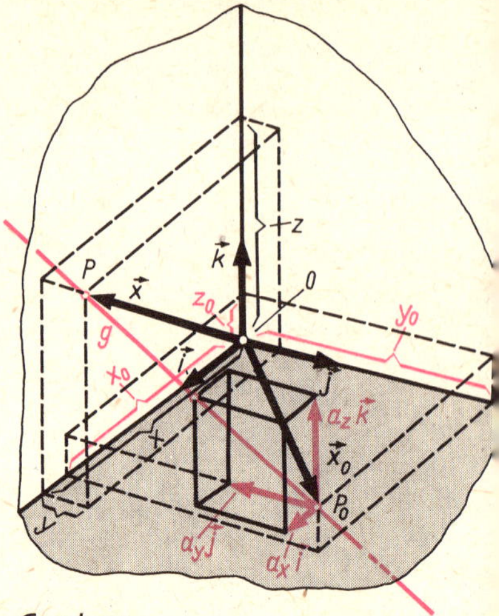

Gegeben:

Gerade *g* durch zwei Punkte
$P_0(2; -1; 2)$, $P_1(1; 2; 4)$

Gesucht:

Parametergleichung von *g*
(in Vektordarstellung)

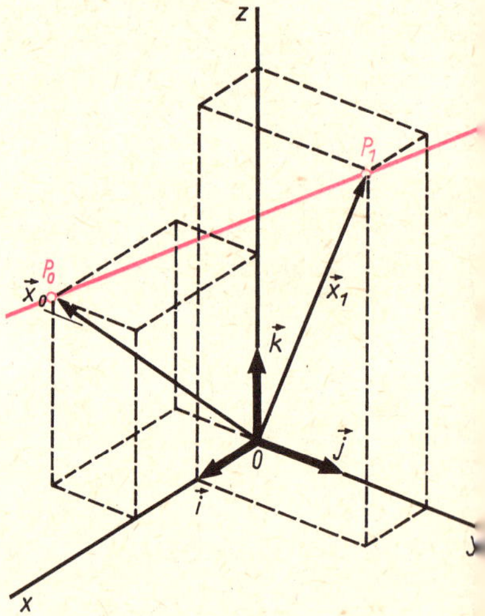

Lösung:

Aus $\overrightarrow{OP_0} = \vec{x}_0 = x_0\vec{i} + y_0\vec{j} + z_0\vec{k}$
$= 2\vec{i} - \vec{j} + 2\vec{k}$

und $\overrightarrow{OP_1} = \vec{x}_1 = x_1\vec{i} + y_1\vec{j} + z_1\vec{k}$
$= \vec{i} + 2\vec{j} + 4\vec{k}$

folgt als Richtungsvektor der Geraden g

$\overrightarrow{P_0P_1} = \vec{x}_1 - \vec{x}_0 = 5\vec{i} + 6\vec{j}$

Ergebnis:

$\vec{x} = -2\vec{i} - \vec{j} + t(5\vec{i} + 6\vec{j})$

mit $-\infty < t < \infty$

folgt als Richtungsvektor der Geraden g

$\overrightarrow{P_0P_1} = \vec{x}_1 - \vec{x}_0 = -\vec{i} + 3\vec{j} + 2\vec{k}$

Ergebnis:

$\vec{x} = 2\vec{i} - \vec{j} + 2\vec{k} + t(-\vec{i} + 3\vec{j} + 2\vec{k})$

mit $-\infty < t < \infty$

Gegeben:

Gerade g durch einen Punkt $P_0\,(4;\,2)$ und den Anstieg $m = \dfrac{3}{4}$

Gesucht: Parametergleichung von g (Vektordarstellung)

Lösung:

Man erhält

$\overrightarrow{OP_0} = \vec{x}_0 = x_0\vec{i} + y_0\vec{j}$

$\quad = 4\vec{i} + 2\vec{j}$

und, da $m = \dfrac{a_y}{a_x}$ ist, ergibt sich

als ein Richtungsvektor

$\vec{a} = 4\vec{i} + 3\vec{j}.$

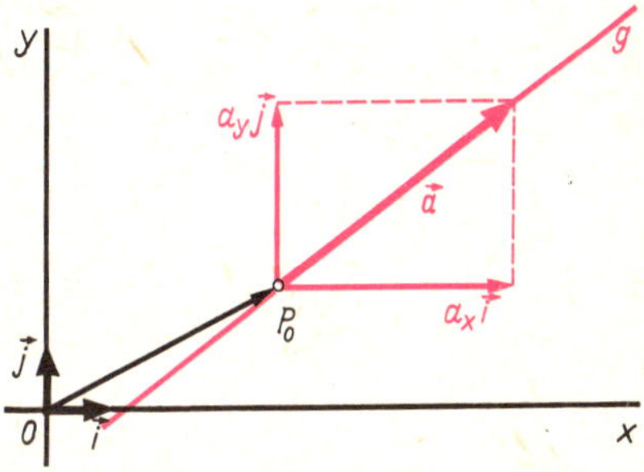

Ergebnis:

$\vec{x} = 4\vec{i} + 2\vec{j} + t(4\vec{i} + 3\vec{j})$ mit $-\infty < t < \infty$

Bemerkung: Als Richtungsvektor der Geraden g kann auch ein beliebiges Vielfaches (0 als Faktor ausgenommen) von $4\vec{i} + 3\vec{j}$ angegeben werden. Oftmals ist es zweckmäßig, als Richtungsvektor den entsprechenden Einheitsvektor anzugeben, d. h. $|\vec{a}| = 1$ zu wählen. (↗ Betrag eines Vektors, Seite 145.)

Im Beispiel bedeutet das $\vec{a} = \dfrac{4}{5}\vec{i} + \dfrac{3}{5}\vec{j}$.

Parametergleichung einer Geraden (Koordinatendarstellung)

In einer Ebene:

Aus der Beziehung

$\vec{x} = \vec{x}_0 + t\vec{a}$

folgt

$x\vec{i} + y\vec{j} = x_0\vec{i} + y_0\vec{j}$
$\quad + t(a_x\vec{i} + a_y\vec{j}).$

Daraus ergibt sich wegen der linearen Unabhängigkeit von $\vec{i}$ und $\vec{j}$ das Gleichungssystem

$$x = x_0 + t\,a_x$$
$$y = y_0 + t\,a_y$$

Im Raum:

Aus der Beziehung

$\vec{x} = \vec{x}_0 + t\vec{a}$

folgt

$x\vec{i} + y\vec{j} + z\vec{k} = x_0\vec{i} + y_0\vec{j}$
$\quad + z_0\vec{k} + t(a_x\vec{i} + a_y\vec{j} + a_z\vec{k})$

Daraus ergibt sich wegen der linearen Unabhängigkeit von $\vec{i}, \vec{j}, \vec{k}$ das Gleichungssystem

$$x = x_0 + t\,a_x$$
$$y = y_0 + t\,a_y$$
$$z = z_0 + t\,a_z$$

E 3

bzw.

$$x = x_0 + t(x_1 - x_0)$$
$$y = y_0 + t(y_1 - y_0)$$

bzw.

$$x = x_0 + t(x_1 - x_0)$$
$$y = y_0 + t(y_1 - y_0)$$
$$z = z_0 + t(z_1 - z_0)$$

Gegeben:

Gerade g durch zwei Punkte $P_0(-2;\ -1)$ und $P_1(3;\ 5)$

Gesucht:

Parametergleichung von g (in Koordinatendarstellung)

Lösung:

Aus $x_0 = -2$, $y_0 = -1$ und
$a_x = x_1 - x_0 = 3 + 2 = 5$,
$a_y = y_1 - y_0 = 5 + 1 = 6$
ergibt sich

$$x = -2 + t \cdot 5$$
$$y = -1 + t \cdot 6.$$

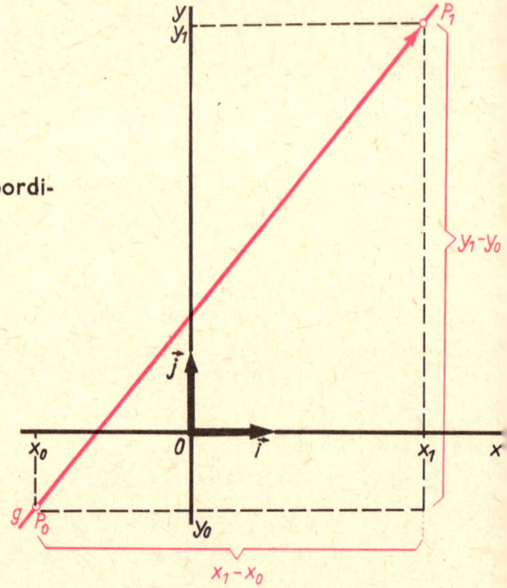

Gleichungen der Koordinatenachsen

In der Ebene:

x-Achse:

$$\vec{x} = x\vec{i} \begin{cases} -\infty < x < \infty \\ y = 0 \end{cases}$$

y-Achse:

$$\vec{x} = y\vec{j} \begin{cases} x = 0 \\ -\infty < y < \infty \end{cases}$$

Im Raum:

x-Achse:

$$\vec{x} = x\vec{i} \begin{cases} -\infty < x < \infty \\ y = 0 \\ z = 0 \end{cases}$$

y-Achse:

$$\vec{x} = y\vec{j} \begin{cases} x = 0 \\ -\infty < y < \infty \\ z = 0 \end{cases}$$

z-Achse:

$$\vec{x} = z\vec{k} \begin{cases} x = 0 \\ y = 0 \\ -\infty < z < \infty \end{cases}$$

Punktrichtungsgleichung (parameterfrei)

Aus der für ein Koordinatensystem in der Ebene geltenden Beziehung

$x = x_0 + t\,a_x$ [↗ Parametergleichung einer Geraden
$y = y_0 + t\,a_y$ (Koordinatendarstellung), Seite 153]

folgt durch Elimination von t die parameterfreie Gleichung der Geraden in bezug auf das Koordinatensystem $\{O; \vec{i}, \vec{j}\}$ in der Ebene:

$a_y\,x - a_x\,y = a_y\,x_0 - a_x\,y_0\,.$

Für $a_x \neq 0$ ergibt sich weiterhin

$$y - y_0 = \frac{a_y}{a_x}(x - x_0)\,.$$

Der Koeffizient $\frac{a_y}{a_x} = \tan\alpha$ heißt Anstieg der Geraden. Er wird meist mit m bezeichnet. Es ergibt sich somit als Punktrichtungsgleichung der Geraden

$$y - y_0 = m\,(x - x_0)\,.$$

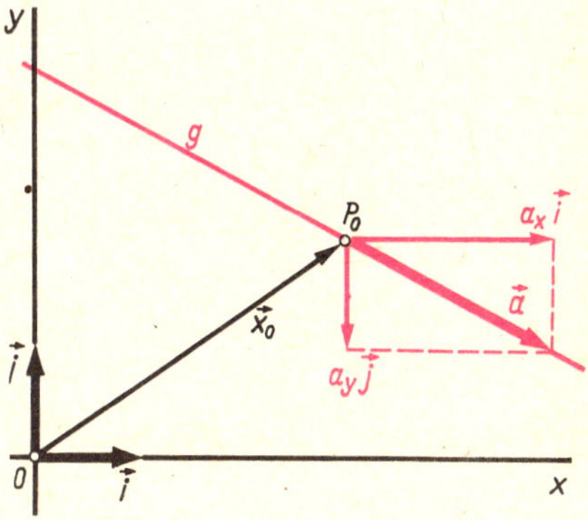

Gegeben:
Gerade g durch $\vec{x}_0 = 3\vec{i} + 2\vec{j}$
und $\vec{a} = 2\vec{i} - \vec{j}$

Gesucht: Gleichung von g

Lösung:
Aus den Daten für

$\vec{x}_0 = x_0\,\vec{i} + y_0\,\vec{j}$

$\vec{a} = a_x\,\vec{i} + a_y\,\vec{j}$

folgen

$x_0 = 3;\; y_0 = 2;\; a_x = 2;\; a_y = -1$

und

$$m = \frac{a_y}{a_x} = -\frac{1}{2}\,.$$

Ergebnis: $y - 2 = -\frac{1}{2}(x - 3)$ bzw.

$$y = -\frac{1}{2}x + \frac{7}{2}$$

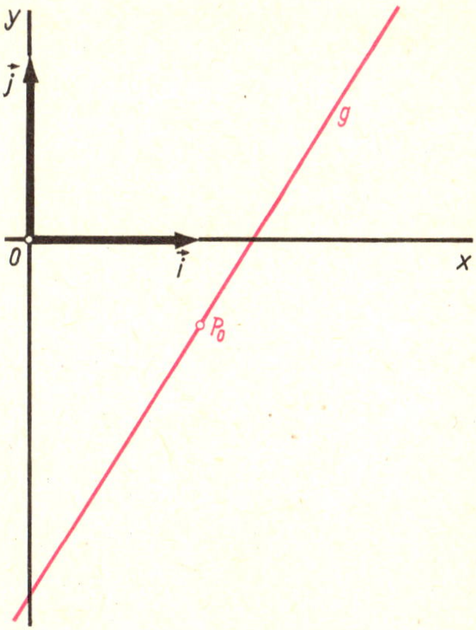

Gegeben:
Gerade g durch einen Punkt
$P_0\left(1; -\frac{1}{2}\right)$ und den Anstieg $m = \frac{3}{2}$

Gesucht: Gleichung von g

➡ E 3

Lösung:

Die zum Aufstellen der Gleichung erforderlichen Werte sind unmittelbar gegeben.

Ergebnis:

$$y + \frac{1}{2} = \frac{3}{2}(x - 1) \quad \text{bzw.} \quad y = \frac{3}{2}x - 2$$

Zweipunktegleichung (parameterfrei)

Aus der für ein Koordinatensystem in der Ebene geltenden Beziehung

$$x = x_0 + t\,(x_1 - x_0)$$
$$y = y_0 + t\,(y_1 - y_0)$$

[↗ Parametergleichung einer Geraden (Koordinatendarstellung), Seite 153]

folgt durch Elimination von t die parameterfreie Gleichung der Geraden in bezug auf das Koordinatensystem $\{O; \vec{i}, \vec{j}\}$ in der Ebene:

$$(x - x_0)(y_1 - y_0) = (y - y_0)(x_1 - x_0)\,.$$

Sie kann für $x_1 - x_0 \neq 0$ auch in der (nicht für $x = x_0$ gültigen) Form

$$\frac{y - y_0}{x - x_0} = \frac{y_1 - y_0}{x_1 - x_0}$$

geschrieben werden.

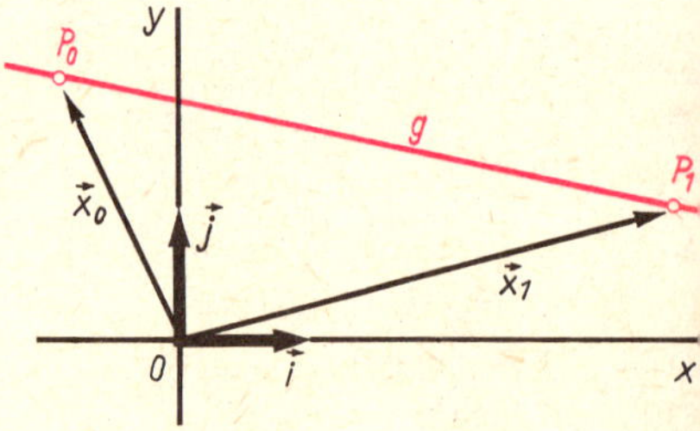

■ *Gegeben:*

Gerade g durch die Ortsvektoren
$\vec{x}_0 = -\vec{i} + 2\vec{j}$ und
$\vec{x}_1 = 4\vec{i} + \vec{j}$ zweier Punkte

Gesucht: Gleichung von g

Lösung:

Aus den Daten für
$\vec{x}_0 = x_0\vec{i} + y_0\vec{j}$
$\vec{x}_1 = x_1\vec{i} + y_1\vec{j}$
folgen
$x_0 = -1;\ y_0 = 2;\ x_1 = 4;\quad y_1 = 1\,.$

Ergebnis:

$(x + 1) \cdot (-1) = (y - 2) \cdot 5$

bzw. $\quad y = -\frac{1}{5}x + \frac{9}{5}$

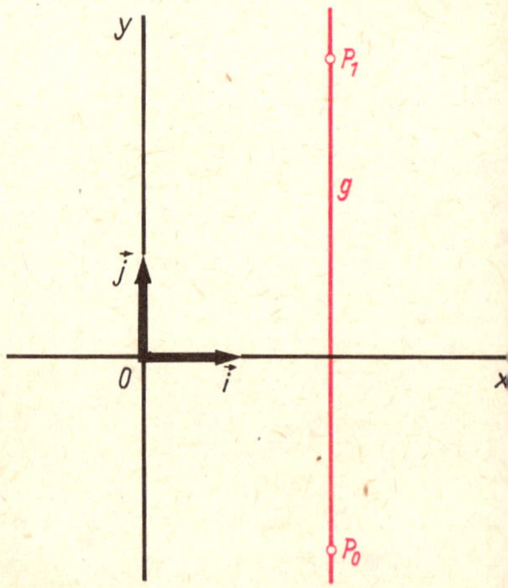

■ *Gegeben:*

Gerade g durch zwei Punkte
$P_0\,(2; -2)$, $P_1\,(2; 3)$

Gesucht: Gleichung von g

Lösung:

Die erforderlichen Werte sind unmittelbar gegeben.

Ergebnis: $(x - 2) \cdot 5 = (y + 2) \cdot 0$

$$x = 2$$

Bemerkung: Wegen $x_1 - x_0 = 0$ ist die Gleichung nicht in der Bruchform angebbar.

Normalform, Achsenabschnittsgleichung

Ist eine Gerade g durch ihren Anstieg m und den Punkt $S_y(0;\, n)$, d. h. ihren Schnittpunkt mit der y-Achse gegeben, so folgt aus ihrer Punktrichtungsgleichung unmittelbar die Normalform der Geradengleichung

$$y = mx + n\,.$$

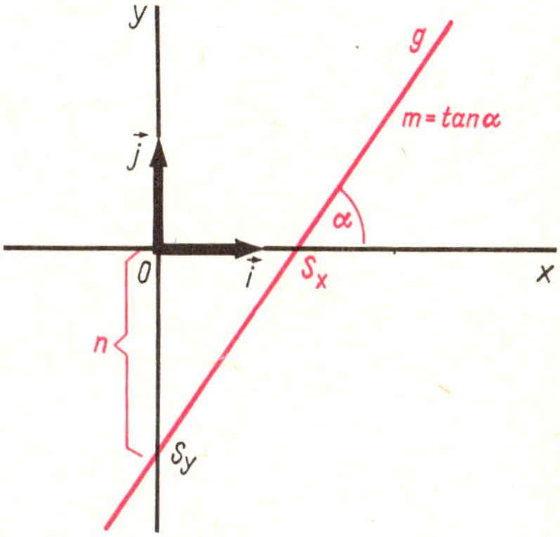

Sind von einer Geraden die Punkte $S_y(0;\, b)$ und $S_x(a;\, 0)$ gegeben, so folgt aus ihrer Zweipunktegleichung

$(x - a)\, b = y\,(-a)$

und daraus für $a \neq 0$ und $b \neq 0$ die Achsenabschnittsgleichung der Geraden

$$\frac{x}{a} + \frac{y}{b} = 1\,.$$

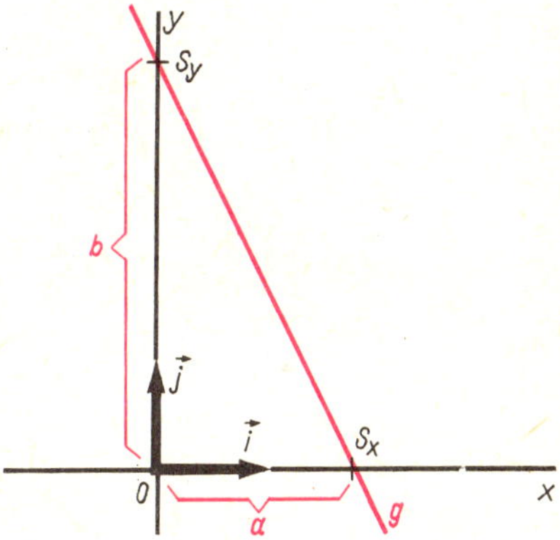

↗ Lineare Funktionen und ihre graphische Darstellung, Ma i Üb, Seite 62

Allgemeine Geradengleichung

Für jede beliebige Gerade in der Ebene kann eine Gleichung in Form der allgemeinen Geradengleichung

$Ax + By + C = 0$ mit $A^2 + B^2 \neq 0$

aufgestellt werden. Alle anderen Formen der Geradengleichung lassen sich auf diese Form bringen; umgekehrt (und untereinander) ist das aber nicht immer uneingeschränkt möglich. Eine Übersicht über einige Umformungen gibt die folgende Tabelle an:

E 3

von Form \ in Form	$Ax + By + C = 0$	$y = mx + n$	$\frac{x}{a} + \frac{y}{b} = 1$
$Ax + By + C = 0$		$m = -\frac{A}{B}$ $n = -\frac{C}{B}$ für $B \neq 0$	$a = -\frac{C}{A}$ $b = -\frac{C}{B}$ für $A \neq 0$, $B \neq 0$, $C \neq 0$
$y = mx + n$	$A = \lambda m$ $B = -\lambda$ $C = \lambda n$ $\lambda \in P;\ \lambda \neq 0$		$a = -\frac{n}{m}$ $b = n$ für $m \neq 0$, $n \neq 0$
$\frac{x}{a} + \frac{y}{b} = 1$	$A = \mu b$ $B = \mu a$ $C = -\mu ab$ $\mu \in P;\ \mu \neq 0$	$m = -\frac{b}{a}$ $n = b$	

Die Ergebnisse, die man beim Aufstellen der Punktrichtungsgleichung und de Zweipunktegleichung erhält, führen in der Regel unmittelbar zur allgemeine Geradengleichung, in besonderen Fällen auch zu den anderen genannte Gleichungsformen. Das ist aus der folgenden Übersicht zu ersehen.

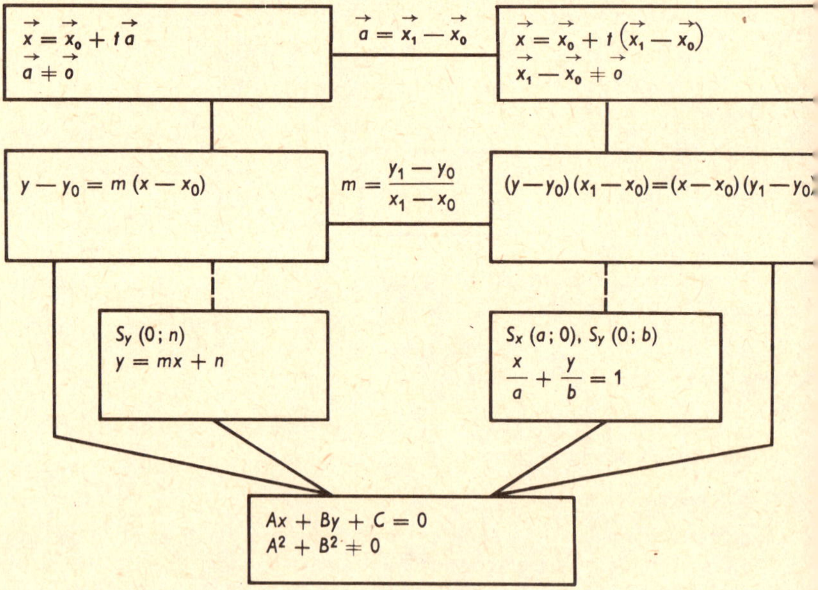

(Diese Übersicht wurde von Dr. Sieglinde Schneider, Dresden, entworfen.)

Gegenseitige Lage zweier Geraden in der Ebene

Die Gerade g sei durch $\vec{x} = \vec{x}_0 + t\,\vec{a}$ und die Gerade h durch $\vec{x} = \vec{x}_1 + u\,\vec{b}$ gegeben. In der Ebene sind folgende Fälle gegenseitiger Lage möglich.

1 a) $\vec{a} \parallel \vec{b}$, d. h., die Geraden g und h haben gleiche Richtung.
b) $\vec{x}_0 - \vec{x}_1 \parallel \vec{a}$, d. h., auch der Verbindungsvektor eines Punktes von g mit einem Punkt von h hat die gleiche Richtung wie g (bzw. h).
Die Geraden sind identisch, d. h., sie haben alle Punkte gemeinsam.

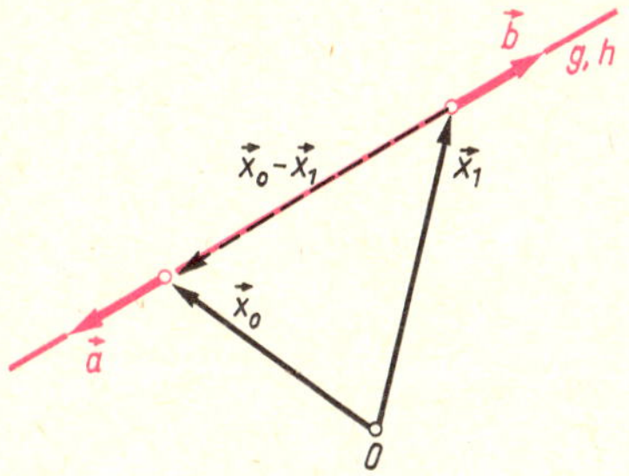

2 a) $\vec{a} \parallel \vec{b}$, d. h., die Geraden g und h haben gleiche Richtung.
b) $\vec{x}_0 - \vec{x}_1 \nparallel \vec{a}$, d. h., der Verbindungsvektor eines Punktes von g mit einem Punkt von h hat eine andere Richtung als g (bzw. h).
Die Geraden sind parallel, aber nicht identisch, d. h., sie haben keinen Punkt gemeinsam.

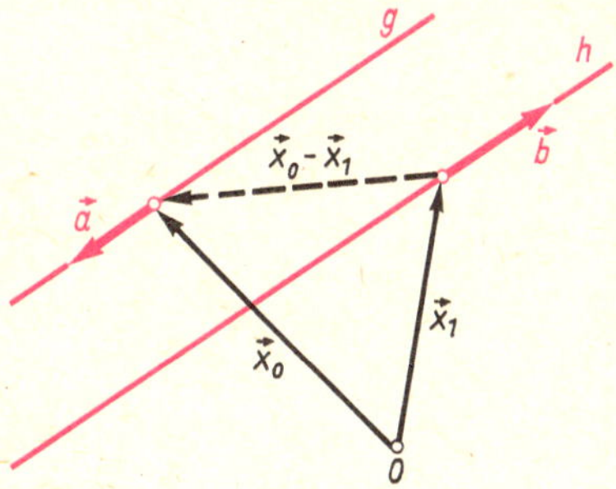

3 $\vec{a} \nparallel \vec{b}$, d. h., die Geraden g und h haben verschiedene Richtung. Da $\vec{a}$, $\vec{b}$, $\vec{x}_0 - \vec{x}_1$ in derselben Ebene liegen, sind sie bei $\vec{x}_0 \neq \vec{x}_1$ linear abhängig.
Die Geraden schneiden einander, d. h., sie haben genau einen Punkt, den Schnittpunkt, gemeinsam.

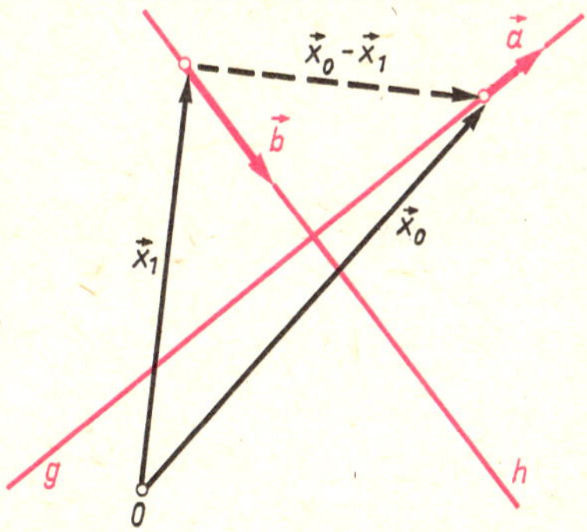

↗ Parametergleichungen einer Geraden (Vektordarstellung), Seite 150
↗ Lineare Unabhängigkeit, Seite 141

➡ E 3

Schnittpunkt zweier Geraden (Ebene)

Gerade g: $\vec{x} = \vec{x}_0 + t\,\vec{a}$

Gerade h: $\vec{x} = \vec{x}_1 + u\,\vec{b}$

Für den Vektor des Schnittpunktes $\vec{x}_S$ gilt

$\vec{x}_0 + t_S\,\vec{a} = \vec{x}_1 + u_S\,\vec{b}$

$\vec{x}_0 - \vec{x}_1 = u_S\,\vec{b} - t_S\,\vec{a}$

Dieser Gleichung entspricht bei Komponentendarstellung das System:

$x_0 - x_1 = u_S\,b_x - t_S\,a_x$

$y_0 - y_1 = u_S\,b_y - t_S\,a_y$

– Wir sprechen in diesem Fall auch von Komponentenzerlegung.

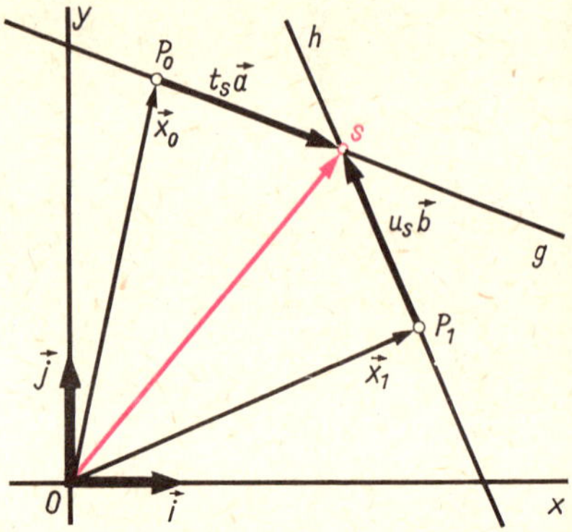

[↗ Parametergleichungen einer Geraden (Koordinatendarstellung), Seite 153]

Aus dem Gleichungssystem folgt:

$$t_S = \frac{(x_1 - x_0)\,b_y - (y_1 - y_0)\,b_x}{a_x\,b_y - a_y\,b_x}$$

$$u_S = \frac{(x_0 - x_1)\,a_y - (y_0 - y_1)\,a_x}{-(a_x\,b_y - a_y\,b_x)}$$

■ *Gegeben:*

Die Gerade g durch $\vec{x}_0 = -2\vec{i} + 5\vec{j}$; $\vec{a} = \vec{i} - \vec{j}$ und die Gerade h durch $\vec{x}_1 = 7\vec{i} + 4\vec{j}$; $\vec{b} = -3\vec{i} - \vec{j}$.

Gesucht:

Schnittpunkt S von g und h (Ortsvektor $\vec{x}_S$).

Lösung:

$$t_S = \frac{(7+2)\cdot(-1) - (4-5)\cdot(-3)}{1\cdot(-1) - (-1)\cdot(-3)} = \frac{-12}{-4} = 3$$

$$u_S = \frac{(-2-7)\cdot(-1) - (5-4)\cdot 1}{-[1\cdot(-1) - (-1)\cdot(-3)]} = \frac{8}{4} = 2$$

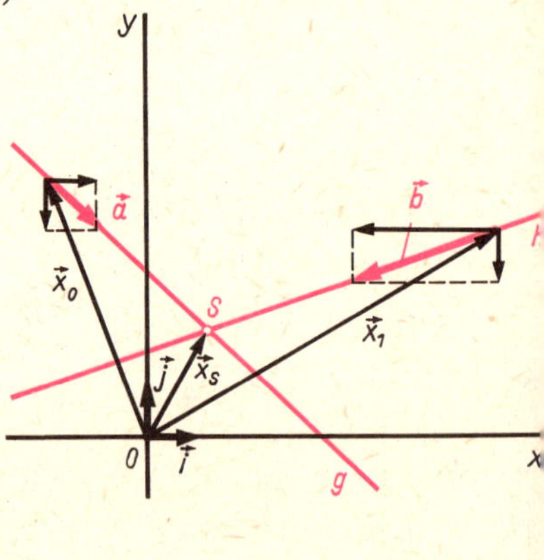

Mit Hilfe der Werte für t_S und u_S können die Koordinaten x_S, y_S des Schnittpunktes errechnet werden:

$$x_S = x_0 + t_S a_x$$
$$y_S = y_0 + t_S a_y$$

[↗ Parametergleichungen einer Geraden (Koordinatendarstellung), Seite 153]

Im Beispiel ergibt sich $x_S = 1$ und $y_S = 2$.
Ebenso führt (zur Kontrolle)

$$x_S = x_1 + u_S b_x$$
$$y_S = y_1 + u_S b_y$$

zu $x_S = 1$ und $y_S = 2$.

Ergebnis: $\vec{x_S} = \vec{i} + 2\vec{j}$

Sind die Geraden durch ihre allgemeinen Gleichungen, also durch

$A_1 x + B_1 y + C_1 = 0$ bzw. $A_2 x + B_2 y + C_2 = 0$

gegeben, so folgt für ihren Schnittpunkt $S\,(x_S;\, y_S)$

$$x_S = \frac{B_1 C_2 - B_2 C_1}{A_1 B_2 - A_2 B_1}; \quad y_S = \frac{A_2 C_1 - A_1 C_2}{A_1 B_2 - A_2 B_1}; \quad \text{sofern } A_1 B_2 - A_2 B_1 \neq 0.$$

Die Geraden g und h sind parallel, wenn
$A_1 B_2 - A_2 B_1 = 0$
ist. Sie sind identisch, wenn außerdem
$B_1 C_2 - B_2 C_1 = 0$ für $B_1 \neq 0$ oder
$A_1 C_2 - A_2 C_1 = 0$ für $B_1 = 0$
ist.

Gegeben:

Die Gerade g durch $2x - y + 2 = 0$
und
die Gerade h durch $2x - 3y = 0$

Gesucht:

Schnittpunkt S von g und h (durch Koordinaten)

Lösung:

$$x_S = \frac{(-1) \cdot 0 - (-3) \cdot 2}{2 \cdot (-3) - 2 \cdot (-1)} = -1{,}5$$

$$y_S = \frac{2 \cdot 2 - 2 \cdot 0}{-4} = \frac{4}{-4} = -1$$

Ergebnis: $S\,(-1{,}5;\, -1)$

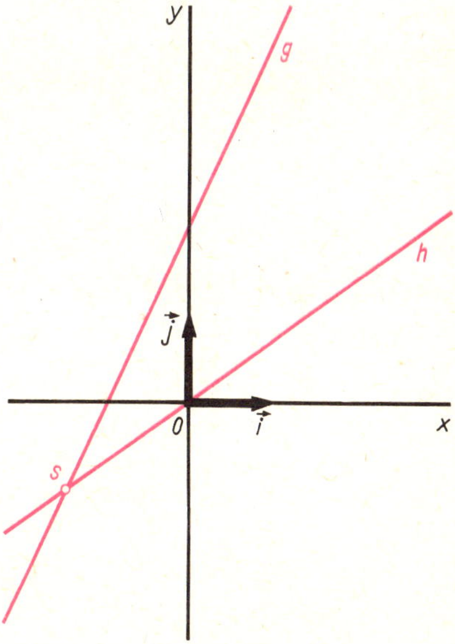

E 3

Gegenseitige Lage zweier Geraden im Raum

Die für die gegenseitige Lage zweier Geraden in der Ebene möglichen Fäll (↗ Seite 159) gelten auch für den Raum. Da drei Vektoren des Raumes nich notwendigerweise linear abhängig sind (↗ Seite 159, Punkt 3), besteht als wei tere Möglichkeit die windschiefe Lage der Geraden.

4 $\vec{a} \nparallel \vec{b}$, d. h., die Geraden g und h haben verschiedene Richtungen, aber $\vec{a}$, $\vec{b}$, $\vec{x}_0 - \vec{x}_1$ sind linear unabhängig. Die Geraden sind windschief, d. h., sie haben keinen Punkt gemeinsam und sind nicht parallel.	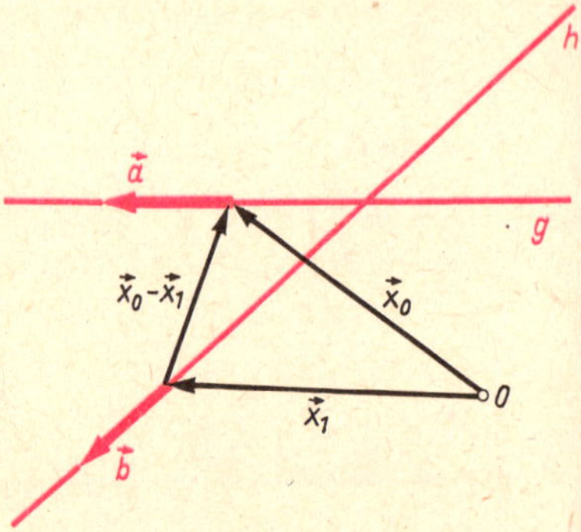

Schnittpunkt zweier Geraden (Raum)

Die Gleichung

$\vec{x}_0 - \vec{x}_1 = u_S \vec{b} - t_S \vec{a}$ (↗Schnittpunkt zweier Geraden, Seite 16C

führt über die Komponentenzerlegung zum Gleichungssystem

$$x_0 - x_1 = u_S b_x - t_S a_x$$
$$y_0 - y_1 = u_S b_y - t_S a_y$$
$$z_0 - z_1 = u_S b_z - t_S a_z.$$

Daraus lassen sich im Falle schneidender Geraden die Parameterwerte t_S un u_S errechnen. Die Koordinaten x_S, y_S, z_S des Schnittpunktes S werden durc Einsetzen von t_S bzw. u_S in die Gleichung für g bzw. h ermittelt.

Teilverhältnis

DEFINITION:
Ist P ein Punkt der durch die Punkte A und B bestimmten Geraden und ist $P \neq B$, dann heißt die reelle Zahl λ, für die die Beziehung $\overline{AP} = \lambda \cdot \overline{PB}$ zwischen den gerichteten Strecken $\overline{AP}$ und $\overline{PB}$ gilt, das Teilverhältnis, in dem der Punkt P die gerichtete Strecke $\overline{AB}$ teilt.

Liegt P zwischen A und B, so sind $\overline{AP}$ und $\overline{PB}$ gleichgerichtet. λ ist somit positiv.	Liegt P nicht zwischen A und B, so sind $\overline{AP}$ und $\overline{PB}$ entgegengesetzt gerichtet. λ ist somit negativ. Für $P = A$ ist $\lambda = 0$.
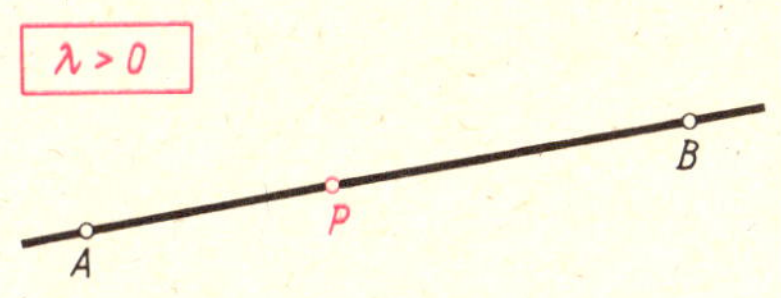	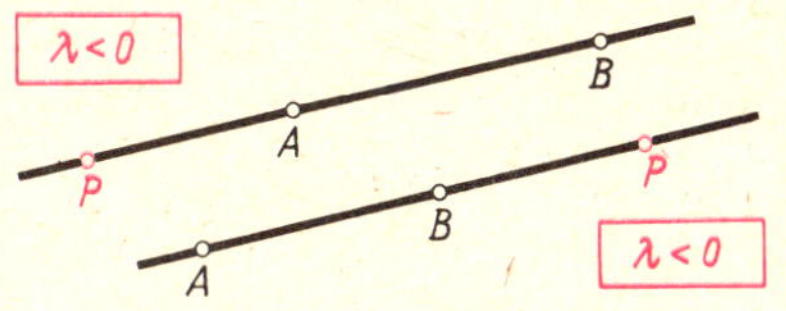

Ist λ gegeben ($\lambda \neq -1$), so gilt für die Koordinaten des Teilpunktes P

in der Ebene

$$x_P = \frac{x_A + \lambda x_B}{1 + \lambda}$$

$$y_P = \frac{y_A + \lambda y_B}{1 + \lambda}$$

im Raum

$$x_P = \frac{x_A + \lambda x_B}{1 + \lambda}$$

$$y_P = \frac{y_A + \lambda y_B}{1 + \lambda}$$

$$z_P = \frac{z_A + \lambda z_B}{1 + \lambda}$$

Sind die Punkte A, B und P einer Geraden gegeben, so ist

$$\lambda = \frac{x_A - x_P}{x_P - x_B} = \frac{y_A - y_P}{y_P - y_B}$$

$$\lambda = \frac{x_A - x_P}{x_P - x_B} = \frac{y_A - y_P}{y_P - y_B} = \frac{z_A - z_P}{z_P - z_B}$$

4 Analytische Geometrie der Ebene

arametergleichungen einer Ebene im Raum

1 Ist eine Ebene durch einen Punkt P_0 und zwei linear unabhängige Vektoren $\overrightarrow{P_0A} = \vec{a}$ und $\overrightarrow{P_0B} = \vec{b}$ gegeben und sind u und v reelle Zahlen, so gilt für alle Punkte P der Ebene

$\overrightarrow{P_0P} = u\,\vec{a} + v\,\vec{b}$ mit
$-\infty < u < \infty$ und
$-\infty < v < \infty$.

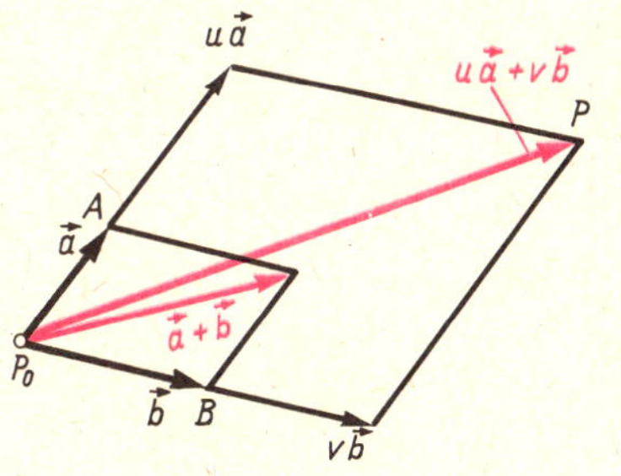

u, v sind Parameter

2 Wird ein Punkt O, z. B. der Ursprung eines Koordinatensystems, vorgegeben und $\overrightarrow{OP_0}$ mit $\vec{x}_0$, $\overrightarrow{OP}$ mit $\vec{x}$ bezeichnet, so gilt

$\vec{x} = \vec{x}_0 + u\,\vec{a} + v\,\vec{b}$

mit $-\infty < u < \infty$,

$-\infty < v < \infty$.

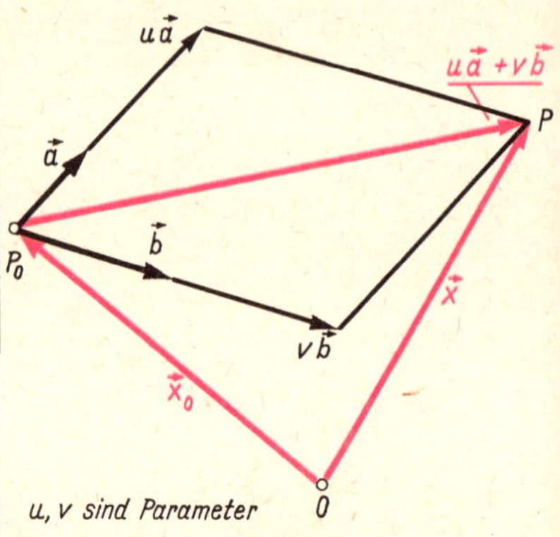

Werden nur Teile der Ebene gekennzeichnet, so erfahren die Parameter u und v entsprechende Einschränkungen.

■ *Gegeben:*

Ebene ε durch eine Gerade g mit $P\,(2;\,3;\,4)$ und der Richtung $\vec{a} = 2\vec{i} - \vec{k}$ sowie einen Punkt $Q\,(3;\,-1;\,4)$

Gesucht:

Parametergleichung von ε

Lösung:

Durch $\vec{a}$ ist ein Vektor des Richtungsvektorenpaares der Ebene gegeben, als zweiter Vektor dieses Paares kann der (von $\vec{a}$ linear unabhängige) Vektor $\overrightarrow{PQ} = \vec{b}$ gewählt werden.

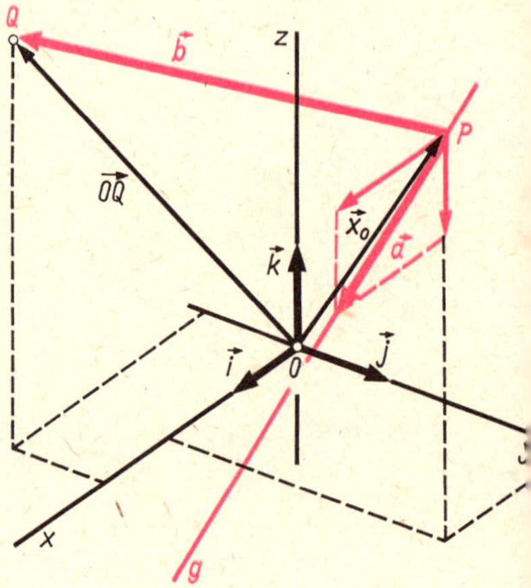

Es ist

$\vec{b} = 3\vec{i} - \vec{j} + 4\vec{k} - \left(2\vec{i} + 3\vec{j} + 4\vec{k}\right)$

$\quad = \vec{i} - 4\vec{j}.$

Ergebnis:

$\vec{x} = 2\vec{i} + 3\vec{j} + 4\vec{k} + u\left(2\vec{i} - \vec{k}\right) + v\left(\vec{i} - 4\vec{j}\right)$

mit $-\infty < u < \infty$ und $-\infty < v < \infty$

■ *Gegeben:*

Ebene ε durch drei Punkte

$P_0(1;\,-2;\,2)$, $P_1(4;\,3;\,1)$, $P_2(0;\,2;\,3)$

Gesucht:

Parametergleichung von ε in Vektordarstellung

Lösung:

Durch P_0, P_1, P_2 sind drei Vektoren $\overrightarrow{P_0P_1}$, $\overrightarrow{P_0P_2}$, $\overrightarrow{P_1P_2}$ bestimmt, von denen je zwei linear unabhängig sind und der dritte stets eine Linearkombination der beiden anderen ist. Somit können zwei von ihnen ein Richtungsvektorenpaar der Ebene ε bilden. Aus

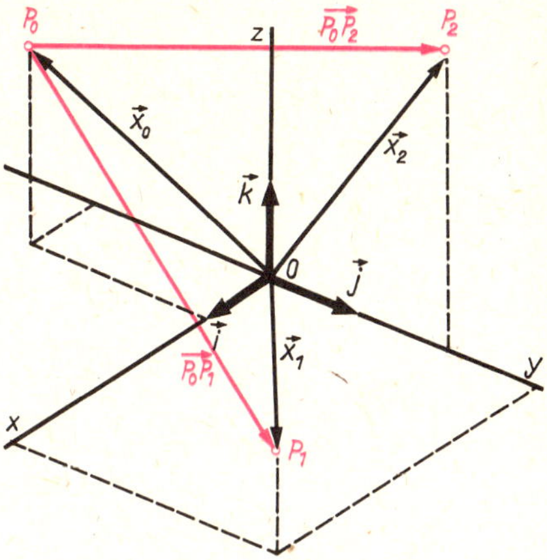

$$\overrightarrow{OP_0} = \vec{x}_0 = x_0\,\vec{i} + y_0\,\vec{j} + z_0\,\vec{k}$$
$$= \vec{i} - 2\vec{j} + 2\vec{k}$$
$$\overrightarrow{OP_1} = \vec{x}_1 = x_1\,\vec{i} + y_1\,\vec{j} + z_1\,\vec{k}$$
$$= 4i + 3j + k$$
$$\overrightarrow{OP_2} = \vec{x}_2 = x_2\,\vec{i} + y_2\,\vec{j} + z_2\,\vec{k}$$
$$= 2\vec{j} + 3\vec{k}$$

folgen als Richtungsvektorenpaar

$$\overrightarrow{P_0P_1} = \vec{x}_1 - \vec{x}_0 = 3\vec{i} + 5\vec{j} - \vec{k}$$
$$\overrightarrow{P_0P_2} = \vec{x}_2 - \vec{x}_0 = -\vec{i} + 4\vec{j} + \vec{k}$$

Ergebnis:

$$\vec{x} = \vec{i} - 2\vec{j} + 2\vec{k} + u\,(3\vec{i} + 5\vec{j} - \vec{k}) + v\,(-\vec{i} + 4\vec{j} + \vec{k})$$

mit $-\infty < u < \infty$ und $-\infty < v < \infty$

leichung der Koordinatenebenen im Raum

Da jede Koordinatenebene durch den Ursprung des Koordinatensystems geht und jeweils zwei Basisvektoren dieses Systems ein Richtungsvektorenpaar dieser Ebene bilden, gilt für die

$$xy\text{-Ebene: } \vec{x} = x\,\vec{i} + y\,\vec{j} \quad \begin{cases} -\infty < x < \infty \\ -\infty < y < \infty \\ z = 0 \end{cases}$$

$$xz\text{-Ebene: } \vec{x} = x\,\vec{i} + z\,\vec{k} \quad \begin{cases} -\infty < x < \infty \\ y = 0 \\ -\infty < z < \infty \end{cases}$$

$$yz\text{-Ebene: } \vec{x} = y\,\vec{j} + z\,\vec{k} \quad \begin{cases} x = 0 \\ -\infty < y < \infty \\ -\infty < z < \infty \end{cases}$$

agebeziehungen zwischen Geraden des Raumes und Koordinatenebenen

Wenn eine Gerade g, gegeben durch die Parametergleichung

$\vec{x} = \vec{x}_0 + t\,\vec{a}$, mit den Koordinatenebenen

$x\,\vec{i} + y\,\vec{j}$, $z = 0$ (*xy*-Ebene)

$x\,\vec{i} + z\,\vec{k}$, $y = 0$ (*xz*-Ebene)

$y\,\vec{j} + z\,\vec{k}$, $x = 0$ (*yz*-Ebene)

➡ E 4

gemeinsame Punkte hat, so erfüllen die Koordinaten dieser Punkte sowohl die Geradengleichung als auch die betreffende Ebenengleichung.

Gegeben:

Eine Gerade g durch

$\vec{x}_0 = -4\vec{i} + 2\vec{j} + \vec{k}$ und $\vec{a} = \vec{i} + \vec{j}$

Gesucht:

Gemeinsame Punkte G von g und den drei Koordinatenebenen

a) Für gemeinsame Punkte G von g und der xy-Ebene gilt

$x_G\,\vec{i} + y_G\,\vec{j} = \vec{x}_0 + t_G\,\vec{a}$. Im Beispiel ergibt sich daraus

$x_G = -4 + t_G$

$y_G = 2 + t_G$

$0 = 1 + 0\,t_G$.

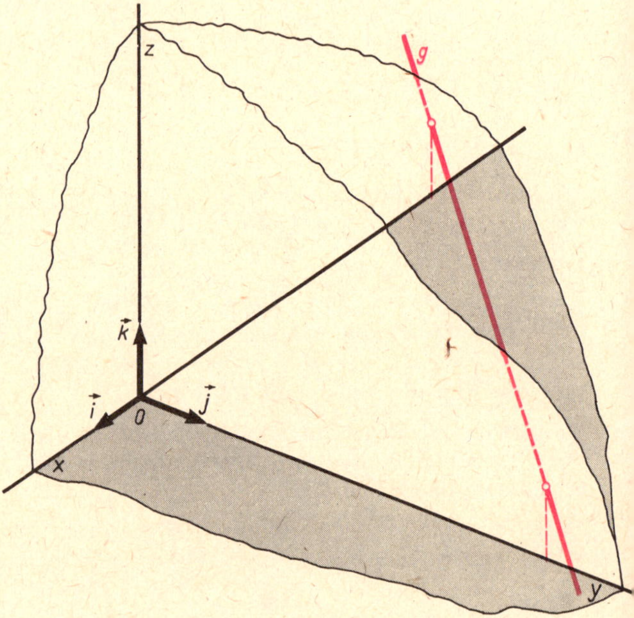

Aus dem Widerspruch folgt, daß es kein Zahlentripel x_G, y_G, t_G gibt, das alle drei Gleichungen erfüllt. Die Gerade g hat mit der xy-Ebene keinen Punkt ge-meinsam, sie ist parallel zu dieser Ebene, liegt aber nicht in ihr.

b) Für gemeinsame Punkte G von g und der xz-Ebene gilt

$x_G\,\vec{i} + z_G\,\vec{k} = \vec{x}_0 + t_G\,\vec{a}$. Im Beispiel ergibt sich daraus

$x_G = -4 + t_G$

$0 = 2 + t_G$

$z_G = 1 + t_G \cdot 0$.

Daraus folgen als Koordinaten des gemeinsamen Punktes G der Geraden und der xz-Ebene, d. h. des Spurpunktes von g auf der xz-Ebene, die Werte -6; 0; 1.

c) Analoge Überlegungen führen zu den Koordinaten des Spurpunktes von g auf der yz-Ebene. Es ergeben sich die Werte 0; 6; 1.

Ergebnis:

g ist zur xy-Ebene parallel und hat mit der xz-Ebene G_{xz} (−6; 0; 1), mit der yz-Ebene G_{yz} (0; 6; 1) gemeinsam.

rojektion auf die Koordinatenebenen

↗ Senkrechte Projektion, Ma i Üb, Seite 248

SATZ:

(1) Die Projektion einer Geraden g mit der Gleichung $\vec{x} = \vec{x_0} + t\vec{a}$ auf die xy-Ebene ist für $\vec{a'} \neq \vec{o}$ die Gerade g' mit der Gleichung $\vec{x'} = \vec{x_0'} + t\vec{a'}$; $\vec{x_0'}$ und $\vec{a'}$ sind die Projektionen von $\vec{x_0}$ und $\vec{a}$. Für $\vec{a'} = \vec{o}$ ist g' ein Punkt mit dem Ortsvektor $\vec{x_0'}$.

**(2) Die Projektion einer Geraden g mit der Gleichung $\vec{x} = \vec{x_0} + t\vec{a}$ auf die xz-Ebene ist für $\vec{a''} \neq \vec{o}$ die Gerade g'' mit der Gleichung $\vec{x} = \vec{x_0''} + t\vec{a''}$; $\vec{x_0''}$ und $\vec{a''}$ sind die Projektionen von $\vec{x_0}$ und $\vec{a}$.
Für $\vec{a''} = \vec{o}$ ist g'' ein Punkt mit dem Ortsvektor $\vec{x_0''}$.**

**(3) Die Projektion einer Geraden g mit der Gleichung $\vec{x} = \vec{x_0} + t\vec{a}$ auf die yz-Ebene ist für $\vec{a'''} \neq \vec{o}$ die Gerade g''' mit der Gleichung $\vec{x} = \vec{x_0'''} + t\vec{a'''}$; $\vec{x_0'''}$ und $\vec{a'''}$ sind die Projektionen von $\vec{x_0}$ und $\vec{a}$.
Für $\vec{a'''} = \vec{o}$ ist g''' ein Punkt mit dem Ortsvektor $\vec{x_0'''}$.**

Gegeben:

Vektor $\vec{a} = 2\vec{i} + 3\vec{j} + 2\vec{k}$.

Gesucht:

Projektionen von $\vec{a}$ auf die Koordinatenebenen.

Ergebnis:

$\vec{a'} = 2\vec{i} + 3\vec{j}$

$\vec{a''} = 2\vec{i} + 2\vec{k}$

$\vec{a'''} = 3\vec{j} + 2\vec{k}$

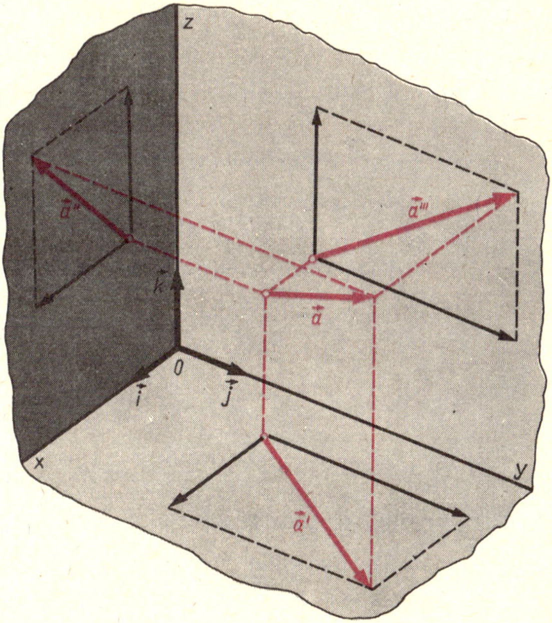

➡ E 5

E 5 Skalarprodukt zweier Vektoren

Das Skalarprodukt

▶ **DEFINITION:**

Sind $\vec{a}$ und $\vec{b}$ zwei beliebige Vektoren des Raumes, dann heißt die reelle Zahl

$\vec{a} \cdot \vec{b} = |\vec{a}|\,|\vec{b}| \cos \sphericalangle (\vec{a}, \vec{b})$

— gelesen $\vec{a}$ punkt $\vec{b}$ oder $\vec{a}$ mal $\vec{b}$ —

das Skalarprodukt (Punktprodukt, skalares Produkt) der Vektoren $\vec{a}$ und $\vec{b}$.

Eigenschaften des Skalarproduktes zweier Vektoren

Für die Vektoren $\vec{a}$, $\vec{b}$ und $\vec{c}$ gilt, wenn $\vec{o}$ als Nullvektor angesehen wird und λ eine reelle Zahl ist:

1 Für $\vec{a} = \vec{o}$ oder $\vec{b} = \vec{o}$ ist $\vec{a} \cdot \vec{b} = 0$

2 Für $\vec{a} \neq \vec{o}$ und $\vec{b} \neq \vec{o}$ ist

$\vec{a} \cdot \vec{b} > 0$ genau dann, wenn $0 \leqq \sphericalangle (\vec{a}, \vec{b}) < \frac{\pi}{2}$

$\vec{a} \cdot \vec{b} < 0$ genau dann, wenn $\frac{\pi}{2} < \sphericalangle (\vec{a}, \vec{b}) \leqq \pi$

$\vec{a} \cdot \vec{b} = 0$ genau dann, wenn $\sphericalangle (\vec{a}, \vec{b}) = \frac{\pi}{2}$

Bemerkung: Aus $\vec{a} \cdot \vec{b} = 0$ folgt, daß $\vec{a}$ orthogonal $\vec{b}$ ist. Der Nullvektor $\vec{o}$ ist definitionsgemäß zu jedem Vektor orthogonal.

3 $\vec{a} \cdot \vec{b} = \vec{b} \cdot \vec{a}$ (Kommutativität)

4 $\vec{c} \cdot (\vec{a} + \vec{b}) = \vec{c} \cdot \vec{a} + \vec{c} \cdot \vec{b}$ (Distributivität)

5 $\lambda (\vec{a} \cdot \vec{b}) = (\lambda \vec{a}) \cdot \vec{b} = \vec{a} \cdot (\lambda \vec{b})$

Für das Skalarprodukt $\vec{a} \cdot \vec{a}$ kann auch $\vec{a^2}$ geschrieben werden, und es gi
$\vec{a^2} = |\vec{a}|^2$.

↗ Winkelfunktionen, Ma i Üb, Seite 109

Aus den Eigenschaften des Skalarproduktes folgt speziell für die Basisvektore
$\vec{i}$, $\vec{j}$, $\vec{k}$:

$\vec{i} \cdot \vec{j} = 0;$	$\vec{i} \cdot \vec{k} = 0;$	$\vec{j} \cdot \vec{k} = 0$
$\vec{i} \cdot \vec{i} = 1;$	$\vec{j} \cdot \vec{j} = 1;$	$\vec{k} \cdot \vec{k} = 1$

Das Skalarprodukt in Koordinatendarstellung

Für das Skalarprodukt zweier durch ihre Koordinaten $(a_x; a_y; a_z)$ und $(b_x; b_y$
$b_z)$ gegebenen Vektoren $\vec{a}$ bzw. $\vec{b}$ gilt:

$\vec{a} \cdot \vec{b} = \left(a_x \vec{i} + a_y \vec{j} + a_z \vec{k}\right) \cdot \left(b_x \vec{i} + b_y \vec{j} + b_z \vec{k}\right).$
Daraus folgt auf Grund der Eigenschaften des Skalarproduktes

$$\vec{a} \cdot \vec{b} = a_x b_x + a_y b_y + a_z b_z$$

Für den **absoluten Betrag** eines Vektors ergibt sich mit Hilfe des Skalarproduktes:
$\vec{a} \cdot \vec{a} = a_x^2 + a_y^2 + a_z^2 = \left|\vec{a}\right|^2,$

$$\left|\vec{a}\right| = \sqrt{\vec{a} \cdot \vec{a}} = \sqrt{a_x^2 + a_y^2 + a_z^2}$$

Gesucht ist das Skalarprodukt zweier Vektoren.

Gegeben sind:
$\left|\vec{a}\right| = 3; \quad \left|\vec{b}\right| = 2$
$\sphericalangle\left(\vec{a}, \vec{b}\right) = 60°$

Lösung:
$\vec{a} \cdot \vec{b} = \left|\vec{a}\right| \cdot \left|\vec{b}\right| \cdot \cos 60°$
$= 2 \cdot 3 \cdot 0{,}5 = 3$

Gegeben sind:
$\vec{a} = 3\vec{i} + 2\vec{j} + 3\vec{k}$
$\vec{b} = 5\vec{i} + \vec{j}$

Lösung:
$\vec{a} \cdot \vec{b} = a_x b_x + a_y b_y + a_z b_z$
$= 3 \cdot 5 + 2 \cdot 1 + 3 \cdot 0$
$= 17$

↗ Kartesische Koordinatensysteme (Betrag des Ortsvektors), Seite 144

Projektion eines Vektors auf einen anderen Vektor

Im nebenstehenden Bild nennt man den Vektor $\vec{b}_{\vec{a}}$ die Projektion des Vektors $\vec{b}$ auf den Vektor $\vec{a}$.

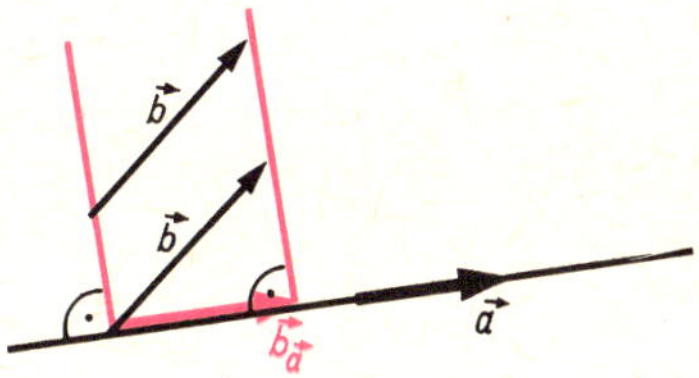

Für den Betrag der Projektion $\vec{b}_{\vec{a}}$ des Vektors $\vec{b}$ auf den Vektor $\vec{a}$ $\left(\vec{a} \neq \vec{o}\right)$ bei $0 \leqq \sphericalangle\left(\vec{b}_{\vec{a}}, \vec{b}\right) \leqq \frac{\pi}{2}$ gilt:

$$\left|\vec{b}_{\vec{a}}\right| = \left|\vec{b}\right| \cdot \cos \sphericalangle\left(\vec{b}_{\vec{a}}, \vec{b}\right).$$

Aus dieser Beziehung folgt der

SATZ:
Sind $\vec{a}$ und $\vec{b}$ zwei Vektoren mit $\vec{a} \neq \vec{o}$ und $\vec{b} \neq \vec{o}$, so ist das Skalarprodukt
$\vec{a} \cdot \vec{b} = \vec{a} \cdot \vec{b}_{\vec{a}} = \vec{a}_{\vec{b}} \cdot \vec{b}$.

E 5

Betrag und Richtung der Summe zweier Vektoren

Ohne Koordinatensystem

■ *Gegeben:* $|\vec{a}| = 10,\ |\vec{b}| = 6,\ \sphericalangle(\vec{a}, \vec{b}) = 60°$

Gesucht: $|\vec{a} + \vec{b}|,\ \sphericalangle(\vec{a}, \vec{a} + \vec{b})$

Lösung zeichnerisch (1 LE = 0,5 cm): Siehe Bild 1 auf dieser Seite.

Lösung mit Hilfe der ebenen Trigonometrie:

$$|\vec{a} + \vec{b}| = \sqrt{|\vec{a}|^2 + |\vec{b}|^2 - 2\,|\vec{a}|\,|\vec{b}|\cos \sphericalangle(\vec{b}, -\vec{a})}$$

↗ Berechnung schiefwinkliger Dreiecke, siehe Kosinussatz, Ma i Üb, Seite 121

$$|\vec{a} + \vec{b}| = \sqrt{10^2 + 6^2 - 2 \cdot 10 \cdot 6 \cdot (-0{,}5)} = 14$$

Bemerkung:

$$\sphericalangle(\vec{b}, -\vec{a}) = 180° - \sphericalangle(\vec{a}, \vec{b}) = 120°$$

$$\sin \sphericalangle(\vec{a}, \vec{a} + \vec{b}) = \frac{|\vec{b}| \cdot \sin \sphericalangle(\vec{b}, -\vec{a})}{|\vec{a} + \vec{b}|}$$

$$= \frac{6 \cdot \sin 120°}{14}$$

(Sinussatz)

$$\sin \sphericalangle(\vec{a}, \vec{a} + \vec{b}) \approx 0{,}371$$

$$\sphericalangle(\vec{a}, \vec{a} + \vec{b}) \approx 21{,}8°$$

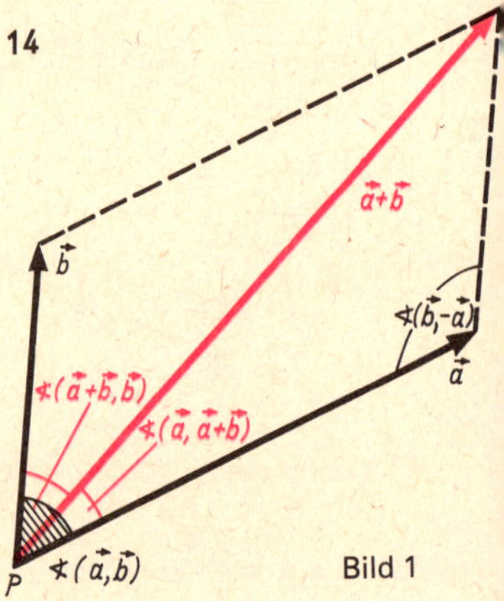

Bild 1

■ In Komponenten- bzw. Koordinatendarstellung

Gegeben: $\vec{a} = 6\vec{i} + 8\vec{j}$

$\vec{b} = -0{,}6\vec{i} + 4{,}2\vec{j} + 3\sqrt{2}\,\vec{k}$

Gesucht: $|\vec{a}|,\ |\vec{b}|,\ |\vec{a} + \vec{b}|,$

$\sphericalangle(\vec{a}, \vec{b}),\ \sphericalangle(\vec{a}, \vec{a} + \vec{b})$

Lösung:

$$|\vec{a}| = \sqrt{6^2 + 8^2} = \sqrt{100} = 10$$

$$|\vec{b}| = \sqrt{(-0{,}6)^2 + 4{,}2^2 + 3^2 \cdot 2}$$

$$|\vec{b}| = 6$$

$$\cos \sphericalangle(\vec{a}, \vec{b}) = \frac{\vec{a} \cdot \vec{b}}{|\vec{a}| \cdot |\vec{b}|}$$

$$\cos \sphericalangle(\vec{a}, \vec{b}) = 0{,}5$$

$$\sphericalangle(\vec{a}, \vec{b}) = 60°$$

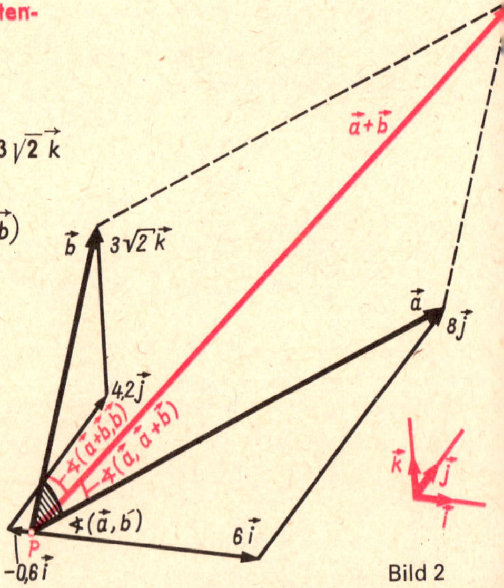

Bild 2

$$\vec{a} + \vec{b} = 5{,}4\vec{i} + 12{,}2\vec{j} + 3\sqrt{2}\,\vec{k}$$

$$\left|\vec{a} + \vec{b}\right| = \sqrt{5{,}4^2 + 12{,}2^2 + 3^2 \cdot 2} = 14$$

$$\cos \sphericalangle \left(\vec{a}, \vec{a} + \vec{b}\right) = \frac{\vec{a} \cdot \left(\vec{a} + \vec{b}\right)}{\left|\vec{a}\right| \cdot \left|\vec{a} + \vec{b}\right|} = \frac{6 \cdot 5{,}4 + 8 \cdot 12{,}2}{10 \cdot 14}$$

$$\cos \sphericalangle \left(\vec{a}, \vec{a} + \vec{b}\right) \approx 0{,}929$$

$$\sphericalangle \left(\vec{a}, \vec{a} + \vec{b}\right) \approx 21{,}8^\circ$$

Schnittwinkel zweier Geraden

Durch Umformung von $\vec{a} \cdot \vec{b} = \left|\vec{a}\right| \cdot \left|\vec{b}\right| \cdot \cos \sphericalangle \left(\vec{a}, \vec{b}\right)$ kann man eine Gleichung erhalten, die zur Ermittlung des Schnittwinkels zweier Geraden aus ihren Richtungsvektoren geeignet ist.

In Vektordarstellung:

$$\cos \sphericalangle \left(\vec{a}, \vec{b}\right) = \frac{\vec{a} \cdot \vec{b}}{\left|\vec{a}\right| \cdot \left|\vec{b}\right|}$$

In Koordinatendarstellung:

$$\cos \sphericalangle \left(\vec{a}, \vec{b}\right) = \frac{a_x b_x + a_y b_y + a_z b_z}{\sqrt{a_x^2 + a_y^2 + a_z^2} \cdot \sqrt{b_x^2 + b_y^2 + b_z^2}}$$

Gegeben:

Schnittpunkt S (4; 1; 3) der Geraden

$g_1 \left(\vec{a}_1 = 3\vec{j} + \vec{k}\right)$ und

$g_2 \left(\vec{a}_2 = -\vec{j} + \vec{k}\right)$

Gesucht:

Schnittwinkel von g_1 und g_2

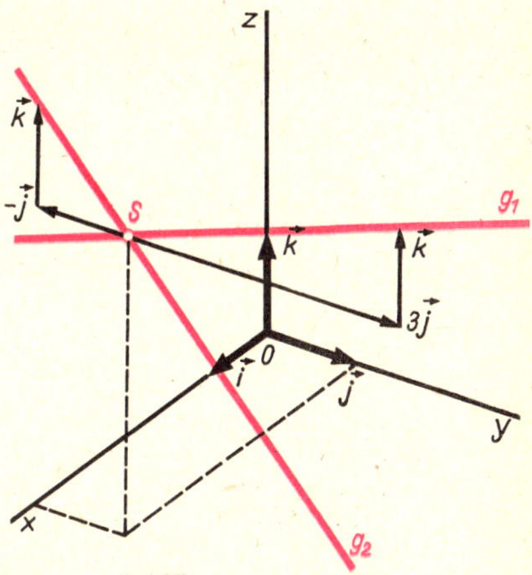

Lösung:

Da die Richtungsvektoren der Geraden unmittelbar gegeben sind, folgt

$$\cos \sphericalangle \left(\vec{a}_1, \vec{a}_2\right) = \frac{\vec{a}_1 \cdot \vec{a}_2}{\left|\vec{a}_1\right| \cdot \left|\vec{a}_2\right|},$$

im Beispiel

$$\cos \sphericalangle \left(\vec{a}_1, \vec{a}_2\right) = \frac{0 + 3 \cdot (-1) + 1 \cdot 1}{\sqrt{0 + 9 + 1} \cdot \sqrt{0 + 1 + 1}} \approx -0{,}447.$$

Ergebnis: $\sphericalangle (g_1, g_2) \approx 116{,}6^\circ$

E 6 Analytische Geometrie des Kreises und der Kugel

Gleichungen des Kreises und der Kugel

Mittelpunktsgleichung des Kreises

Ein Punkt P der Ebene mit dem Ortsvektor $\vec{x} = x\,\vec{i} + y\,\vec{j}$ hat vom Ursprung des Koordinatensystems $\{O; \vec{i}, \vec{j}\}$ den Abstand

$|\vec{x}| = \sqrt{x^2 + y^2}$.

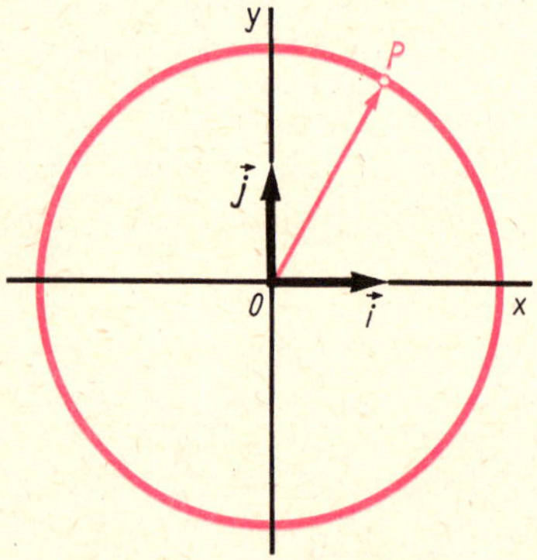

Somit gilt für alle Punkte $P(\vec{x})$ des Kreises mit dem Koordinatenursprung als Mittelpunkt und mit dem Radius r

$|\vec{x}| = \sqrt{\vec{x} \cdot \vec{x}} = r$ bzw.

$$\vec{x} \cdot \vec{x} = r^2,$$

in Koordinatendarstellung

$$x^2 + y^2 = r^2.$$

Allgemeine Kreisgleichung

Ist der Mittelpunkt M des Kreises durch seinen Ortsvektor

$\vec{x}_M = x_M\,\vec{i} + y_M\,\vec{j}$

gegeben, so gilt für alle Punkte $P(\vec{x})$ des Kreises mit dem Radius r

$|\vec{x} - \vec{x}_M| = r$ bzw.

Mittelpunktsgleichung der Kugel

Ein Punkt P des Raumes mit dem Ortsvektor $\vec{x} = x\,\vec{i} + y\,\vec{j} + z\,\vec{k}$ hat vom Ursprung des Koordinatensystems $\{O; \vec{i}, \vec{j}, \vec{k}\}$ den Abstand

$|\vec{x}| = \sqrt{x^2 + y^2 + z^2}$.

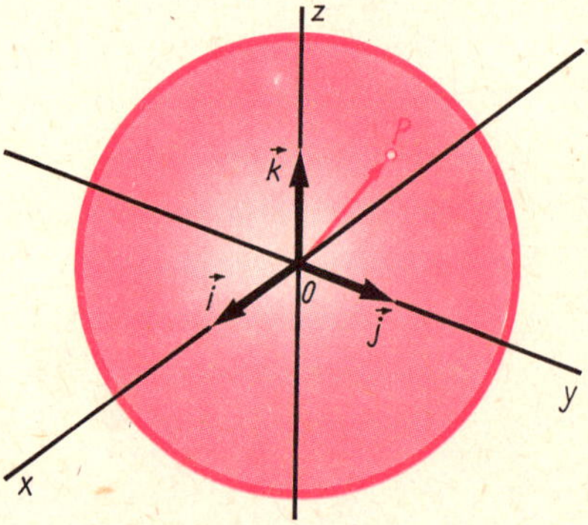

Somit gilt für alle Punkte $P(\vec{x})$ der Kugel mit dem Koordinatenursprung als Mittelpunkt und mit dem Radius r

$|\vec{x}| = \sqrt{\vec{x} \cdot \vec{x}} = r$ bzw.

$$\vec{x} \cdot \vec{x} = r^2,$$

in Koordinatendarstellung

$$x^2 + y^2 + z^2 = r^2.$$

Allgemeine Kugelgleichung

Ist der Mittelpunkt M der Kugel durch seinen Ortsvektor

$\vec{x}_M = x_M\,\vec{i} + y_M\,\vec{j} + z_M\,\vec{k}$

gegeben, so gilt für alle Punkte $P(\vec{x})$ der Kugel mit dem Radius r

$|\vec{x} - \vec{x}_M| = r$ bzw.

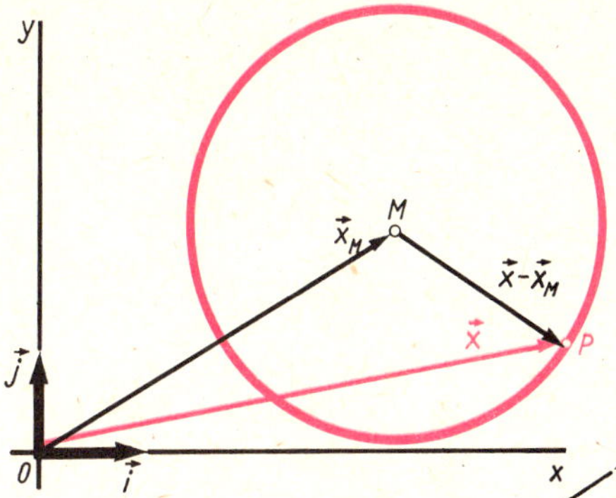

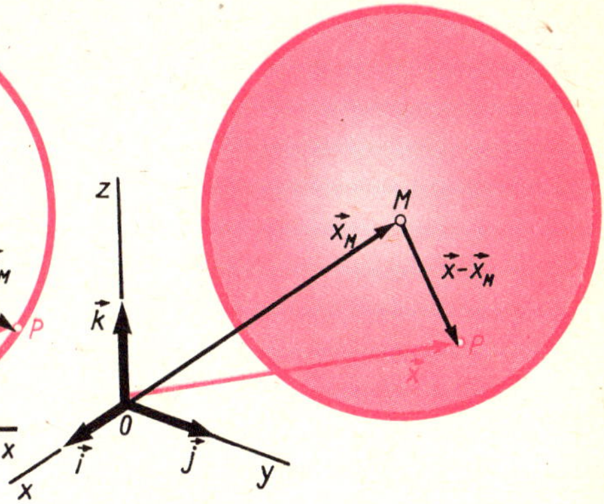

$$(\vec{x} - \vec{x}_M) \cdot (\vec{x} - \vec{x}_M) = r^2,$$

in Koordinatendarstellung

$$(x - x_M)^2 + (y - y_M)^2 = r^2.$$

Es läßt sich zeigen, daß diese Gleichung, die für alle Punkte des Kreises gilt, nur für diese Punkte gilt.
Ist für einen Punkt $P\,(x;\,y)$
$x^2 + y^2 > r^2$,
so liegt er außerhalb des Kreises, ist für ihn $x^2 + y^2 < r^2$, so liegt er innerhalb des Kreises.
$x^2 + y^2 \leqq r^2$
gilt für alle Punkte der Kreisfläche.

$$(\vec{x} - \vec{x}_M) \cdot (\vec{x} - \vec{x}_M) = r^2,$$

in Koordinatendarstellung

$$(x - x_M)^2 + (y - y_M)^2 + (z - z_M)^2 = r^2.$$

Es läßt sich zeigen, daß diese Gleichung, die für alle Punkte der Kugel gilt, nur für diese Punkte gilt.
Ist für einen Punkt $P\,(x;\,y;\,z)$
$x^2 + y^2 + z^2 > r^2$,
so liegt er außerhalb der Kugel, ist für ihn
$x^2 + y^2 + z^2 < r^2$,
so liegt er innerhalb der Kugel.
$x^2 + y^2 + z^2 \leqq r^2$
gilt für alle Punkte des Kugelkörpers.

Gegeben: Kreis mit $M\,(2;\,-3)$; $r = 1$
Gesucht: Gleichung des Kreises
Ergebnis: $(x - 2)^2 + (y + 3)^2 = 1$

↗ Kreis – Kreisfläche, Ma i Üb, Seite 194
↗ Kugel, Ma i Üb, Seite 245

Gegenseitige Lage von Kreis und Gerade

In einer Ebene kann eine Gerade einen Kreis schneiden (Sekante), berühren (Tangente) oder meiden (Passante).

↗ Kreis und Gerade, Ma i Üb, Seite 196

Die Koordinaten gemeinsamer Punkte $G\,(\vec{x}_G)$ eines Kreises, gegeben durch
$(\vec{x} - \vec{x}_M)^2 = r^2$,
und einer Geraden, gegeben durch

$\vec{x} = \vec{x}_0 + t\vec{a}$
müssen das Gleichungssystem

$(\vec{x}_G - \vec{x}_M)^2 = r^2$
$\vec{x}_G = \vec{x}_0 + t\vec{a}$

erfüllen. Eine für die Lösung des Problems geeignete Parameterdarstellung der Geraden erhält man, wenn $\vec{x}_0$ als Ortsvektor des Fußpunktes P_0, des Lotes vom Mittelpunkt M des Kreises auf die Gerade g und $\vec{a}$ als Einheitsvektor (d. h. $|\vec{a}| = 1$) aufgefaßt wird.

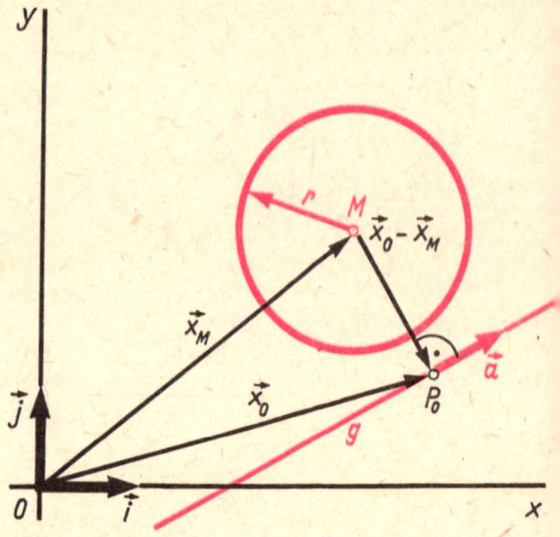

Durch Elimination von $\vec{x}_G$ ergibt sich
$(\vec{x}_0 + t\vec{a} - \vec{x}_M)^2 = r^2$.
Nach dem Distributivgesetz für die skalare Multiplikation (↗ Seite 168) folgt daraus (nach Umformung)

$t^2\vec{a}^2 + 2(t\vec{a}) \cdot (\vec{x}_0 - \vec{x}_M)^2 + (\vec{x}_0 - \vec{x}_M)^2 = r^2$.

Auf Grund der besonderen Wahl von $\vec{a}$ und $P_0(\vec{x}_0)$ ist $\vec{a}^2 = 1$ und $t\vec{a}$ orthogonal zu $\vec{x}_0 - \vec{x}_M$, d. h. $(t\vec{a}) \cdot (\vec{x}_0 - \vec{x}_M) = 0$.
Somit ist

$t^2 + (\vec{x}_0 - \vec{x}_M)^2 = r^2$ und $t_{1,2} = \pm\sqrt{r^2 - (\vec{x}_0 - \vec{x}_M)^2}$.

Existenz und Anzahl der Schnittpunkte hängen von der Diskriminante
$D = r^2 - (\vec{x}_0 - \vec{x}_M)^2$ ab.

1. Ist $D > 0$, so ist $|\vec{x}_0 - \vec{x}_M| < r$, d. h., P_0 liegt innerhalb des Kreises k. In diesem Falle hat die Gleichung für t zwei Lösungen, Kreis und Gerade haben genau zwei Punkte gemeinsam. Die Gerade ist Sekante des Kreises.
2. Ist $D = 0$, so ist $|\vec{x}_0 - \vec{x}_M| = r$ und $t = 0$, d. h., P_0 liegt auf dem Kreis k und ist der einzige gemeinsame Punkt des Kreises und der Geraden. Die Gerade ist Tangente des Kreises.
3. Ist $D < 0$, so ist $|\vec{x}_0 - \vec{x}_M| > r$, d. h., P_0 liegt außerhalb des Kreises. In diesem Falle existieren keine (reellen) Lösungen der Gleichung für t; Kreis und Gerade haben keinen Punkt gemeinsam. Die Gerade ist Passante des Kreises.

Tangente an einen Kreis in einem gegebenen Punkt

Ist der gegebene Kreispunkt $P_0(\vec{x}_0)$, so muß für alle Punkte $P(\vec{x})$ dieser Tangente gelten

$(\vec{x} - \vec{x}_0) \cdot (\vec{x}_0 - \vec{x}_M) = 0$;

denn $\vec{x} - \vec{x}_0$ und $\vec{x}_0 - \vec{x}_M$ stehen aufeinander senkrecht.
Mit Hilfe der Beziehung

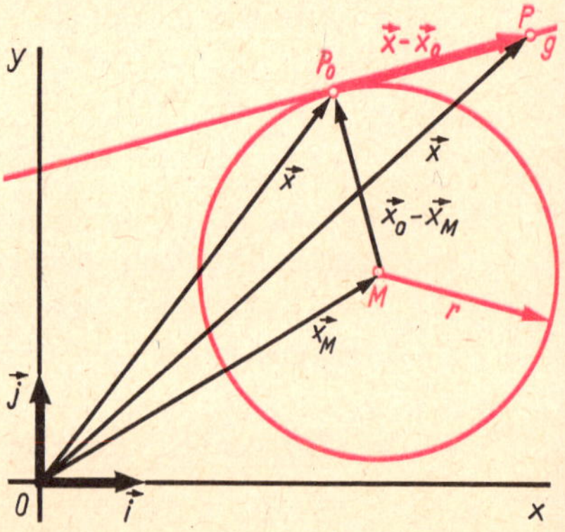

$\vec{x} - \vec{x}_0 = (\vec{x} - \vec{x}_M) - (\vec{x}_0 - \vec{x}_M)$
ergibt sich daraus

$$(\vec{x} - \vec{x}_M) \cdot (\vec{x}_0 - \vec{x}_M) = r^2 \,,$$

in Koordinatendarstellung

$$(x - x_M)(x_0 - x_M) + (y - y_M)(y_0 - y_M) = r^2 \,.$$

Gegeben:

Kreis mit $M\,(3; 0)$, $r = 4$

Gesucht:

Gleichung der Tangente t des Kreises im Punkt $P_0\,(6{,}2; y_0 > 0)$

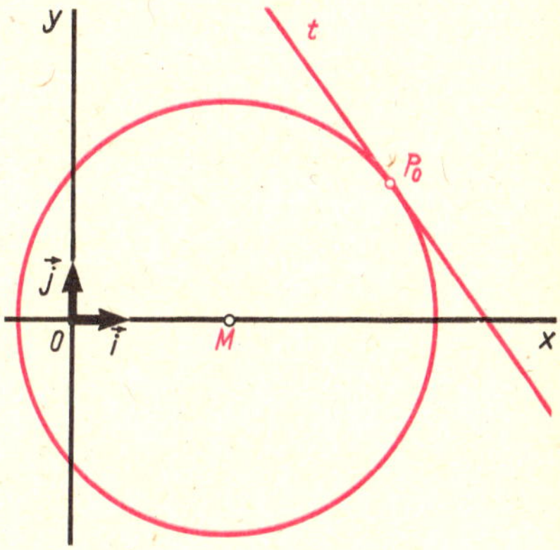

Lösung:

$(x - x_M)^2 + (y - y_M)^2 = r^2$
$(6{,}2 - 3)^2 + (y - 0)^2 = 16$
$y = \pm\, 2{,}4$

Da $y_0 > 0$ gelten soll, ergibt sich $y_0 = 2{,}4$. Wir setzen in die Tangentengleichung

$(x_0 - x_M)(x - x_M) + (y_0 - y_M)(y - y_M) = r^2$

ein und erhalten:

$(6{,}2 - 3)(x - 3) + (2{,}4 - 0)(y - 0) = 16\,.$

Ergebnis:

$3{,}2x + 2{,}4y = 25{,}6$ oder $y = -\frac{4}{3}x + \frac{32}{3}$

Tangente an einen Kreis von einem Punkt außerhalb des Kreises

Ist der außerhalb des Kreises gelegene Punkt $P_1\,(x_1; y_1)$ gegeben, so müssen folgende Bedingungen erfüllt sein:
(1) P_1 muß ein Punkt der Tangente des Kreises in dem noch unbekannten Berührungspunkt $P_0\,(x_0; y_0)$ sein.
(2) P_0 muß ein Punkt des Kreises sein.
Diese Bedingungen sind für genau zwei Geraden durch P_1 erfüllt.
Ist der Kreis durch die Gleichung $(x - x_M)^2 + (y - y_M)^2 = r^2$ gegeben, so lassen sich aus den entsprechenden Gleichungen
a) $(x_1 - x_M)(x_0 - x_M) + (y_1 - y_M)(y_0 - y_M) = r^2$ und
b) $(x_0 - x_M)^2 + (y_0 - y_M)^2 = r^2$
x_0 und y_0 errechnen. Damit können die Gleichungen der Tangenten aufgestellt werden.

E7

Gegeben:

Kreis mit $M(0; 4)$ und $r = 2{,}5$ sowie ein Punkt $P_1(5; 1{,}5)$ außerhalb des Kreises

Gesucht:

Tangenten von P_1 an den Kreis

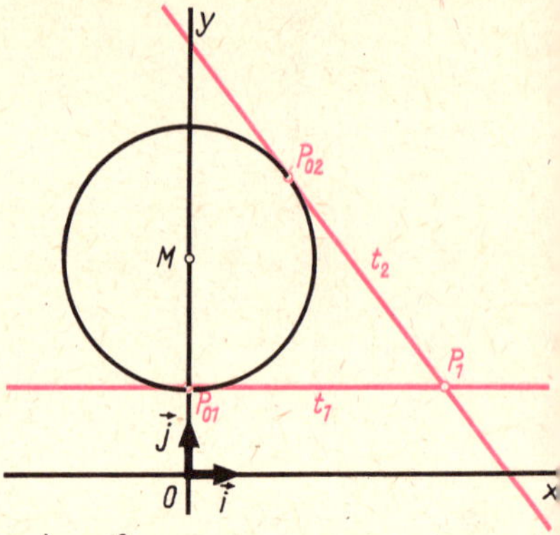

Lösung:

Die Koordinaten $(x_0; y_0)$ des Berührungspunktes der Tangente können mit Hilfe des Systems

a) $(x_1 - x_M)(x_0 - x_M) + (y_1 - y_M)(y_0 - y_M) = r^2$
b) $(x_0 - x_M)^2 + (y_0 - y_M)^2 = r^2$

ermittelt werden. Also:

$$(5 - 0)(x_0 - 0) + (1{,}5 - 4)(y_0 - 4) = 6{,}25$$
$$x_0^2 + (y_0 - 4)^2 = 6{,}25$$

Es ergeben sich die Werte:

$x_{01} = 0;\ y_{01} = 1{,}5;\ x_{02} = 2;\ y_{02} = 5{,}5$.

Unter Benutzung der Tangentengleichung

$$(x - x_M)(x_0 - x_M) + (y - y_M)(y_0 - y_M) = r^2$$

erhält man:

Tangente t_1: $y = 1{,}5$; Tangente t_2: $y = -\frac{4}{3}x + \frac{49}{6}$.

E7 Vektorprodukt zweier Vektoren

Das Vektorprodukt

DEFINITION:

Sind $\vec{a}$ und $\vec{b}$ zwei beliebige Vektoren des Raumes, dann heißt der Vektor $\vec{a} \times \vec{b}$ — gelesen $\vec{a}$ kreuz $\vec{b}$ —, der die Bedingungen erfüllt

(1) $|\vec{a} \times \vec{b}| = |\vec{a}|\,|\vec{b}| \sin \sphericalangle(\vec{a}, \vec{b})$,

(2) $\vec{a} \times \vec{b}$ ist orthogonal sowohl zu $\vec{a}$ als auch zu $\vec{b}$,

(3) $\vec{a} \times \vec{b}$ bildet mit den Vektoren $\vec{a}$ und $\vec{b}$ in der Reihenfolge $\vec{a}, \vec{b}, \vec{a} \times \vec{b}$ ein Rechtssystem,

das Vektorprodukt (Kreuzprodukt, vektorielles Produkt) der Vektoren $\vec{a}$ und $\vec{b}$.

Eigenschaften des Vektorproduktes zweier Vektoren

1 Sind zwei Vektoren zueinander parallel, dann ist ihr Vektorprodukt der Nullvektor $\vec{o}$. Somit gilt auch $\vec{a} \times \vec{a} = \vec{o}$.

2 Ist $\vec{n}_{\vec{a},\vec{b}}$ ein Einheitsvektor, der zu $\vec{a}$ und $\vec{b}$ orthogonal ist und diese Vektoren im Falle, daß $\vec{a}$ zu $\vec{b}$ nicht parallel ist, in der Reihenfolge $\vec{a}, \vec{b}, \vec{n}_{\vec{a},\vec{b}}$ zu einem Rechtssystem ergänzt, so kann das Vektorprodukt $\vec{a} \times \vec{b}$ auch durch

$$\vec{a} \times \vec{b} = \vec{n}_{\vec{a},\vec{b}} \left|\vec{a}\right| \left|\vec{b}\right| \sin \sphericalangle \left(\vec{a}, \vec{b}\right)$$

definiert werden.

Für die Vektoren $\vec{a}$, $\vec{b}$ und $\vec{c}$ gilt, wenn $\vec{o}$ als Nullvektor angesehen wird und λ eine reelle Zahl ist:

3 $\vec{a} \times \vec{b} = -\left(\vec{b} \times \vec{a}\right)$ (anstelle eines Kommutativgesetzes)

4 $\left(\lambda \vec{a}\right) \times \vec{b} = \lambda \left(\vec{a} \times \vec{b}\right)$; $\quad \vec{a} \times \left(\lambda \vec{b}\right) = \lambda \left(\vec{a} \times \vec{b}\right)$

5 $\vec{a} \times \left(\vec{b} + \vec{c}\right) = \vec{a} \times \vec{b} + \vec{a} \times \vec{c}$ (Distributivität)
$\left(\vec{a} + \vec{b}\right) \times \vec{c} = \vec{a} \times \vec{c} + \vec{b} \times \vec{c}$

Da $\vec{a} \times \left(\vec{b} \times \vec{c}\right)$ nicht stets gleich $\left(\vec{a} \times \vec{b}\right) \times \vec{c}$ ist, gilt kein entsprechendes Assoziativgesetz.

Für die Basisvektoren $\vec{i}, \vec{j}, \vec{k}$ eines orthonormierten Rechtssystems ist

$\vec{i} \times \vec{j} = \vec{k}$;	$\vec{i} \times \vec{k} = -\vec{j}$;	$\vec{j} \times \vec{k} = \vec{i}$.
$\vec{i} \times \vec{i} = \vec{o}$;	$\vec{j} \times \vec{j} = \vec{o}$;	$\vec{k} \times \vec{k} = \vec{o}$.

as Vektorprodukt in Koordinatendarstellung

Wegen der Distributivität des Vektorproduktes gilt:

$$\left(\vec{a}_1 + \vec{a}_2 + \vec{a}_3\right) \times \left(\vec{b}_1 + \vec{b}_2 + \vec{b}_3\right)$$
$$= \vec{a}_1 \times \vec{b}_1 + \vec{a}_1 \times \vec{b}_2 + \vec{a}_1 \times \vec{b}_3 + \vec{a}_2 \times \vec{b}_1 + \vec{a}_2 \times \vec{b}_2$$
$$+ \vec{a}_2 \times \vec{b}_3 + \vec{a}_3 \times \vec{b}_1 + \vec{a}_3 \times \vec{b}_2 + \vec{a}_3 \times \vec{b}_3.$$

Für das Vektorprodukt zweier durch ihre Koordinaten $(a_x; a_y; a_z)$ und $(b_x; b_y; b_z)$ gegebenen Vektoren $\vec{a}$ und $\vec{b}$ gilt:

$$a_x b_x \left(\vec{i} \times \vec{i}\right) + a_x b_y \left(\vec{i} \times \vec{j}\right) + a_x b_z \left(\vec{i} \times \vec{k}\right)$$
$$+ a_y b_x \left(\vec{j} \times \vec{i}\right) + a_y b_y \left(\vec{j} \times \vec{j}\right) + a_y b_z \left(\vec{j} \times \vec{k}\right)$$
$$+ a_z b_x \left(\vec{k} \times \vec{i}\right) + a_z b_y \left(\vec{k} \times \vec{j}\right) + a_z b_z \left(\vec{k} \times \vec{k}\right).$$

Daraus folgt auf Grund der Eigenschaften des Vektorproduktes als Komponentendarstellung des Vektorproduktes

$$\vec{a} \times \vec{b} = (a_y b_z - a_z b_y)\,\vec{i} + (a_z b_x - a_x b_z)\,\vec{j} + (a_x b_y - a_y b_x)\,\vec{k}.$$

E 7

Geometrische Deutung des Vektorproduktes

Der Betrag des Vektorproduktes $\vec{a} \times \vec{b}$ der Vektoren $\vec{a}$ und $\vec{b}$ ist gleich dem Flächeninhalt eines von diesen Vektoren aufgespannten Parallelogrammes.

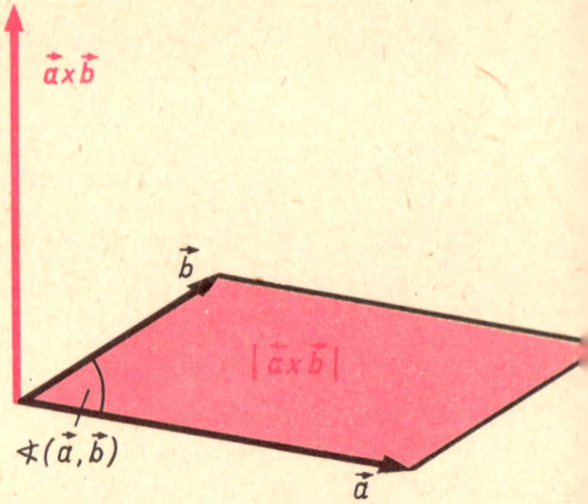

Komponentendarstellung von Operationen mit Vektoren

Koordinatensystem $\{O; \vec{i}, \vec{j}\}$	Koordinatensystem $\{O; \vec{i}, \vec{j}, \vec{k}\}$
$\vec{a} = a_x \vec{i} + a_y \vec{j}$ $\vec{b} = b_x \vec{i} + b_y \vec{j}$	$\vec{a} = a_x \vec{i} + a_y \vec{j} + a_z \vec{k}$ $\vec{b} = b_x \vec{i} + b_y \vec{j} + b_z \vec{k}$
$\vec{a} + \vec{b} = (a_x + b_x) \vec{i} + (a_y + b_y) \vec{j}$	$\vec{a} + \vec{b} = (a_x + b_x) \vec{i} + (a_y + b_y) \vec{j} + (a_z + b_z) \vec{k}$
$\lambda \vec{a} = \lambda a_x \vec{i} + \lambda a_y \vec{j}$	$\lambda \vec{a} = \lambda a_x \vec{i} + \lambda a_y \vec{j} + \lambda a_z \vec{k}$
$\vec{a} \cdot \vec{b} = a_x b_x + a_y b_y$	$\vec{a} \cdot \vec{b} = a_x b_x + a_y b_y + a_z b_z$
$\vec{a} \times \vec{b} = (a_x b_y - a_y b_x) \vec{k}$ Der Vektor $\vec{k}$ ist ein Einheitsvektor; er steht senkrecht auf $\vec{i}$ und $\vec{j}$ (d. h. auf der xy-Ebene) und bildet mit $\vec{i}$ und $\vec{j}$ ein Rechtssystem in der Reihenfolge $\vec{i}, \vec{j}, \vec{k}$.	$\vec{a} \times \vec{b} = (a_y b_z - a_z b_y) \vec{i} + (a_z b_x - a_x b_z) \vec{j} + (a_x b_y - a_y b_x) \vec{k}$

Übersicht über Multiplikationen von Zahlen und Vektoren

λ, μ, ν beliebige reelle Zahlen; $\vec{a}$, $\vec{b}$, $\vec{c}$ beliebige Vektoren

Art der Multiplikation	Resultat	Kommutativität	Assoziativität	Distributivität	Weitere Eigenschaften
Multiplikation zweier reeller Zahlen λ, μ	reelle Zahl	$\lambda \mu = \mu \lambda$	$\lambda (\mu \nu) = (\lambda \mu) \nu$	$\lambda (\mu + \nu) = \lambda \mu + \lambda \nu$	
Multiplikation eines Vektors mit einer reellen Zahl $\lambda \vec{a}$	Vektor	$\lambda \vec{a} = \vec{a} \lambda$	$\lambda (\mu \vec{a}) = (\lambda \mu) \vec{a}$	$(\lambda + \mu) \vec{a} = \lambda \vec{a} + \mu \vec{a}$ $\lambda (\vec{a} + \vec{b}) = \lambda \vec{a} + \lambda \vec{b}$	
Skalare Multiplikation zweier Vektoren $\vec{a} \cdot \vec{b}$	reelle Zahl	$\vec{a} \cdot \vec{b} = \vec{b} \cdot \vec{a}$	—	$\vec{a} \cdot (\vec{b} + \vec{c}) = \vec{a} \cdot \vec{b} + \vec{a} \cdot \vec{c}$	$\lambda (\vec{a} \cdot \vec{b}) = (\lambda \vec{a}) \vec{b}$ $= \vec{a} (\vec{b} \cdot \lambda)$
Vektorielle Multiplikation zweier Vektoren $\vec{a} \times \vec{b}$	Vektor	Keine Kommutativität; dafür gilt $\vec{a} \times \vec{b}$ $= -(\vec{b} \times \vec{a})$	—	$\vec{a} \times (\vec{b} + \vec{c})$ $= \vec{a} \times \vec{b} + \vec{a} \times \vec{c}$ $(\vec{a} + \vec{b}) \times \vec{c}$ $= \vec{a} \times \vec{c} + \vec{b} \times \vec{c}$	$\vec{b} \times \vec{a} = -(\vec{a} \times \vec{b})$ $\lambda (\vec{a} \times \vec{b}) = (\lambda \vec{a}) \times \vec{b}$ $= \vec{a} \times (\lambda \vec{b})$

➡ E 7

Übersicht über skalare und vektorielle Multiplikation zweier Vektoren

	Skalarprodukt	Vektorprodukt
Definition des Produktes der Vektoren $\vec{a}$ und $\vec{b}$	$\vec{a} \cdot \vec{b} = \lvert\vec{a}\rvert \, \lvert\vec{b}\rvert \cos \sphericalangle (\vec{a}, \vec{b})$	$\vec{a} \times \vec{b} =$ $\vec{n}_{\vec{a}, \vec{b}} \lvert\vec{a}\rvert \, \lvert\vec{b}\rvert \sin \sphericalangle (\vec{a}, \vec{b})$ mit $\lvert\vec{n}\rvert_{\vec{a}, \vec{b}} = 1$; $\vec{n}_{\vec{a}, \vec{b}} \perp \vec{a}$; $\vec{n}_{\vec{a}, \vec{b}} \perp \vec{b}$ $\vec{a}, \vec{b}, \vec{n}_{\vec{a}, \vec{b}}$ bilden in der angegebenen Reihenfolge ein Rechtssystem
Orthogonalität der Vektoren $\vec{a}$ und $\vec{b}$	$\vec{a} \cdot \vec{b} = 0$	$\lvert\vec{a} \times \vec{b}\rvert = \lvert\vec{a}\rvert \, \lvert\vec{b}\rvert$
Parallelität der Vektoren $\vec{a}$ und $\vec{b}$	$\vec{a} \cdot \vec{b} = \lvert\vec{a}\rvert \, \lvert\vec{b}\rvert$ für $\vec{a} \uparrow\uparrow \vec{b}$ $\vec{a} \cdot \vec{b} = - \lvert\vec{a}\rvert \, \lvert\vec{b}\rvert$ für $\vec{a} \uparrow\downarrow \vec{b}$	$\vec{a} \times \vec{b} = \vec{o}$
Produkte der Basisvektoren $\vec{i}, \vec{j}, \vec{k}$ eines kartesischen Rechtssystems	$\begin{array}{c\|ccc} & \vec{i} & \vec{j} & \vec{k} \\ \hline \vec{i}\,\cdot & 1 & 0 & 0 \\ \vec{j}\,\cdot & 0 & 1 & 0 \\ \vec{k}\,\cdot & 0 & 0 & 1 \end{array}$	$\begin{array}{c\|ccc} & \vec{i} & \vec{j} & \vec{k} \\ \hline \vec{i}\,\times & \vec{o} & \vec{k} & -\vec{j} \\ \vec{j}\,\times & -\vec{k} & \vec{o} & \vec{i} \\ \vec{k}\,\times & \vec{j} & -\vec{i} & \vec{o} \end{array}$

F 1 Kegel und Kegelschnitte

Kegeldefinition

DEFINITION:
Ein Kegel ist die Menge der Geraden, die einen Punkt *S* des Raumes mit den Punkten einer Kurve *k* verbinden. Ist *k* eine ebene Kurve, dann darf *S* nicht in der Ebene von *k* liegen.
***S* heißt die *Spitze*, *k* die *Leitkurve*, und die Geraden heißen die *Mantellinien* des Kegels.**

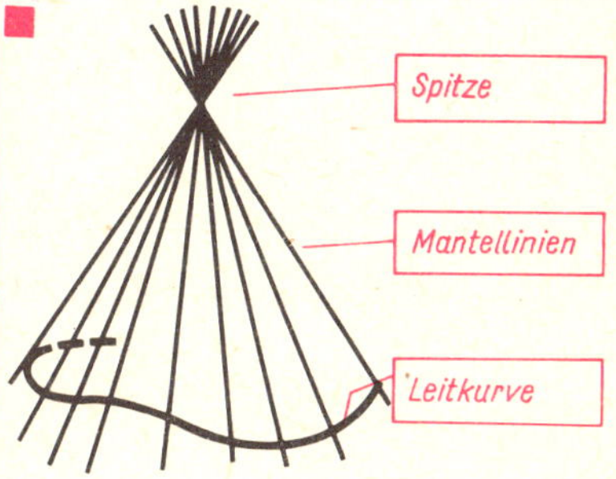

Bemerkung: Diese Definition unterscheidet sich von der Definition des Kegels in „Mathematik in Übersichten“ vor allem dadurch, daß sie nur die (von den Mantellinien gebildete) Mantelfläche betrifft, diese aber als unbegrenzt (auch über die Spitze hinaus, im Sinne eines „Doppelkegels“) auffaßt.

↗ Kreiskegel, Ma i Üb, Seite 244

Ist die Leitkurve eines Kegels ein Kreis, so heißt der Kegel **Kreiskegel**; die Verbindungsgerade des Kreismittelpunktes mit der Spitze heißt **Achse** des Kreiskegels.
Steht die Achse senkrecht auf der Ebene des Kreises, so heißt der Kreiskegel **gerade,** anderenfalls heißt er **schief**.
Die folgenden Ausführungen beziehen sich in der Regel nur auf gerade Kreiskegel und auf ebene Schnitte solcher Kegel; der Einfachheit halber werden dafür die Kurzbezeichnungen „Kegel“ bzw. „Kegelschnitt“ verwendet.

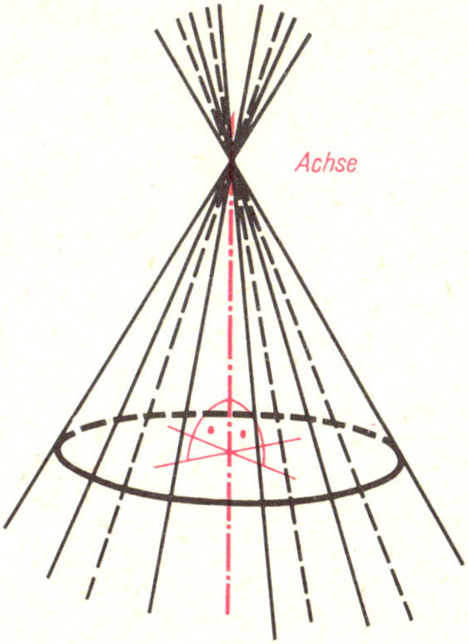

F1

Kegelschnittdefinition

DEFINITION:

Wird ein gerader Kreiskegel K, dessen Mantellinien mit der Ebene des Kegelgrundkreises den Winkel α bilden, von einer Ebene ε geschnitten, die mit jener Ebene den Winkel β einschließt und nicht die Spitze S des Kegels K enthält, so heißt der entstehende Kegelschnitt

für $0 < \beta < \alpha$ eine Ellipse,
für $\beta = \alpha$ eine Parabel,
für $\alpha < \beta \leqq \frac{\pi}{2}$ eine Hyperbel.

Für $\beta = 0$ entsteht ein Kreis.

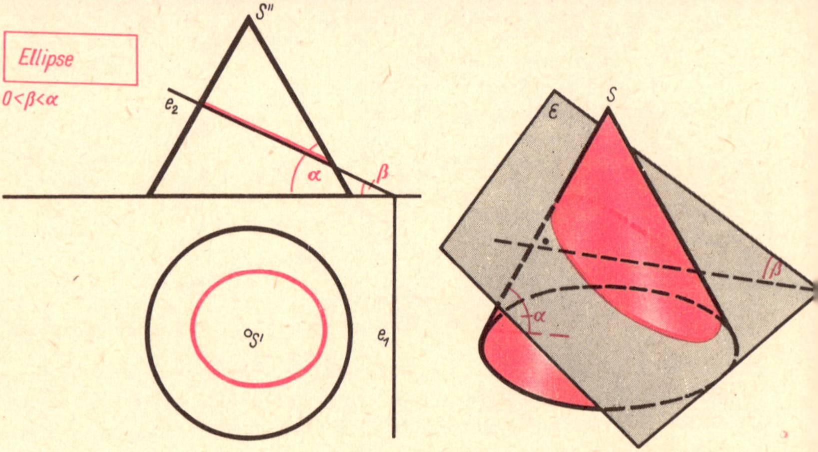

↗ Ortsdefinition der Ellipse, Seite 187

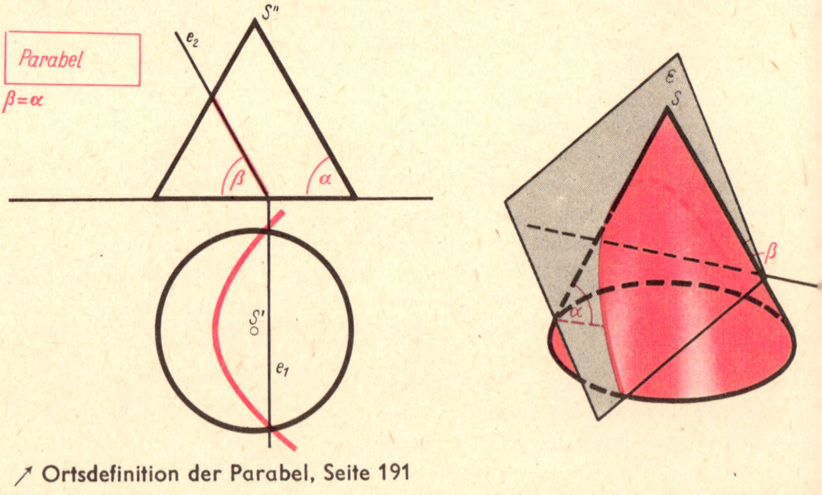

↗ Ortsdefinition der Parabel, Seite 191

Hyperbel

$\alpha < \beta \leq \frac{\pi}{2}$

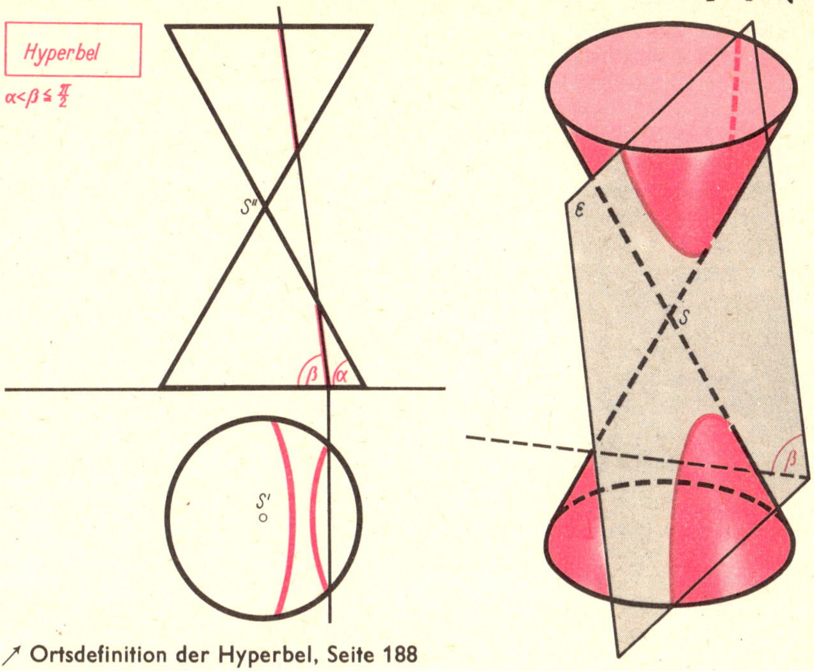

↗ Ortsdefinition der Hyperbel, Seite 188

Geht die Schnittebene ε durch die Kegelspitze S, dann haben Kegel und Ebene im Falle

$0 \leqq \beta < \alpha$

genau einen Punkt gemeinsam

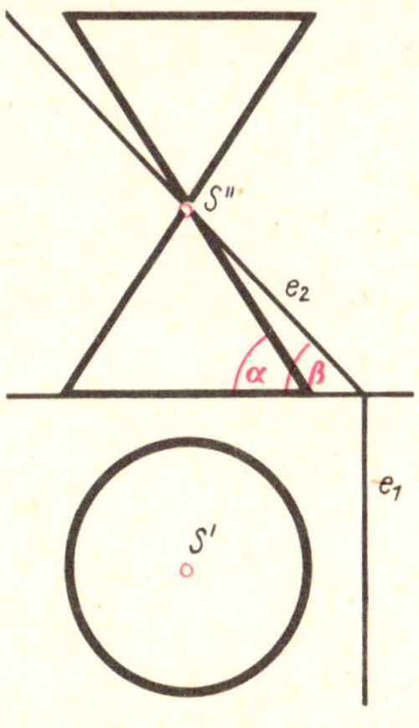

$\beta = \alpha$

genau eine Gerade gemeinsam

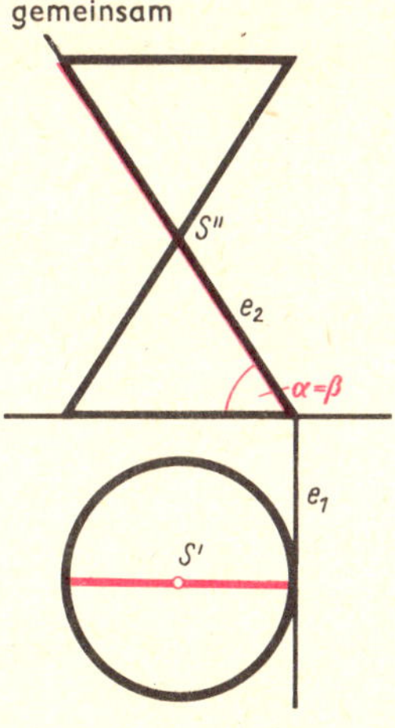

$\alpha < \beta \leqq \frac{\pi}{2}$

genau ein Geradenpaar gemeinsam

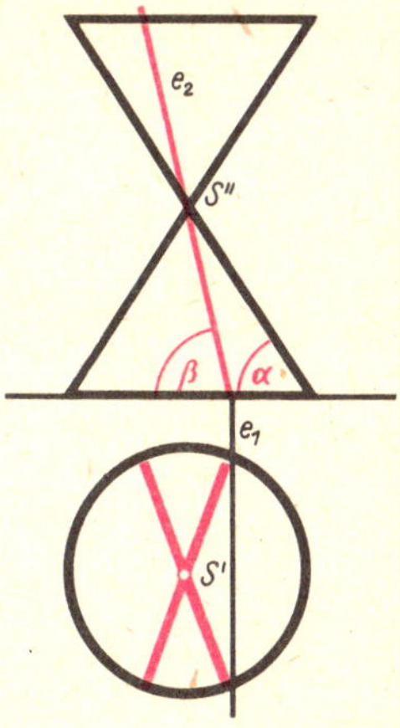

In diesen Fällen spricht man von entarteten Kegelschnitten.

➡ F 1

Darstellend-geometrische Konstruktion von Kegelschnitten

Bei den folgenden Konstruktionen von Kegelschnitten in Zweitafelprojektion wird der Einfachheit halber die Grundrißebene senkrecht zur Kegelachse und die Aufrißebene senkrecht zur Schnittebene angenommen (das bedeutet keine Einschränkung der Allgemeinheit).
Bei der Konstruktion der Kegelschnitte wird zunächst (mit Hilfe von Mantellinien des Kegels oder Höhenkreisen) aus dem Aufriß der Grundriß der (ebenen) Schnittfigur konstruiert (z. B. punktweise). Durch Umklappung der Schnittebene in die Grundrißebene oder in eine andere Höhenebene wird die wahre Größe und Gestalt des Kegelschnittes bestimmt.

Es zeigt sich, daß unter den angenommenen Bedingungen für die gegenseitige Lage des Kegels, der Schnittebene und der Rißebenen der Grundriß einer Ellipse ebenfalls eine Ellipse, der Grundriß einer Parabel ebenfalls eine Parabel und der Grundriß einer Hyperbel im allgemeinen ebenfalls eine Hyperbel (im Falle des Senkrechtstehens der Schnittebene auf der Grundrißebene: eine Gerade) ist. (↗ Bilder auf Seite 183 unten)

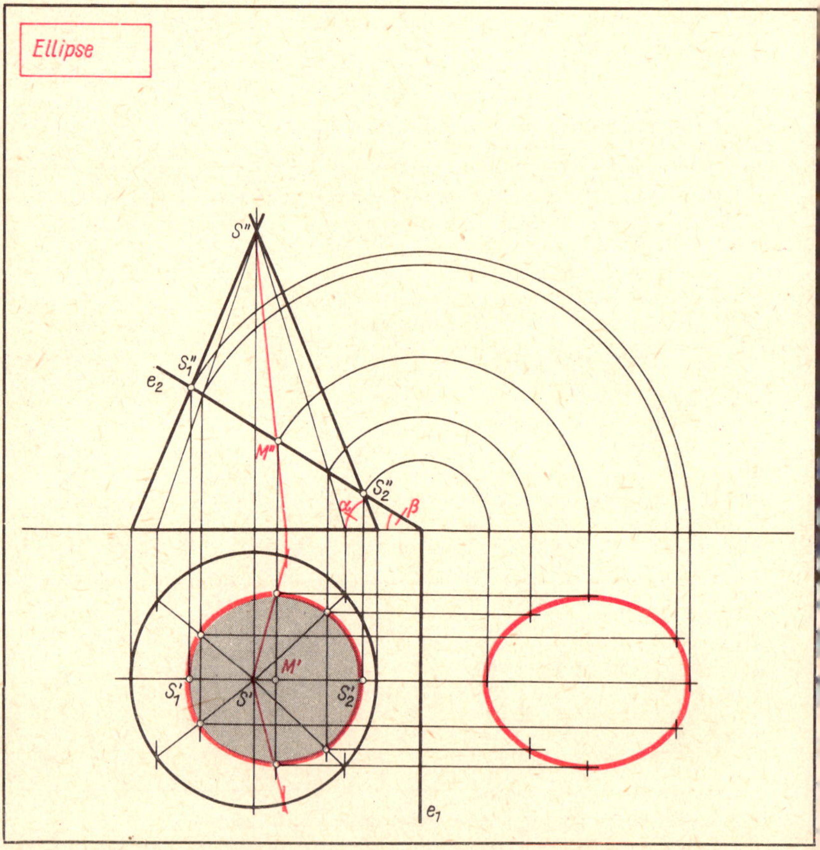

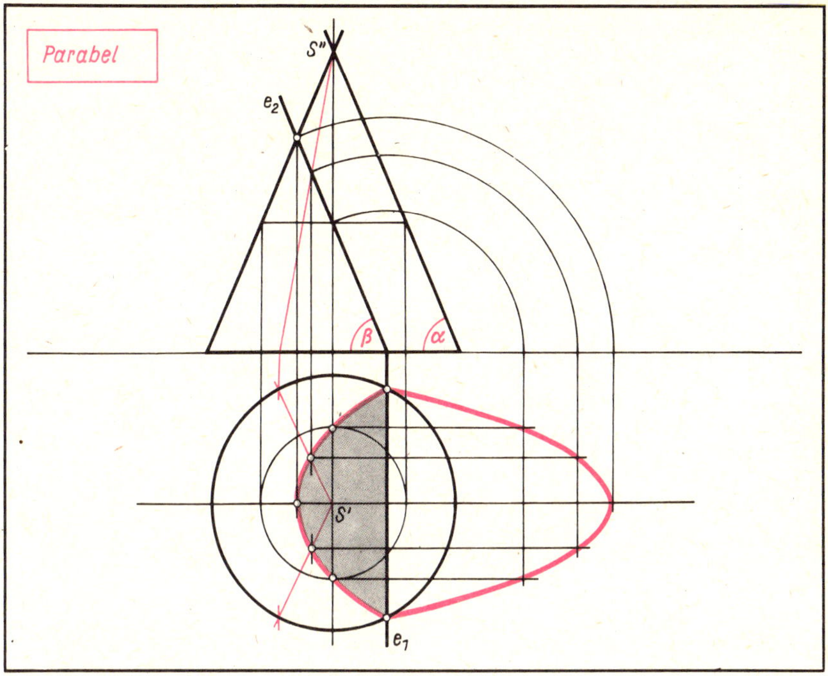
Parabel
S''
e2
β
α
S'
e1

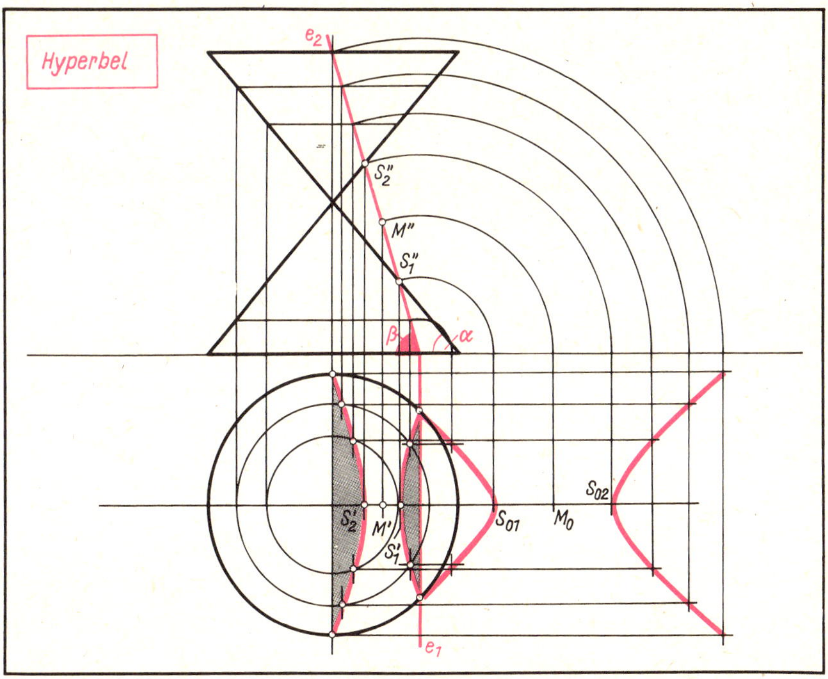
Hyperbel
e2
S2''
M''
S1''
β
α
S2'
M'
S1'
S01
M0
S02
e1

➡ F 1

Dandelinsche Kugeln

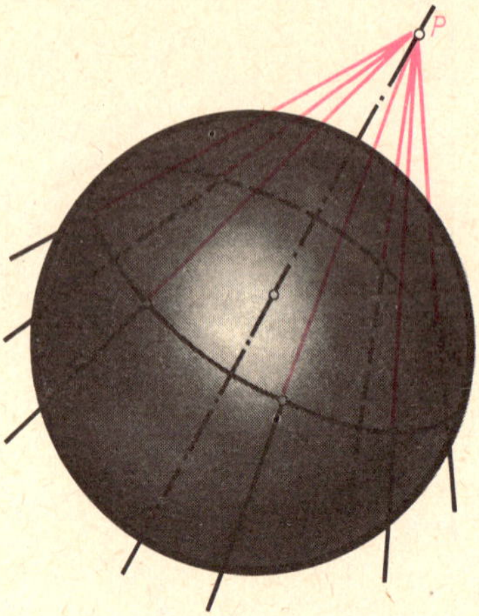

Vorbemerkung: Werden an eine Kugel von einem Punkt P außerhalb dieser Kugel die Tangenten gelegt, so sind die Abschnitte dieser Tangenten, die durch diesen Punkt P und durch den jeweiligen Berührungspunkt begrenzt werden, untereinander gleich lang. Diese Tangenten bilden auf Grund der Symmetrieeigenschaften der Kugel einen geraden Kreiskegel, dessen Achse die Verbindung des Punktes P mit dem Kugelmittelpunkt ist.

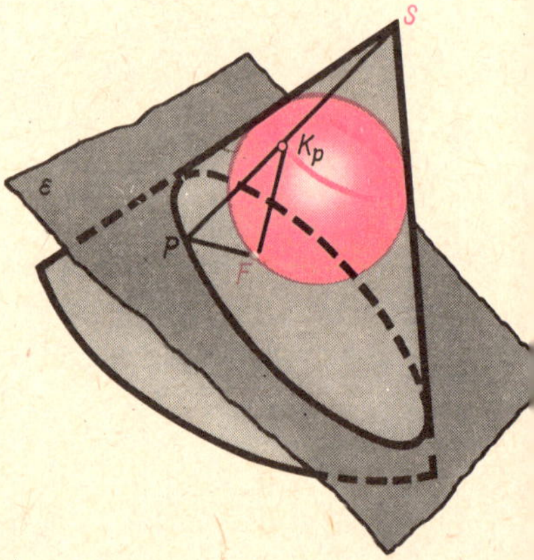

Kugeln, die dem Kegel einbeschrieben sind und die Schnittebene berühren, heißen *Dandelin*sche Kugeln. Eine solche Kugel hat mit dem Kegel K genau einen Kreis k und mit der Schnittebene ε genau einen Punkt F gemeinsam. Aus dem in der Vorbemerkung vorangeschickten Satz folgt dann, daß für jeden Punkt P des Kegelschnittes der Abstand $\overline{PF}$ gleich dem Abstand $\overline{PK_P}$ ist, wobei K_P der Schnittpunkt des Kreises k mit der den Punkt P enthaltenden Mantellinie des Kegels K ist.
Der gemeinsame Punkt F (Berührungspunkt) der einbeschriebenen Kugel mit der Schnittebene ε heißt **Brennpunkt** des Kegelschnittes.

Im Falle einer Ellipse und einer Hyperbel als Kegelschnitt gibt es zwei Kugelr die den genannten Bedingungen genügen und damit auch zwei Brennpunkt des Kegelschnittes; im Falle der Parabel gibt es nur eine solche Kugel und sc mit nur einen Brennpunkt.

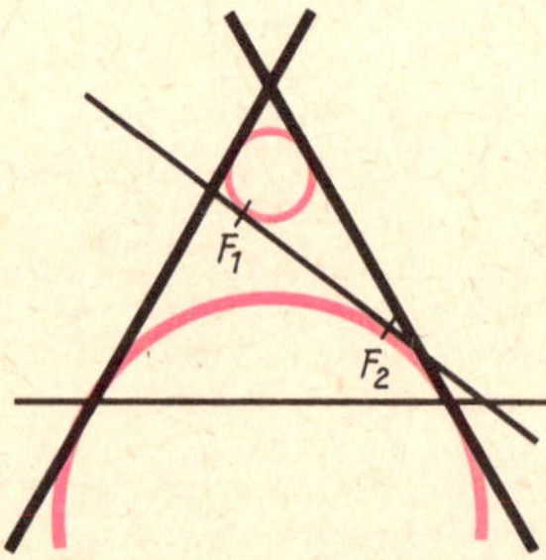

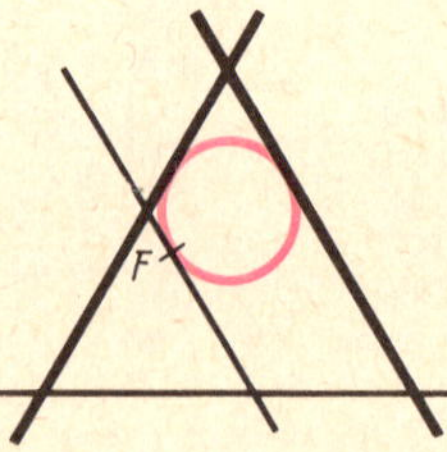

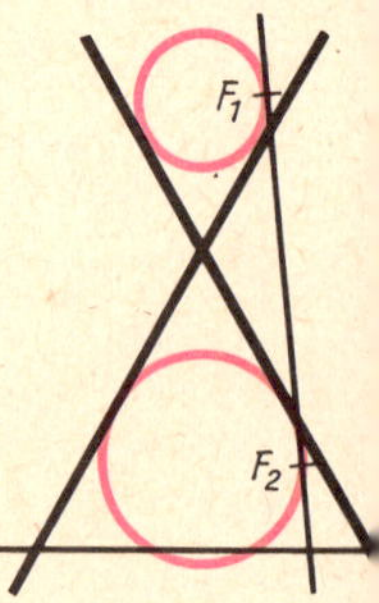

2 Ortsdefinitionen der Kegelschnitte

Ortsdefinition der Ellipse

SATZ:
Sind F_1 und F_2 die Brennpunkte einer Ellipse, dann ist für alle Punkte P dieser Ellipse die Summe der Abstände von P zu F_1 und F_2 konstant und größer als der Abstand von F_1 zu F_2, also $\overline{F_1P} + \overline{PF_2} = \text{const.} > \overline{F_1F_2}$.

Beweis:

Die Mantellinie des geschnittenen Kegels, die durch einen beliebigen Punkt P der Ellipse geht, schneidet die Berührungskreise k_1 und k_2 der *Dandelin*schen Kugeln $K_1(M_1; r_1)$ bzw. $K_2(M_2; r_2)$ in den Punkten A_1 bzw. A_2. Da

$\overline{F_1P} = \overline{A_1P}$, $\overline{PF_2} = \overline{PA_2}$

und

$\overline{A_1P} + \overline{PA_2} = \text{const.}$

für alle Punkte P ist, folgt

$\overline{F_1P} + \overline{PF_2} = \text{const.}$

Aus dem Dreieck F_1PF_2 ergibt sich

$\overline{F_1P} + \overline{PF_2} > \overline{F_1F_2}$.

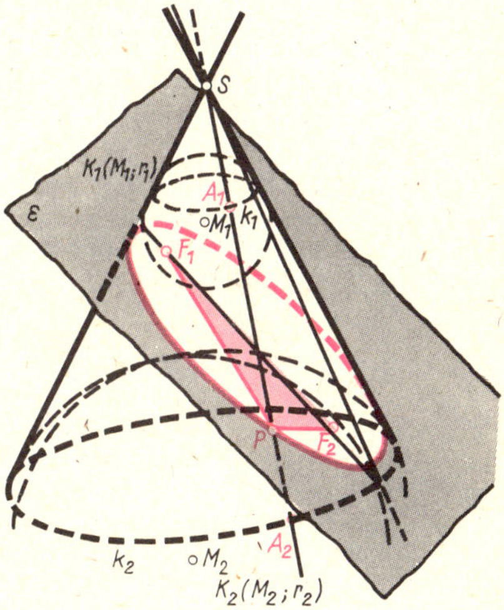

Ebenso gilt die Umkehrung dieses Satzes:

SATZ:
Die Menge der Punkte einer Ebene, für die die Summe ihrer Abstände von zwei festen Punkten F_1 und F_2 dieser Ebene konstant und größer als der Abstand von F_1 zu F_2 ist, ist eine Ellipse, und F_1 und F_2 sind ihre Brennpunkte.

Auf diesen Satz gründet sich die Ortsdefinition der Ellipse:

DEFINITION:
Eine Ellipse ist die Menge der Punkte einer Ebene, für die die Summe ihrer Abstände von zwei festen Punkten F_1 und F_2, die dieser Ebene angehören, konstant und größer als der Abstand von F_1 zu F_2 ist.
F_1 und F_2 heißen die Brennpunkte der Ellipse.
Lineare Exzentrizität: $e = \sqrt{a^2 - b^2}$
Hauptscheitel: S_1, S_2
Nebenscheitel: S_3, S_4

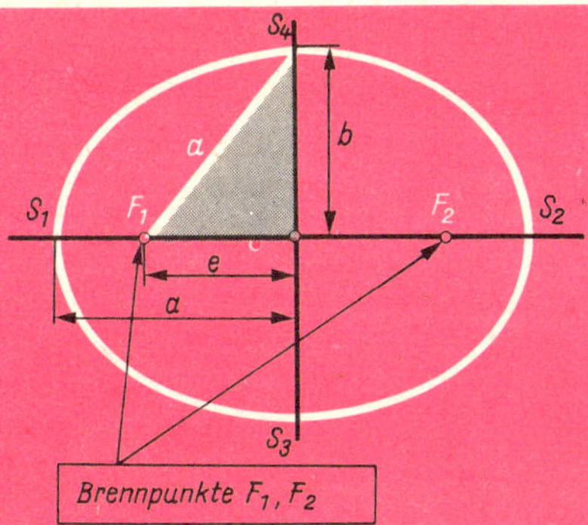

➡ F 2

Die Ellipse ist eine endliche, geschlossene Kurve mit zwei aufeinander senkrecht stehenden Symmetrieachsen. Damit ist sie auch zentralsymmetrisch.

↗ Radiale Symmetrie (spez. „zentralsymmetrisch"), Ma i Üb, Seite 153

Bezeichnet man die Hauptscheitel mit S_1, S_2 und die Länge der Hauptachse $\overline{S_1 S}$ mit $2a$, die Nebenscheitel mit S_3, S_4 und die Länge der Nebenachse $\overline{S_3 S_4}$ mit 2 sowie den Abstand $\overline{F_1 F_2}$ mit $2e$, so ist für jeden Punkt P der Ellipse

$$\overline{F_1 P} + \overline{PF_2} = 2a \quad (2a > 2e).$$

Im besonderen ist

$\overline{F_1 S_1} = \overline{F_2 S_2} = a - e,$

$\overline{F_1 S_2} = \overline{F_2 S_1} = a + e,$

$\overline{F_1 S_3} = \overline{F_2 S_3} = \overline{F_1 S_4} = \overline{F_2 S_4} = a.$

Für a, b und e gilt die Beziehung

$$e^2 = a^2 - b^2.$$

Fallen F_1 und F_2 zusammen, so ist $e = 0$ und $b = a$. Das ist ein Kreis mit dem Mittelpunkt F_1 (bzw. F_2) und dem Radius a.

Ortsdefinition der Hyperbel

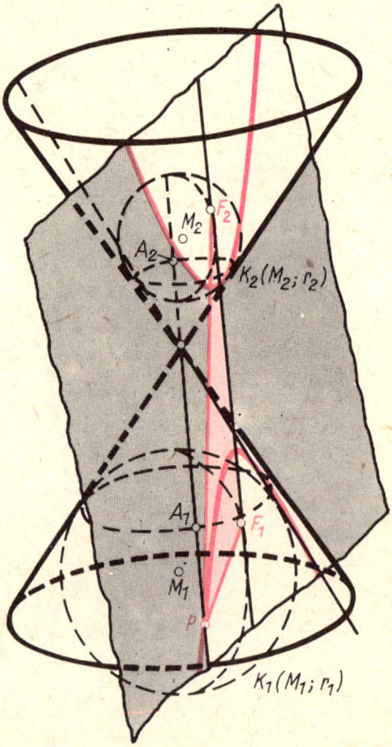

▶ **SATZ:**

Sind F_1 und F_2 die Brennpunkte einer Hyperbel, dann ist für alle Punkte P dieser Hyperbel der Absolutbetrag der Differenz der Abstände von P zu F_1 und F_2 konstant, größer als 0 und kleiner als der Abstand von F_1 zu F_2:

$$0 < \left|\overline{F_1 P} - \overline{PF_2}\right| = \text{const.} < \overline{F_1 F_2}.$$

Beweis:

Die Mantellinie des geschnittenen (Doppel-) Kegels, die durch einen beliebigen Punkt P der Hyperbel geht, schneidet die Berührungskreise k_1 und k_2 der *Dandelin*schen Kugeln K_1 $(M_1; r_1)$ bzw. K_2 $(M_2; r_2)$ in den Punkten A_1 bzw. A_2. Da

$\overline{PF_1} = \overline{PA_1}$, $\overline{PF_2} = \overline{PA_2}$

und

$\overline{A_1 A_2} = \text{const.}$

für alle Punkte P ist, folgt wegen

$\overline{A_1 A_2} = |\overline{PA_2} - \overline{PA_1}|$

$|\overline{PF_1} - \overline{PF_2}| = \text{const.}$

Aus dem Dreieck $F_1 PF_2$ ergibt sich

$|\overline{PF_1} - \overline{PF_2}| < \overline{F_1 F_2}.$

Ebenso gilt die Umkehrung dieses Satzes. Auf diese Umkehrung gründet sich die Ortsdefinition der Hyperbel:

DEFINITION:

Eine Hyperbel ist die Menge der Punkte einer Ebene, für die der Absolutbetrag der Differenz ihrer Abstände von zwei festen Punkten F_1 und F_2, die dieser Ebene angehören, konstant, ungleich Null und kleiner als der Abstand von F_1 zu F_2 ist.
F_1 und F_2 heißen die Brennpunkte der Hyperbel.

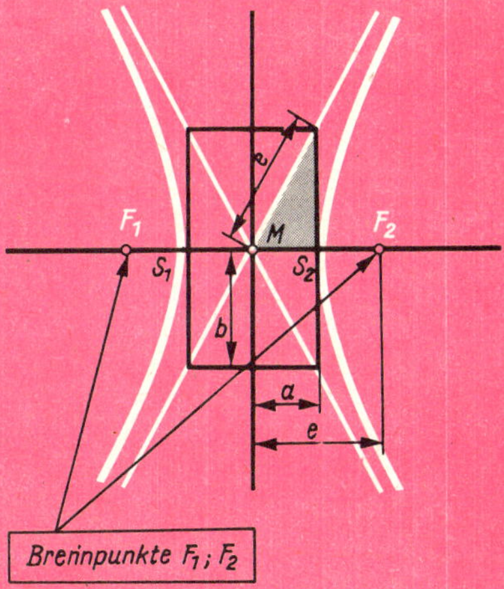

Scheitel: $S_1; S_2$

Lineare Exzentrizität: $e = \sqrt{a^2 + b^2}$

Die Hyperbel ist eine nichtgeschlossene Kurve, die aus zwei getrennten, beiderseits ins Unendliche gehenden Kurvenbögen (Ästen) besteht. Die Kurve hat zwei aufeinander senkrecht stehende Symmetrieachsen und ist damit auch zentralsymmetrisch.

↗ Radiale Symmetrie (spez. „zentralsymmetrisch") Ma i Üb, Seite 153

Bezeichnet man die Scheitelpunkte mit S_1, S_2, die Länge der Hauptachse $\overline{S_1 S_2}$ mit $2a$ und den Abstand $\overline{F_1 F_2}$ mit $2e$, so ist für jeden Punkt P der Hyperbel

$$|\overline{PF_1} - \overline{PF_2}| = 2a \quad (0 < 2a < 2e).$$

Im besonderen ist

$\overline{F_1 S_1} = \overline{F_2 S_2} = e - a,$

$\overline{F_1 S_2} = \overline{F_2 S_1} = e + a.$

➡ F2

In Analogie zur Ellipse kann bei der Hyperbel eine Größe $b > 0$ eingeführt werden, für die die Beziehung gilt:

$$b^2 = e^2 - a^2.$$

Asymptoten der Hyperbel heißen die beiden Geraden in der Ebene der Hyperbel, die durch den Mittelpunkt der Hyperbel gehen und gegenüber der die Brennpunkte enthaltenden Symmetrieachse der Hyperbel den Anstieg $\frac{b}{a}$ bzw. $-\frac{b}{a}$ haben.

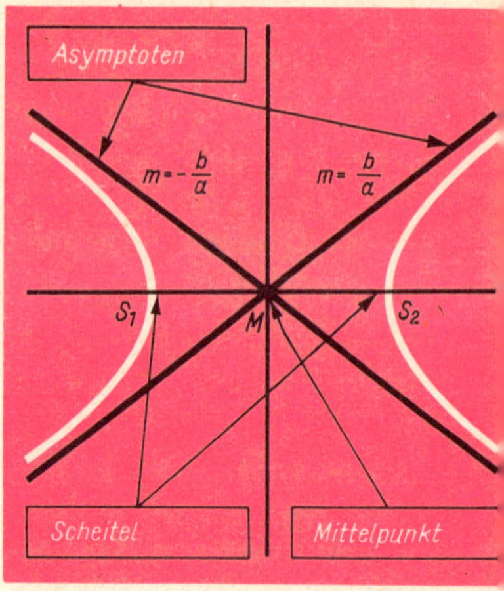

Die Asymptoten grenzen jene Teile der Ebene, in denen die Hyperbeläst liegen, von den Teilen der Ebene ab, die keine Hyperbeläste enthalten. Mit zu nehmendem Abstand von den Scheitelpunkten nähert sich die Kurve imme mehr den Asymptoten, hat aber mit ihnen keine Punkte gemeinsam.
Ist bei einer Hyperbel $b = a$, stehen die Asymptoten also senkrecht aufei ander, so heißt die Hyperbel gleichseitig.

Ortsdefinition der Parabel

▶ **SATZ:**
Ist F der Brennpunkt einer Parabel und l ihre Leitlinie[1], dann ist für alle Punkte P dieser Parabel der Abstand von P und L (d. h. der Abstand zwischen P und dem Fußpunkt L des Lotes von P auf l) gleich dem Abstand von P zu F:
$\overline{FP} = \overline{PL}$.

Beweis (Bild Seite 191 oben):

Die Ebene, die den Berührungskreis k der *Dandelin*schen Kugel $K(M;\,r)$ enthäl schneidet die Ebene der Parabel in der Geraden l. Wird von einem belieb gen Punkt P der Parabel das Lot auf die Gerade l gefällt und der Lotfußpunk mit L bezeichnet, ebenso das Lot auf die durch den Berührungskreis k bestimmt Ebene gefällt und dieser Lotfußpunkt mit P' bezeichnet, außerdem die Mante linie des Kegels, die durch P geht, mit dem Berührungskreis k geschnitten un dieser Schnittpunkt mit A bezeichnet, so ergeben sich die Dreiecke PLP' un PAP'. Da die Ebene eines parabolischen Kegelschnitts mit der Grundkreis ebene des Kegels den gleichen Winkel einschließt wie die Mantellinien de Kegels mit der Grundkreisebene (↗ Bild auf Seite 185 oben) ist
$\sphericalangle PLP' = \beta = \sphericalangle PAP' = \alpha$.
Da außerdem diese Dreiecke rechtwinklig sind und ihnen die Seite $\overline{PP'}$ gemein sam ist, folgt

[1] Der Scheitelpunkt halbiert das Lot vom Brennpunkt auf die Leitlinie.

$\overline{PL} = \overline{PA}$,
und wegen $\overline{PA} = \overline{PF}$ auch
$\overline{PL} = \overline{PF}$.

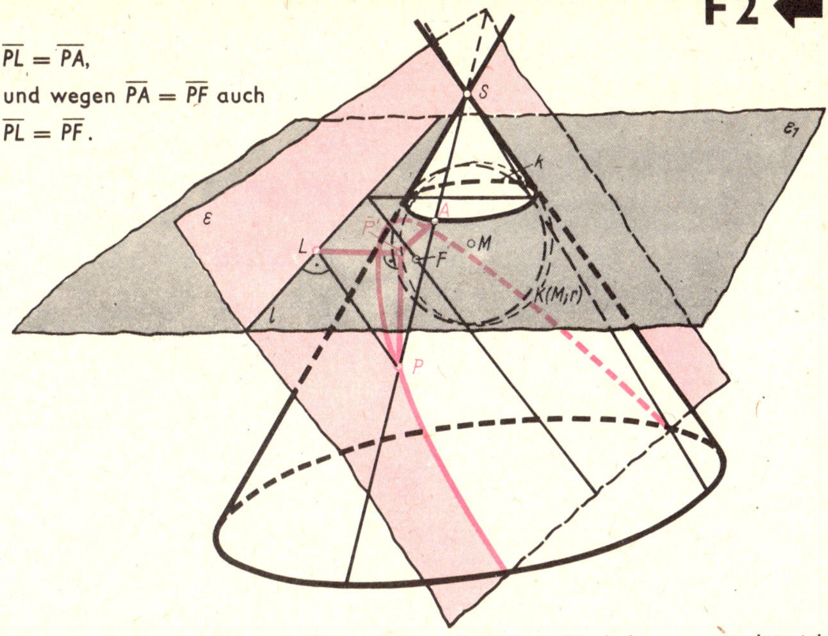

Ebenso gilt die Umkehrung dieses Satzes. Auf diese Umkehrung gründet sich die Ortsdefinition der Parabel:

DEFINITION:

Eine Parabel ist die Menge der Punkte einer Ebene, für die der Abstand von einem festen Punkt *F*, der dieser Ebene angehört, und einer festen Geraden *l*, die in dieser Ebene liegt, gleich sind.
***F* heißt der Brennpunkt, *l* die Leitlinie der Parabel.**

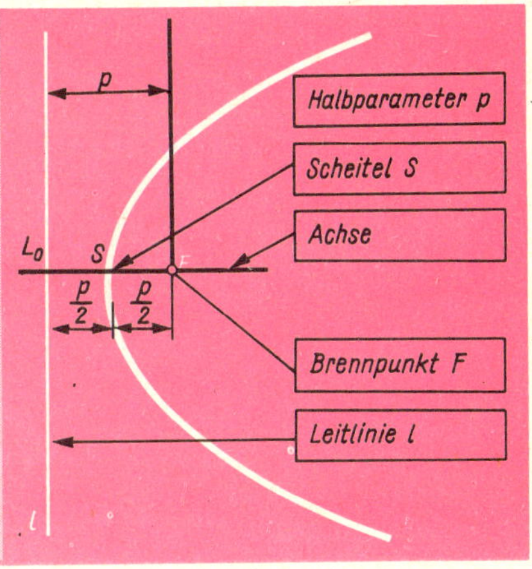

Die Parabel ist eine nichtgeschlossene Kurve mit einem beiderseits ins Unendliche verlaufenden Kurvenbogen. Die Parabel hat nur eine Symmetrieachse, sie geht durch den Brennpunkt.
Der Abstand von *F* zu *l* ist eine für die Parabel charakteristische Größe, sie wird **Halbparameter *p*** genannt. Wird der Scheitelpunkt mit S bezeichnet, so ist im besonderen

$$\overline{PS} = \overline{SL_0} = \frac{p}{2}.$$

➡ F 3

Gemeinsame Ortsdefinition der Kegelschnitte

SATZ:

Für jeden Punkt *P* eines vom Kreis verschiedenen Kegelschnittes gilt, wenn *F* ein Brennpunkt, *l* die diesem zugehörige Leitlinie und *L* die Projektion von *P* auf *l* ist,

$$\frac{\overline{PF}}{\overline{PL}} = \varepsilon \text{ mit } \varepsilon = \text{const.}$$

Dabei ist für

- **die Ellipse $0 < \varepsilon < 1$,**
- **die Parabel $\varepsilon = 1$,**
- **die Hyperbel $\varepsilon > 1$.**

Die reelle Zahl ε heißt numerische Exzentrizität des Kegelschnittes.
Für Ellipse und Hyperbel ist

$$\varepsilon = \frac{e}{a}.$$

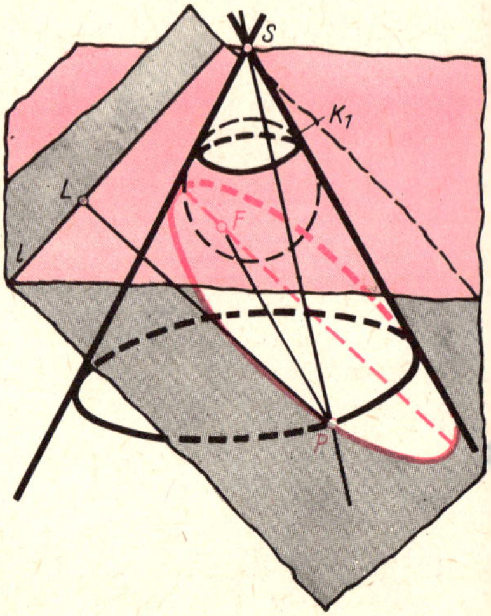

Ebenso gilt die Umkehrung dieses Satzes. Auf sie gründet sich die gemeinsame Ortsdefinition der (vom Kreis verschiedenen) Kegelschnitte:

DEFINITION:

Die Menge der Punkte *P* einer Ebene, für die das Verhältnis $\frac{\overline{PF}}{\overline{PL}}$ des Abstandes $\overline{PF}$ von *P* zu einem festen Punkt *F* dieser Ebene und des Abstandes $\overline{PL}$ von *P* zu einer festen Geraden *l* dieser Ebene gleich einer konstanten positiven reellen Zahl ε ist, heißt für $0 < \varepsilon < 1$ Ellipse, für $\varepsilon = 1$ Parabel und für $\varepsilon > 1$ Hyperbel. *F* heißt Brennpunkt des betreffenden Kegelschnitts und *l* die diesem Brennpunkt zugehörige Leitlinie.

F3 Punktkonstruktionen der Kegelschnitte

Ellipse

Auf die Ortsdefinition der Ellipse (↗ Seite 187) gründet sich folgendes Verfahren:

Gegeben: F_1, F_2 ($\overline{F_1F_2} = 2e$), $2a$ ($2a > 2e$)

Konstruktionsbeschreibung:

Die Punkte F_1 und F_2 werden durch eine Gerade verbunden. Die Halbierung der Strecke $\overline{F_1F_2}$ ergibt den Mittelpunkt M der Ellipse. Auf einer Hilfsgeraden

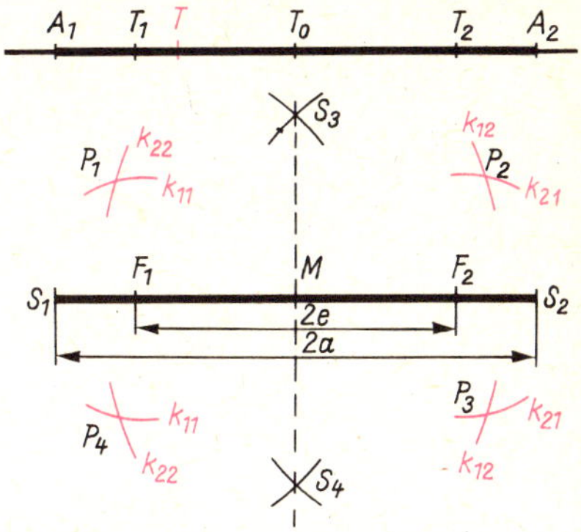

wird eine Strecke $\overline{A_1 A_2}$ von der Länge $2a$ aufgetragen und gleichfalls halbiert; der Halbierungspunkt erhält die Bezeichnung T_0. Von T_0 aus wird auf der Hilfsgeraden nach beiden Seiten die Strecke $\overline{MF_1} = \overline{MF_2} = e$ aufgetragen; die sich ergebenden Punkte werden mit T_1 bzw. T_2 bezeichnet. Nun wird auf der Hilfsgeraden ein Punkt T zwischen T_1 und T_2 gewählt. Damit ist $\overline{TA_1} + \overline{TA_2} = 2a$. Es werden die Kreise $k_{11}(F_1; \overline{TA_1})$ und $k_{22}(F_2; \overline{TA_2})$ gezeichnet und zum Schnitt gebracht (beim praktischen Zeichnen genügen entsprechende Bogenstücke), ebenso die Kreise $k_{12}(F_1; \overline{TA_2})$ und $k_{21}(F_2; \overline{TA_1})$. Es ergeben sich vier Ellipsenpunkte $P_1, \ldots, P_4$. Die Konstruktion wird mit weiteren Punkten T innerhalb $\overline{T_1 T_2}$ analog fortgesetzt. Für $T = T_0$ fallen P_1 und P_2 sowie P_3 und P_4 zusammen; es ergeben sich die Nebenscheitel S_3 und S_4 der Ellipse.

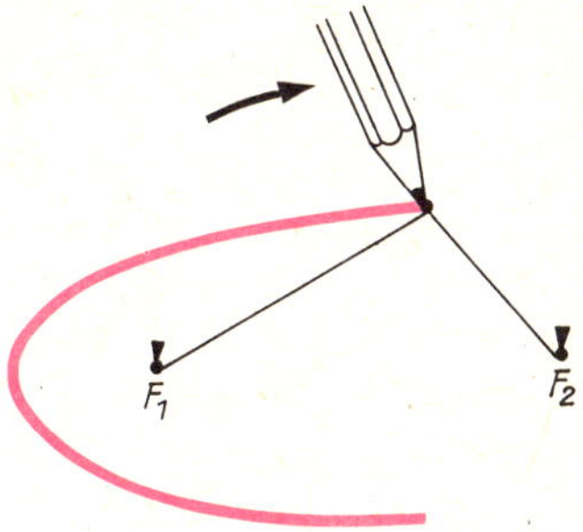

Für $T = T_1$ und T_2 berühren k_{11} und k_{22} sowie k_{12} und k_{21} einander in jeweils einem Punkt der Geraden $F_1 F_2$, d. h., P_1 und P_4 sowie P_2 und P_3 fallen zusammen. Es ergeben sich die Hauptscheitel S_1 und S_2 der Ellipse.
Auf dem gleichen Prinzip beruht ein mechanisches Zeichenverfahren für Ellipsen, die sogenannte Faden- oder Gärtnerkonstruktion.

Hyperbel

Auf die Ortsdefinition der Hyperbel (↗ Seite 188) gründet sich folgendes Verfahren:

Gegeben: $F_1, F_2\ (\overline{F_1 F_2} = 2e)$, $2a\ (2a < 2e)$

Konstruktionsbeschreibung:

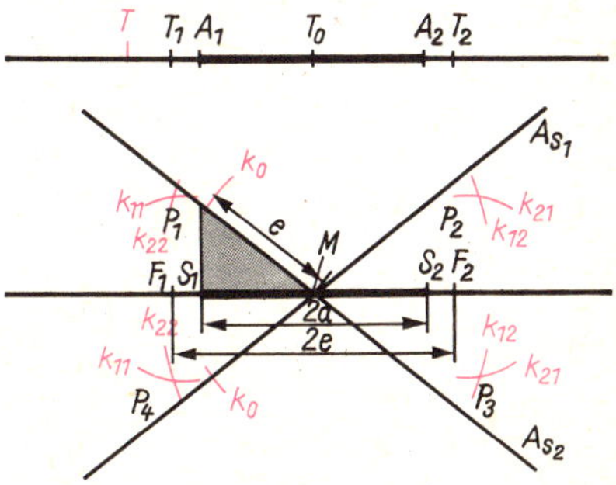

Die Konstruktion erfolgt analog der Ellipsenkonstruktion, nur wird der Punkt T außerhalb der Strecke $\overline{T_1 T_2}$ gewählt, so daß sich $|\overline{TA_1} - \overline{TA_2}| = 2a$ ergibt.
Für $T = T_1$ bzw. $T = T_2$ berühren k_{11} und k_{22} sowie k_{12} und k_{21} einander in jeweils einem Punkt der Geraden $F_1 F_2$, d. h., P_1 und P_4 sowie P_2 und P_3 fallen zusammen. Es ergeben sich die Scheitel S_1 und S_2 der Hyperbel.

➡ F4

Wird in S_1 oder S_2 die Senkrechte auf $F_1 F_2$ errichtet und mit dem Kreis k_p $(M; e)$ geschnitten und werden die sich ergebenden Schnittpunkte mit M durch Geraden verbunden, so sind diese Geraden die Asymptoten (↗ Seite 190) der Hyperbel.

Parabel

Auf die Ortsdefinition der Parabel (↗ Seite 191) gründet sich folgendes Verfahren:

Gegeben: $F, S \left(\overline{FS} = \frac{p}{2}\right)$

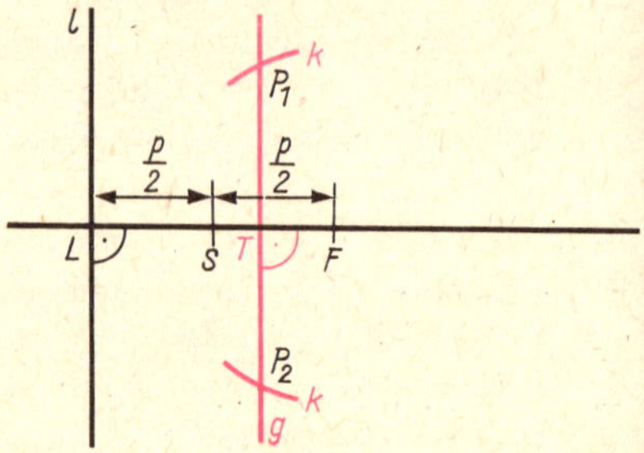

Konstruktionsbeschreibung:

Die Punkte F und S werden durch eine Gerade verbunden. Von S aus wird auf dieser Geraden entgegengesetzt zu F die Strecke $\overline{FS}$ aufgetragen. In dem sich ergebenden Punkt L wird die Senkrechte l zur Geraden FS errichtet. Auf dem Strahl (der Halbgeraden) SF wird in einem beliebigen Punkt T die Senkrechte g errichtet; es wird der Kreis $k(F; \overline{TL})$ gezeichnet und mit der Geraden g zum Schnitt gebracht. Es ergeben sich zwei Parabelpunkte P_1 und P_2. Die Konstruktion wird mit weiteren Punkten T auf dem Strahl (der Halbgeraden) SF analog fortgesetzt. Für $T = S$, d. h. für den Scheitel der Parabel, berührt der Kreis k die Gerade g in diesem Punkt. Für $T = F$ beträgt der Abstand $\overline{P_1 F} = \overline{P_2 F} = p$ (Halbparameter der Parabel).

F4 Gleichungen der Kegelschnitte

Mittelpunktsgleichung der Ellipse in achsenparalleler Lage

Für jede Ellipse, die durch ihre Brennpunkte F_1 und F_2 mit $\overline{F_1 F_2} = 2e$ sowie durch die Länge $2a$ ihrer Hauptachse gegeben ist und die in einem kartesischen Koordinatensystem $\{O; \vec{i}, \vec{j}\}$ die im nebenstehenden Bild dargestellte Lage einnimmt, gilt:

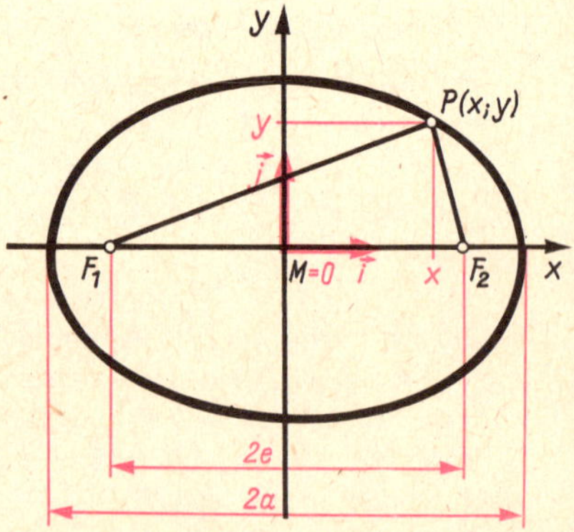

▶ $$\frac{x^2}{a^2} + \frac{y^2}{b^2} = 1 .$$

↗ Kartesisches Koordinatensysteme, Seite 144

↗ Andere Lagen in bezug auf das Koordinatensystem werden auf Seite 197 f. behandelt.

Herleitung:

Aus $\overline{F_1 P} + \overline{PF_2} = 2a$ (↗ Seite 188) folgt, sofern P nicht mit einem Hauptscheitel zusammenfällt, wegen der Rechtwinkligkeit der Dreiecke $F_1 P'P$ und $P'F_2 P$ (P' bezeichnet die Projektion von P auf die Abszissenachse) nach dem Satz des *Pythagoras:*

$$\sqrt{(e + x)^2 + y^2} + \sqrt{(e - x)^2 + y^2} = 2a.$$

Diese Beziehung gilt auch für die Hauptscheitel $S_1 (-a; 0)$ und $S_2 (a; 0)$.

Umformen, Quadrieren und Ordnen ergibt

$$(a^2 - e^2)\, x^2 + a^2 y^2 = a^2 (a^2 - e^2).$$

Da $a^2 - e^2 = b^2$ ist, folgt $b^2 x^2 + a^2 y^2 = a^2 b^2$ und weiter

$$\frac{x^2}{a^2} + \frac{y^2}{b^2} = 1.$$

Es läßt sich nachweisen, daß diese Gleichung, die für alle Punkte $P (x; y)$ der Ellipse gilt, auch nur für diese Punkte gilt.

Gegeben: Zwei Punkte $P_1 (4; 1{,}5)$ und $P_2 (-3; -2)$ einer Ellipse in achsenparalleler Mittelpunktslage

Gesucht: Gleichung der Ellipse

Lösung:

Um die Gleichung $\frac{x^2}{a^2} + \frac{y^2}{b^2} = 1$ aufstellen zu können, müssen a^2 und b^2 ermittelt werden. Hierzu werden zwei voneinander unabhängige und einander nicht widersprechende Gleichungen benötigt. Dafür ist hinreichend, wenn zwei verschiedene Punkte der Kurve gegeben sind, die nicht symmetrisch bezüglich der Achsen oder des Mittelpunktes der Kurve liegen.

Für $P_1 (x_1; y_1)$ und $P_2 (x_2; y_2)$ ergibt sich der Lösungsansatz

$$\frac{x_1^2}{a^2} + \frac{y_1^2}{b^2} = 1 \quad \text{und} \quad \frac{x_2^2}{a^2} + \frac{y_2^2}{b^2} = 1;$$

im gegebenen Beispiel also

$$\frac{16}{a^2} + \frac{2{,}25}{b^2} = 1 \quad \text{und} \quad \frac{9}{a^2} + \frac{4}{b^2} = 1\,.$$

Ergebnis: $\frac{x^2}{25} + \frac{y^2}{6{,}25} = 1$

Mittelpunktsgleichung der Hyperbel in achsenparalleler Lage

Für jede Hyperbel, die durch ihre Brennpunkte F_1 und F_2 mit $\overline{F_1 F_2} = 2e$ sowie durch die Länge $2a$ ihrer Hauptachse gegeben ist und die in einem kartesischen Koordinatensystem $\{O; \mathrm{i}, \mathrm{j}\}$ die im Bild auf Seite 196 dargestellte Lage einnimmt, gilt:

F 4

$$\frac{x^2}{a^2} - \frac{y^2}{b^2} = 1$$

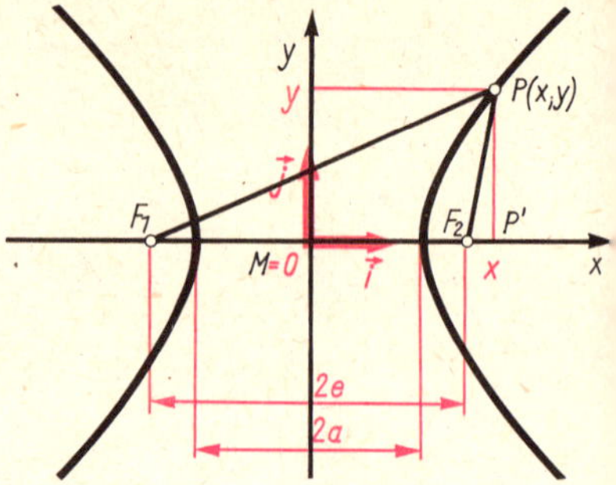

↗ Kartesische Koordinatensysteme, Seite 144

↗ Andere Lagen in bezug auf das Koordinatensystem werden auf Seite 197 f. behandelt.

Herleitung:

Aus $|\overline{F_1 P} - \overline{PF_2}| = 2a$ (↗ Seite 189) folgt, sofern P nicht mit einem Scheitel zusammenfällt, wegen der Rechtwinkligkeit der Dreiecke $F_1 P'P$ und $P'F_2 P$ (P' bezeichnet die Projektion von P auf die Abszissenachse)

$$\left|\sqrt{(e+x)^2 + y^2} - \sqrt{(e-x)^2 + y^2}\right| = 2a.$$

Diese Beziehung gilt auch für die Scheitel $S_1(-a; 0)$ und $S_2(a; 0)$. Umformen, Quadrieren, Ordnen und Anwenden der Beziehung $b^2 = e^2 - a^2$ ergibt $b^2 x^2 - a^2 y^2 = a^2 b^2$ und weiter

$$\frac{x^2}{a^2} - \frac{y^2}{b^2} = 1.$$

Es läßt sich nachweisen, daß diese Gleichung, die für alle Punkte $P(x; y)$ der Hyperbel gilt, auch nur für diese Punkte gilt.

↗ Vgl. mit der Herleitung der Ellipsengleichung auf Seite 195!

Gegeben:

Ein Punkt $P(5; 2)$ und die Länge der Hauptachse $2a = 6$ einer Hyperbel, die sich in achsenparalleler Mittelpunktslage befindet

Gesucht: Gleichung der Hyperbel

Lösung: Um die gesuchte Gleichung

$$\frac{x^2}{a^2} - \frac{y^2}{b^2} = 1$$

aufstellen zu können, muß b^2 berechnet werden. Für die Koordinaten des gegebenen Hyperbelpunkts P muß die Hyperbelgleichung erfüllt sein, d. h., im Beispiel ist

$$\frac{25}{9} - \frac{4}{b^2} = 1$$

$$b^2 = 2{,}25.$$

Ergebnis: $\frac{x^2}{9} - \frac{y^2}{2{,}25} = 1$

Scheitelgleichung der Parabel in achsenparalleler Lage

Für jede Parabel, die durch ihren Brennpunkt F und ihren Scheitel S mit $\overline{SF} = \frac{p}{2}$ gegeben ist und die in einem kartesischen Koordinatensystem $\{O; \mathrm{i}, \mathrm{j}\}$ die im Bild auf Seite 197 oben dargestellte Lage einnimmt, gilt:

$$y^2 = 2px.$$

Unter dieser Bedingung hat die Leitlinie l der Parabel die gleiche Richtung wie $\vec{j}$, es ist $O = S$ und

$$\overline{L_0 O} = \overline{OF} = \frac{p}{2}.$$

Herleitung:

Aus $\overline{LP} = \overline{PF}$ (↗ Seite 190) folgt, sofern P nicht mit S zusammenfällt oder auf der durch F gehenden Senkrechten zur Parabelachse liegt, wegen der Rechtwinkligkeit des Dreiecks $P'FP$ (P' bezeichnet die Projektion von P auf die Parabelachse)

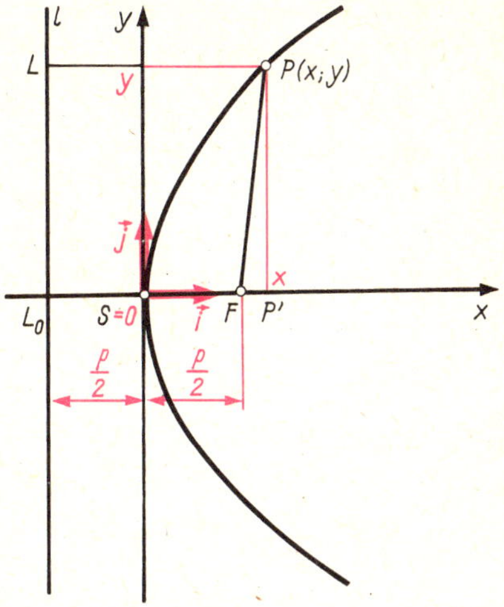

$$\frac{p}{2} + x = \sqrt{\left(x - \frac{p}{2}\right)^2 + y^2}.$$

Diese Beziehung gilt auch für die bei der Herleitung ausgenommenen Punkte. Quadrieren, Umformen und Ordnen ergibt

$$y^2 = 2px.$$

Es läßt sich nachweisen, daß diese Gleichung, die für alle Punkte $P(x; y)$ der Parabel gilt, auch nur für diese Punkte gilt.

Gegeben:

Ein Punkt $P(3; 6)$ einer Parabel in achsenparalleler Scheitellage

Gesucht:

Gleichung der Parabel

Lösung:

In der gegebenen Lage genügt ein außerhalb der Achse liegender Punkt zur eindeutigen Bestimmung der Parabel. Da die Koordinaten dieses Punktes die Parabelgleichung erfüllen, läßt sich aus ihnen der Wert von p errechnen.
Im Beispiel ergibt sich $36 = 2p \cdot 3$ und daraus $p = 6$.

Ergebnis: $y^2 = 12x$

Kegelschnitte in anderen speziellen Lagen in bezug auf das Koordinatensystem

Die auf den Seiten 194, 196 und 197 angegebenen Kegelschnittsgleichungen, die jeweils für eine achsenparallele Lage der Kegelschnitte zum Koordinatensystem galten, ändern sich, wenn sich die Lage der Kegelschnittsachsen zu den Koordinatenachsen ändert (z. B. durch Drehung um 90° oder ein Vielfaches dieses Wertes um den Ursprung).

$M(0;0);\ a > b$ $\frac{x^2}{a^2} + \frac{y^2}{b^2} = 1$ Ellipse	$M(0;0);\ a = b = r$ $x^2 + y^2 = r^2$ Kreis	$M(0;0);\ a > b$ $\frac{x^2}{b^2} + \frac{y^2}{a^2} = 1$ Ellipse
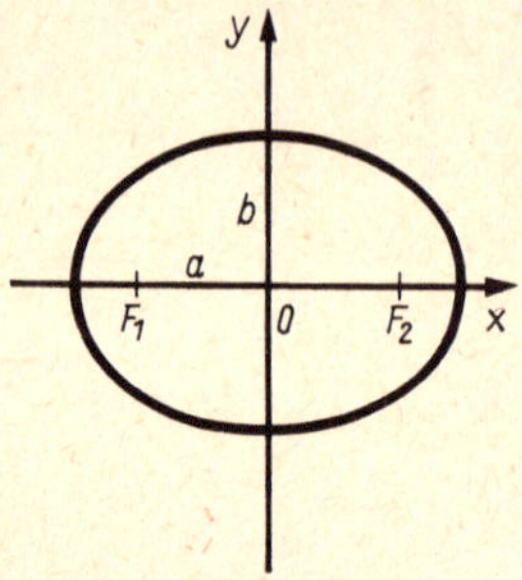	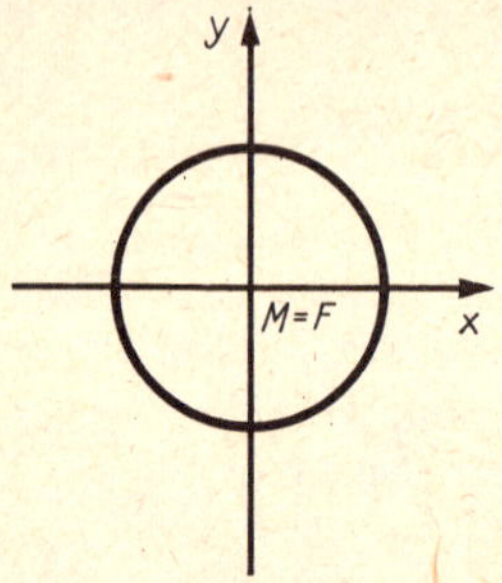	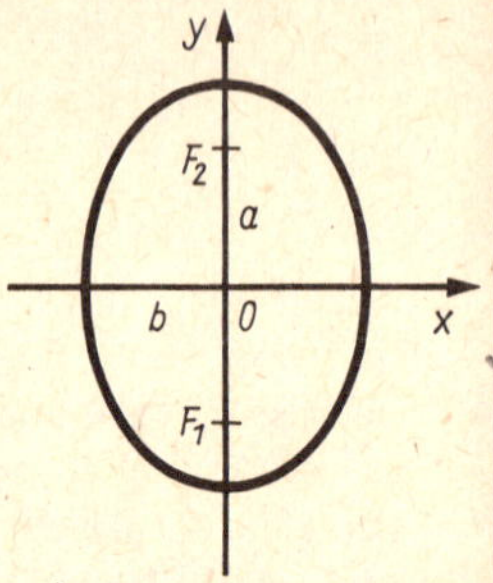

$M(0,0)$ $\frac{x^2}{a^2} - \frac{y^2}{b^2} = 1$ Hyperbel (allgemein)	$M(0;0);\ a = b$ $x^2 - y^2 = a^2$ Gleichseitige Hyperbel	$M(0;0)$ $-\frac{x^2}{b^2} + \frac{y^2}{a^2} = 1$ Hyperbel (allgemein)
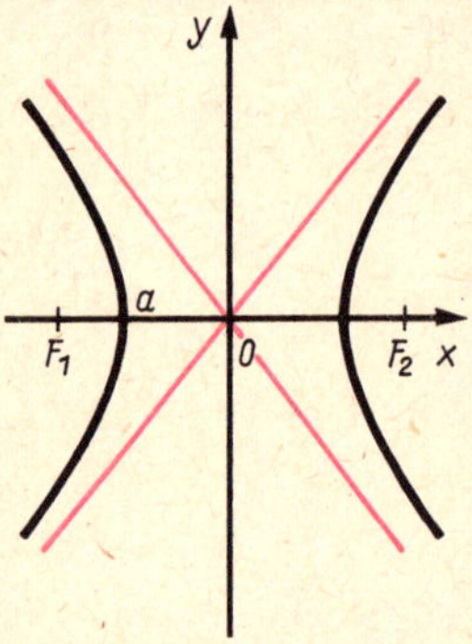	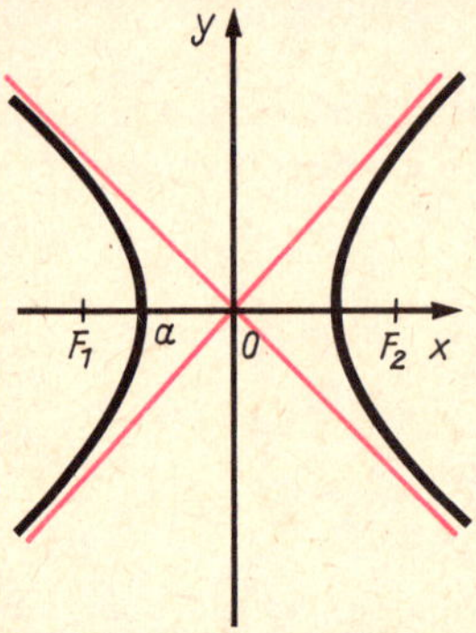	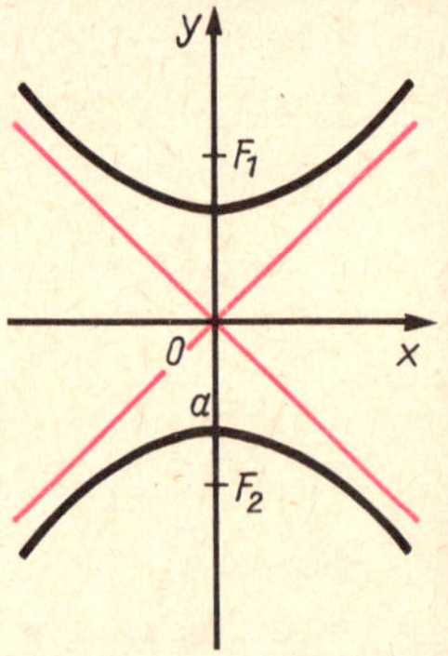

$S(0;0)$ $y^2 = 2px$	$S(0;0)$ $x^2 = 2py$	$S(0;0)$ $x^2 = -2py$	$S(0;0)$ $y^2 = -2px$
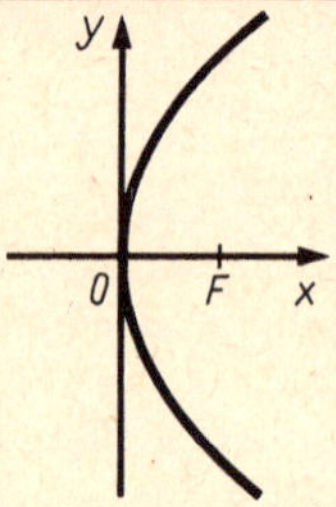	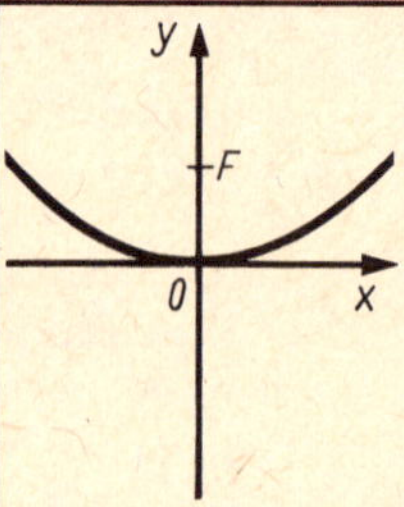	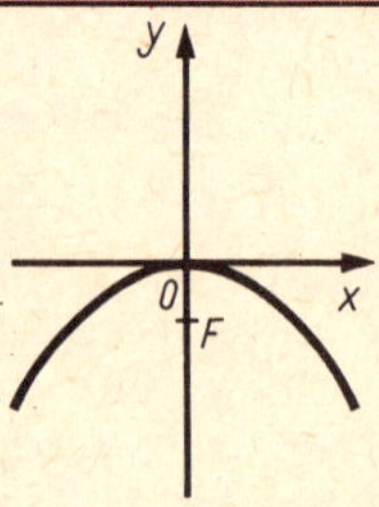	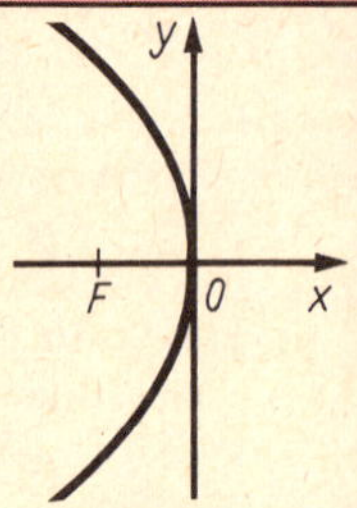

Nehmen die Kegelschnitte zwar eine achsenparallele Lage ein, ohne daß jedoch die Kegelschnittsachsen mit den Koordinatenachsen zusammenfallen, so kann ein zweites Koordinatensystem $\{M; \vec{i}, \vec{j}\}$ bzw. $\{S; \vec{i}, \vec{j}\}$ betrachtet werden, das aus $\{O; \vec{i}, \vec{j}\}$ durch Verschiebung hervorgeht. Wenn der Mittelpunkt M im Falle einer Ellipse oder Hyperbel (bzw. der Scheitel S im Falle einer Parabel) im ersten Koordinatensystem die Koordinaten $(c; d)$ hat, so gilt zwischen den Koordinaten $x'; y'$ in $\{M; \vec{i}, \vec{j}\}$ (bzw. $\{S; \vec{i}, \vec{j}\}$) und $x; y$ in $\{O; \vec{i}, \vec{j}\}$

$$x' = x - c, \qquad y' = y - d.$$

↗ Transformation eines Koordinatensystems (Verschiebung), S. 148

Ellipse in achsenparalleler Lage mit $M(c; d)$ $\frac{(x-c)^2}{a^2} + \frac{(y-d)^2}{b^2} = 1$	Parabel in paralleler Lage zur x-Achse mit $S(c; d)$ $(y-d)^2 = 2p(x-c)$
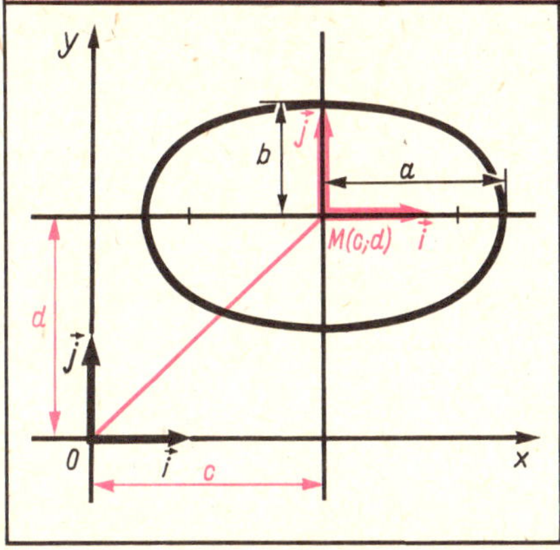	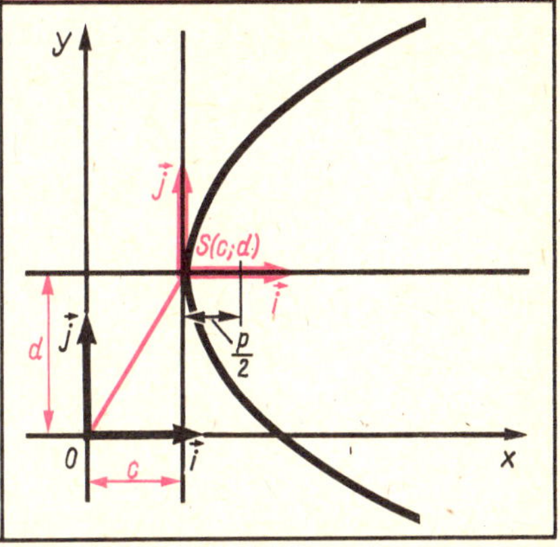

Gemeinsame Scheitelgleichung der Kegelschnitte

Mit Hilfe der Parallelverschiebung des Koordinatensystems lassen sich analog zur Parabel Scheitelgleichungen auch für Ellipse und Hyperbel für $S_1(0; 0)$ bzw. $S_2(0; 0)$ aufstellen.

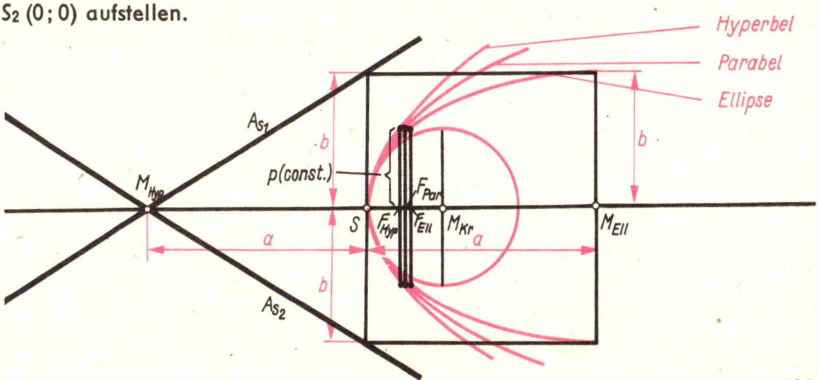

➡ F 5

Ellipse: $\frac{(x-a)^2}{a^2}+\frac{y^2}{b^2}=1$, nach Umformung $y^2 = 2\frac{b^2}{a}x - \frac{b^2}{a^2}x^2$

Hyperbel: $\frac{(x+a)^2}{a^2}-\frac{y^2}{b^2}=1$, nach Umformung $y^2 = 2\frac{b^2}{a}x + \frac{b^2}{a^2}x^2$

Wird – in Analogie zur Parabel – bei Ellipse und Hyperbel $\frac{b^2}{a} = p$ gesetzt und berücksichtigt man den Zusammenhang von a, b und e sowie den Zusammenhang zwischen der linearen Exzentrizität e und der numerischen Exzentrizität ε bei Ellipse und Hyperbel ($e = \varepsilon a$), so folgt als gemeinsame Scheitelgleichung für die (nicht entarteten) Kegelschnitte

$$\mathbf{y^2 = 2px + (\varepsilon^2 - 1)\,x^2.}$$

Dabei ist

- für den Kreis $\varepsilon = 0$
- für die Ellipse $0 < \varepsilon < 1$
- für die Parabel $\varepsilon = 1$
- für die Hyperbel $\varepsilon > 1$.

F 5 Gegenseitige Lage von Kegelschnitt und Gerade

Ellipse und Gerade

Für einen gemeinsamen Punkt $P_G(x_G; y_G)$ der Ellipse $\left(\frac{x^2}{a^2}+\frac{y^2}{b^2}=1\right)$ und der Geraden ($y = mx + n$) gilt das Gleichungssystem

$$\frac{x_G^2}{a^2}+\frac{y_G^2}{b^2}=1$$
$$y_G = mx_G + n\,,$$

und es folgt

$$x_G = \frac{-a^2mn \pm \sqrt{a^2b^2(b^2+a^2m^2-n^2)}}{b^2+a^2m^2}.$$

Von der Diskriminante $D = a^2b^2(b^2+a^2m^2-n^2)$ hängt die Anzahl der Lösungen dieser Gleichung und damit die Anzahl der gemeinsamen Punkte von Ellipse und Gerade ab.

↗ Diskriminante, Ma i Üb, Seite 93

$D > 0$	$D = 0$	$D < 0$
Zwei Lösungen, genau zwei Punkte gemeinsam, die Gerade ist Sekante der Ellipse.	Eine Lösung, genau ein Punkt gemeinsam, die Gerade ist Tangente der Ellipse in diesem Punkt.	Keine (reelle) Lösung, kein Punkt gemeinsam, die Gerade ist Passante der Ellipse.

Ist die Gleichung der Geraden $x = k$, d. h., ist die Gerade senkrecht zur Hauptachse der Ellipse, dann ist die Gerade für $-a < k < a$ Sekante, für $|k| = a$ Tangente und für $|k| > a$ Passante der Ellipse.

angenten der Ellipse

Die Gleichung der Tangente einer Ellipse mit der Gleichung $\frac{x^2}{a^2} + \frac{y^2}{b^2} = 1$ im Berührungspunkt $P_0\,(x_0;\, y_0)$ lautet:

$$\frac{xx_0}{a^2} + \frac{yy_0}{b^2} = 1\,.$$

Gegeben:

Ellipse durch die Gleichung $\frac{x^2}{25} + \frac{y^2}{9} = 1$

Gesucht:

Gleichungen $y = mx + n$ der Tangenten t_1 und t_2 der Ellipse mit dem Anstieg $m = -\frac{3}{4}$

Lösung:

Zwischen den Größen a, b, m, n besteht im Falle der Tangente der Zusammenhang

$b^2 + a^2 m^2 - n^2 = 0.$

Daraus läßt sich der unbekannte Wert für n errechnen.

$n^2 = b^2 + a^2 m^2$

$$n = \pm \sqrt{9 + 25 \cdot \frac{9}{16}}$$

$$n = \pm \frac{3}{4}\sqrt{41} \approx \pm 4{,}8$$

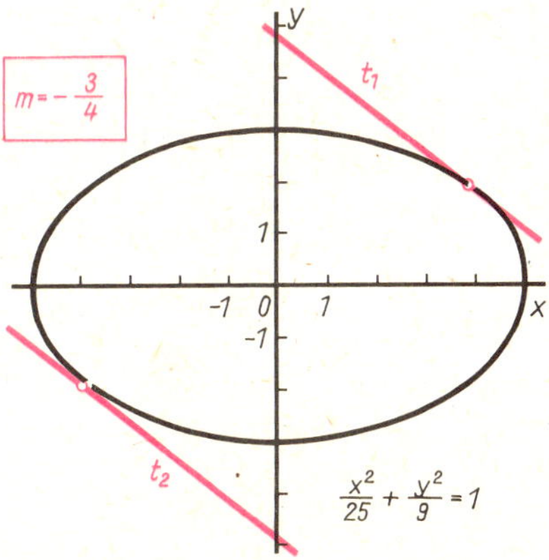

Ergebnis: Die Gleichungen lauten

Tangente t_1: $y = -\frac{3}{4}x + 4{,}8$,

Tangente t_2: $y = -\frac{3}{4}x - 4{,}8$.

➡ F 5

Gegeben:

Ellipse durch die Gleichung $\frac{x^2}{25} + \frac{y^2}{6{,}25} = 1$ sowie ein Punkt P_1 (10; 2,5)

Gesucht:

Gleichungen der Tangenten t_1 und t_2 von P_1 an die Ellipse

Lösung:

Soll eine Gerade g, die durch einen gegebenen, außerhalb der Ellipse liegende Punkt $P_1(x_1; y_1)$ geht, Tangente der Ellipse sein, dann müssen folgende Bedingungen erfüllt sein:

a) P_1 muß ein Punkt der Tangente der Ellipse in dem noch unbekannten Berührungspunkt $P_0(x_0; y_0)$ sein.

b) P_0 muß ein Punkt der Ellipse sein.

Aus den entsprechenden Gleichungen

a) $\frac{x_1 x_0}{a^2} + \frac{y_1 y_0}{b^2} = 1$ und b) $\frac{x_0^2}{a^2} + \frac{y_0^2}{b^2} = 1$

lassen sich die Koordinaten des Berührungspunktes x_0 und y_0 errechnen. Dann kann die Gleichung der Tangente aufgestellt werden.
Im vorliegenden Fall erhalten wir

a) $\frac{10\,x_0}{25} + \frac{2{,}5\,y_0}{6{,}25} = 1$ und b) $\frac{x_0^2}{25} + \frac{y_0^2}{6{,}25} = 1$.

Ergebnis: Die Gleichungen lauten

Tangente t_1: $\frac{2{,}5\,y}{6{,}25} = 1$ oder $y = 2{,}5$,

Tangente t_2: $\frac{4x}{25} - \frac{1{,}5y}{6{,}25} = 1$ oder $y = \frac{2}{3}x - \frac{25}{6}$.

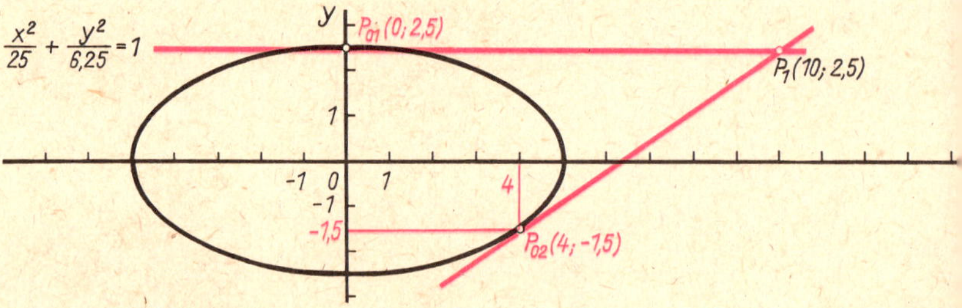

Hyperbel und Gerade

Für einen gemeinsamen Punkt $P_G(x_G; y_G)$ der Hyperbel $\left(\frac{x^2}{a^2} - \frac{y^2}{b^2} = 1\right)$ und der Geraden ($y = mx + n$) gilt das Gleichungssystem

$$\frac{x_G^2}{a^2} - \frac{y_G^2}{b^2} = 1$$
$$y_G = m x_G + n\,,$$

und es folgt

$$x_G = \frac{a^2 m n \pm \sqrt{a^2 b^2 (b^2 - a^2 m^2 + n^2)}}{b^2 - a^2 m^2}.$$

Für $b^2 - a^2 m^2 \neq 0$ hängt die Anzahl der Lösungen der Gleichung und damit die Anzahl der gemeinsamen Punkte von der Diskriminante
$D = a^2 b^2 (b^2 - a^2 m^2 + n^2)$
ab.

↗ Diskriminante, Ma i Üb, Seite 93

$D > 0$	$D = 0$	$D < 0$
Zwei Lösungen, genau zwei Punkte gemeinsam, die Gerade ist Sekante der Hyperbel.	Eine Lösung, genau ein Punkt gemeinsam, die Gerade ist Tangente der Hyperbel in diesem Punkt.	Keine (reelle) Lösung, kein Punkt gemeinsam, die Gerade ist Passante der Hyperbel.

Für $b^2 - a^2 m^2 = 0$ ist die oben angegebene Beziehung für x_G nicht anwendbar. Es handelt sich dabei, da $b^2 - a^2m^2 = 0$ zu $m = \pm \frac{b}{a}$ führt, um asymptotenparallele Geraden (↗ Seite 190).

Falls dabei $n \neq 0$ *ist*, gilt

$$x_G = \mp \frac{a (b^2 + n^2)}{2bn} \text{ für } m \gtrless 0,$$

und es ergibt sich für x_G genau ein Wert, d. h., die Gerade schneidet einen Hyperbelast und passiert den anderen Ast.
Falls dabei $n = 0$ *ist*, ergibt sich für x_G kein (endlicher) Wert; es bestehen keine gemeinsamen Punkte von Hyperbel und Gerade. Die Geradengleichungen lauten dann

$$y = \frac{b}{a} x \quad \text{bzw.} \quad y = -\frac{b}{a} x.$$

Diese Gleichungen bezeichnen die Asymptoten der Hyperbel (↗ Seite 190), die keinen Punkt mit der Kurve gemeinsam haben. Für $|m| \leqq \frac{b}{a}$ existieren keine Tangenten an die Kurve.

Ist die Gleichung der Geraden $x = k$, d. h., ist die Gerade senkrecht zur Hauptachse der Hyperbel, dann ist die Gerade für $|k| > a$ Sekante, für $|k| = a$ Tangente und für $|k| < a$ Passante der Hyperbel.

F 5

Tangenten der Hyperbel

Die Gleichung der Tangenten einer Hyperbel mit der Gleichung $\frac{x^2}{a^2} - \frac{y^2}{b^2} = 1$ im Berührungspunkt $P_0(x_0; y_0)$ lautet:

$$\frac{xx_0}{a^2} - \frac{yy_0}{b^2} = 1 .$$

■ *Gegeben:*

Hyperbel durch die Gleichung $\frac{x^2}{9} - \frac{y^2}{16} = 1$

Gesucht:

Gleichungen $y = mx + n$ der Tangenten t_1 und t_2 der Hyperbel mit dem Anstieg $m = \frac{5}{3}$

Lösung:

Da $m = \frac{5}{3} > \frac{b}{a} = \frac{4}{3}$, existiert eine Tangente.

Zwischen den Größen a, b, m, n besteht im Falle der Tangente wegen $b^2 \neq a^2 m^2$ der Zusammenhang $b^2 - a^2 m^2 + n^2 = 0$. Daraus folgt

$$n^2 = -b^2 + a^2 m^2$$

$$n = \pm \sqrt{-16 + 9 \cdot \frac{25}{9}}$$

$$n = \pm \sqrt{9}$$

$$n = \pm 3 .$$

Ergebnis:

Die Gleichungen lauten

Tangente t_1: $y = \frac{5}{3} x + 3$,

Tangente t_2: $y = \frac{5}{3} x - 3$.

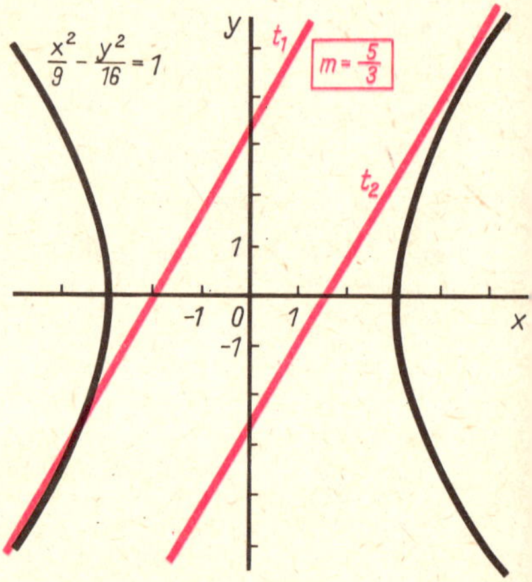

■ *Gegeben:*

Hyperbel durch die Gleichung $\frac{x^2}{9} - \frac{y^2}{9} = 1$ sowie ein Punkt $P_1(0; 4{,}5)$

Gesucht:

Gleichungen der Tangenten t_1 und t_2 von P_1 an die Hyperbel

Lösung:

Soll eine Gerade g, die durch einen gegebenen, außerhalb der Hyperbel liegenden Punkt $P_1(x_1; y_1)$ geht, Tangente der Hyperbel sein, dann müssen folgende Bedingungen erfüllt sein:

a) P_1 muß ein Punkt der Tangente der Hyperbel in dem noch unbekannten Berührungspunkt $P_0(x_0; y_0)$ sein,
b) P_0 muß ein Punkt der Hyperbel sein.
Aus den entsprechenden Gleichungen

a) $\frac{x_1 x_0}{a^2} - \frac{y_1 y_0}{b^2} = 1$ und b) $\frac{x_0^2}{a^2} - \frac{y_0^2}{b^2} = 1$

lassen sich die Koordinaten des Berührungspunktes x_0 und y_0 errechnen. Daraus kann die Gleichung der Tangente aufgestellt werden.
Bemerkung: „Außerhalb der Hyperbel" bedeutet im Teil der Ebene, der zwischen den Hyperbelästen liegt. Von Punkten, die auf der konkaven Seite eines Hyperbelastes liegen, existieren keine Tangenten an die Kurve.

Im vorliegenden Fall erhalten wir

a) $\frac{0 \cdot x_0}{9} - \frac{4{,}5\, y_0}{9} = 1$ und

b) $\frac{x_0^2}{9} - \frac{y_0^2}{9} = 1$.

Ergebnis:
Die Gleichungen lauten

Tangente t_1: $\frac{\sqrt{13}\, x}{9} - \frac{-2y}{9} = 1$

oder $y = -1{,}8x + 4{,}5$,

Tangente t_2: $\frac{-\sqrt{13}\, x}{9} - \frac{-2y}{9} = 1$

oder $y = 1{,}8x + 4{,}5$.

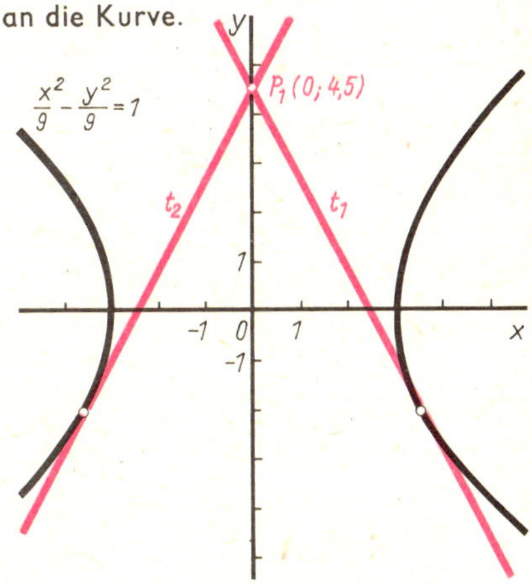

Parabel und Gerade

Für einen gemeinsamen Punkt $P_G(x_G; y_G)$ der Parabel ($y^2 = 2px$) und der Geraden ($y = mx + n$) gilt das Gleichungssystem

$y_G^2 = 2px_G$
$y_G = mx_G + n$,

und es folgt

$$x_G = \frac{p - mn \pm \sqrt{p(p - 2mn)}}{m^2} \quad (m \neq 0).$$

Für $m \neq 0$ hängt die Anzahl der Lösungen der Gleichung und damit die Anzahl der gemeinsamen Punkte von der Diskriminante $D = p(p - 2mn)$ ab.

↗ Diskriminante, Ma i Üb, Seite 93

$D > 0$	$D = 0$	$D < 0$
Zwei Lösungen, genau zwei Punkte gemeinsam, die Gerade ist **Sekante** der Parabel.	Eine Lösung, genau ein Punkt gemeinsam, die Gerade ist **Tangente** der Parabel in diesem Punkt.	Keine (reelle) Lösung, kein Punkt gemeinsam, die Gerade ist **Passante** der Parabel.

F 5

Für $m = 0$, d. h. für eine zur Parabelachse parallele Gerade, ergibt sich genau ein Schnittpunkt mit der Kurve.
Ist die Gleichung der Geraden $x = k$, d. h., ist die Gerade senkrecht zur Achse der Parabel, so ist die Gerade für $k > 0$ Sekante, für $k = 0$ Tangente und für $k < 0$ Passante der Parabel.

Tangenten der Parabel

Die Gleichung der Tangente einer Parabel mit der Gleichung $y^2 = 2px$ im Berührungspunkt $P_0\,(x_0;\,y_0)$ lautet:

$$yy_0 = p\,(x + x_0)\,.$$

Gegeben:
Parabel durch die Gleichung $y^2 = 9x$

Gesucht:
Gleichung der Tangente $y = mx + n$ der Parabel bei gegebenem Anstieg $m = \frac{3}{2}$

Lösung:
Zwischen den Größen p, m, n besteht im Falle der Tangente wegen $m \neq 0$ der Zusammenhang $p - 2mn = 0$.

$$n = \frac{p}{2m} = \frac{4{,}5}{2 \cdot \frac{3}{2}}$$

$$n = \frac{3}{2}\,.$$

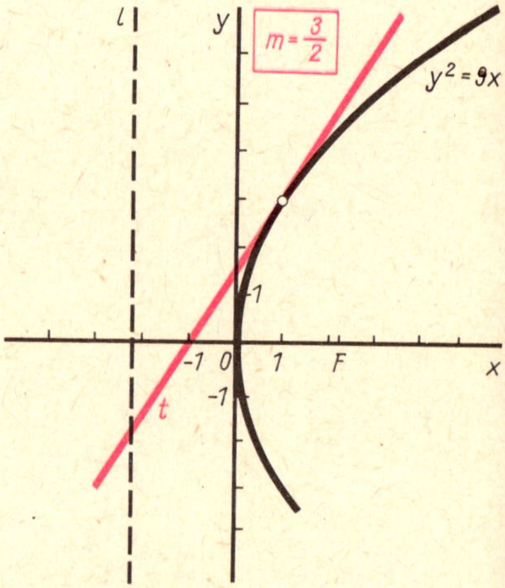

Ergebnis:
Die Gleichung der Tangente lautet

$$y = \frac{3}{2}x + \frac{3}{2}\,.$$

Gegeben:
Parabel durch die Gleichung $y^2 = 8x$ sowie ein Punkt $P_1\,(-4;\,2)$

Gesucht:
Gleichungen der Tangenten t_1 und t_2 von P_1 an die Parabel und Koordinaten der Berührungspunkte

Lösung:
Soll eine Gerade g, die durch einen gegebenen, außerhalb der Parabel liegenden Punkt $P_1\,(x_1;\,y_1)$ geht, Tangente der Parabel sein, dann müssen folgende Bedingungen erfüllt sein:

a) P_1 muß ein Punkt der Tangente der Parabel in dem noch unbekannten Berührungspunkt $P_0 (x_0; y_0)$ sein.
b) P_0 muß ein Punkt der Parabel sein.
Aus den entsprechenden Gleichungen

a) $y_1 y_0 = p (x_1 + x_0)$ und
b) $y_0^2 = 2px_0$

lassen sich die Koordinaten des Berührungspunktes x_0 und y_0 errechnen. Damit kann die Gleichung der Tangente aufgestellt werden.
Bemerkung: „Außerhalb der Parabel" bedeutet im Teil der Ebene, der auf der konvexen Seite der Parabel liegt.[1]
Im vorliegenden Fall erhalten wir

a) $2y_0 = 4(-4 + x_0)$ und
b) $y_0^2 = 8x_0$.

Ergebnis: Koordinaten der Berührungspunkte sind

$x_{01} = 8$, $x_{02} = 2$,
$y_{01} = 8$, $y_{02} = -4$.

Die Gleichungen lauten

Tangente t_1: $8y = 4(8 + x)$ oder $y = \frac{1}{2}x + 4$,

Tangente t_2: $-4y = 4(2 + x)$ oder $y = -x - 2$.

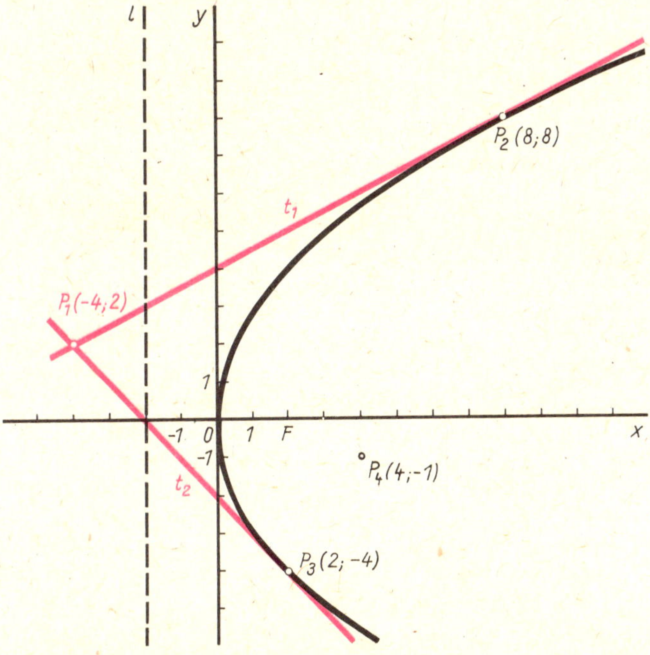

1 Im vorliegenden Fall liegt zum Beispiel der Punkt $P_1(-4; 2)$ außerhalb der Parabel und der Punkt $P_4(4; -1)$ innerhalb der Parabel.

F 5

Übersicht über die Kurven- und Tangentengleichungen der Kegelschnitt[e] in den Hauptlagen (↗ Bilder auf den Seiten 194, 196 und 197)

Mittelpunktslage		Ellipse $b^2 = a^2 - e^2$	Hyperbel $b^2 = e^2 - a^2$
M (0; 0)	Kurve	$\frac{x^2}{a^2} + \frac{y^2}{b^2} = 1$ ↗ Seite 194	$\frac{x^2}{a^2} - \frac{y^2}{b^2} = 1$ ↗ Seite 196
	Tangente in $P_0(x_0; y_0)$	$\frac{x_0 x}{a^2} + \frac{y_0 y}{b^2} = 1$ ↗ Seite 201	$\frac{x_0 x}{a^2} - \frac{y_0 y}{b^2} = 1$ ↗ Seite 204
M (c; d)	Kurve	$\frac{(x-c)^2}{a^2} + \frac{(y-d)^2}{b^2} = 1$ ↗ Seite 199	$\frac{(x-c)^2}{a^2} - \frac{(y-d)^2}{b^2} = 1$
	Tangente in $P_0(x_0; y_0)$	$\frac{(x_0-c)(x-c)}{a^2}$ $+ \frac{(y_0-d)(y-d)}{b^2} = 1$	$\frac{(x_0-c)(x-c)}{a^2}$ $- \frac{(y_0-d)(y-d)}{b^2} = 1$

Scheitellage		Parabel	Kegelschnitt allgemein $\varepsilon^2 - 1 = \frac{e^2 - a^2}{a^2}$; $p = \frac{b^2}{a}$
S (0; 0)	Kurve	$y^2 = 2px$ ↗ Seite 197	$y^2 = 2px + (\varepsilon^2 - 1)x^2$ ↗ Seite 200
	Tangente in $P_0(x_0; y_0)$	$y_0 y = p(x_0 + x)$ ↗ Seite 206	$y_0 y = p(x_0 + x) + (\varepsilon^2 - 1)x_0 x$
S (c; d)	Kurve	$(y-d)^2 = 2p(x-c)$ ↗ Seite 199	$(y-d)^2$ $= 2p(x-c) + (\varepsilon^2-1)(x-c)^2$
	Tangente in $P_0(x_0; y_0)$	$(y_0-d)(y-d)$ $= p(x + x_0 - 2c)$	$(y_0-d)(y-d)$ $= p(x + x_0 - 2c)$ $+ (\varepsilon^2-1)(x_0-c)(x-c)$

Anhang G

Einige Daten aus der geschichtlichen Entwicklung der Mathematik

um 2100 bis 1800 v. u. Z. Entwicklung des Rechnens mit natürlichen Zahlen und Stammbrüchen; Zahlendarstellung in einem Potenzsystem (Babylonien, Ägypten).

um 550 v. u. Z. Anfänge einer Theorie der natürlichen Zahlen in Griechenland (*Pythagoras* und andere Mathematiker).

zwischen 500 und 400 v. u. Z. Erkenntnis der Existenz irrationaler Zahlen bei der Untersuchung geometrischer Probleme durch die Pythagoräer.

um 400 v. u. Z. Anfänge einer Theorie der irrationalen Zahlen bei den griechischen Mathematikern *Eudoxus* (um 408 bis 355 v. u. Z.) und *Theätet* (um 410 bis 368 v. u. Z.).

um 350 v. u. Z. Früheste bekannte Untersuchungen von Kegelschnitten durch den griechischen Mathematiker *Menächmos* (genaue Lebensdaten unbekannt).

um 250 v. u. Z. Der griechische Mathematiker *Archimedes von Syrakus* (287 bis 212 v. u. Z.) ermittelt durch Umfangsberechnungen ein- und umbeschriebener Vielecke eines Kreises $3\frac{10}{70} > \pi > 3\frac{10}{71}$.

um 250 v. u. Z. Anwendung infinitesimaler Methoden (Vorläufer der Integralrechnung) bei der Flächen- und Rauminhaltsberechnung durch *Archimedes*.

um 220 v. u. Z. Entwicklung und Systematisierung der synthetischen Geometrie der Kegelschnitte, erste Anwendung arithmetischer bzw. algebraischer Methoden auf diesen Gegenstand; unter diesem Aspekt Benennungen „Ellipse", „Parabel", „Hyperbel" durch den griechischen Geometer *Apollonios von Perge* (um 260 bis 170 v. u. Z.; „Konika" in acht Bänden).

um 500 Ziffernrechnen im dekadischen Positionssystem (Indien).

1360 Vorläufer der Koordinatenmethode und Anfänge der analytischen Geometrie im Werk des französischen Bischofs *Nicole Oresme* (um 1323 bis 1381; „De latitudinibus formarum").

um 1500 Anwendung negativer Zahlen und des Rechnens mit ihnen bei der Lösung mathematischer Probleme (Italien).

1525 Darstellend-geometrische Konstruktion der Kegelschnitte im Werk des deutschen Malers, Architekten und Geometers *Albrecht Dürer* (1471 bis 1528; „Unterweisung der Messung mit dem Zirkel und Richtscheit“).

um 1530 bis 1540 Erste bekannte Anwendung imaginärer und komplexer Zahlen bei der Lösung mathematischer Probleme, insbesondere in Werken italienischer Mathematiker.

1550 Entwicklung einer Theorie imaginärer Zahlen durch den italienischen Mathematiker *Raffael Bombelli* (um 1530 bis 1580).

1615 bis 1651 Weitere Entwicklung und Anwendung infinitesimaler Methoden zur Lösung geometrischer Probleme (Kurvenuntersuchungen, Flächen- und Rauminhaltsberechnung) in Deutschland durch *Johannes Kepler* (1571 bis 1630; „Neue Volumenberechnung von Weinfässern“ 1615), in Frankreich durch *René Descartes* (1596 bis 1650; „Géometrie“ 1637) und *Pierre de Fermat* (1601 bis 1665; um 1635, Ergebnisse enthalten im nachgelassenen Werk „Isagoge“ 1679), in Italien durch *Evangelista Torricelli* (1608 bis 1647) und *Bonaventura Cavalieri* (1598 bis 1647; „Geometria indivisibilibus continuorum nova quadam ratione promota“ 1635), in Belgien durch *Paul Guldin* (1577 bis 1643; „Centrobaryca“ 1641) und *André Tacquet* (1612 bis 1660; „On Cylinders and Rings“ 1651).

1635 bis 1655 Analytisch-geometrische Untersuchungen der Kegelschnitte durch die französischen Mathematiker *Pierre de Fermat* und *René Descartes* sowie durch den englischen Mathematiker *John Wallis* (1616 bis 1703; „Tractatus de sectionibus conicis“ 1655).

1655 Ansätze einer Analysis infinitesimaler Prozesse bzw. Größen vom algebraischen Standpunkt aus durch *John Wallis* („Arithmetica infinitorum“).

1665 bis 1675 Ausarbeitung der Zusammenhänge zwischen Differential- und Integralrechnung, Grundlegung der Infinitesimalrechnung heutiger Auffassung durch den englischen Mathematiker und Physiker *Isaac Newton* (1643 bis 1727; Ausarbeitung der Fluxionsrechnung 1665 bis 1671; Veröffentlichung „Quadratur der Kurven“ 1704, „Methode der Fluxionen“ postum 1736) und den deutschen Gelehrten *Gottfried Wilhelm Leibniz* (1646 bis 1716; Ausarbeitung der Theorie sowie der heute noch gebräuchlichen Terminologie und Symbolik 1673 bis 1675; Veröffentlichung „Nova methodus pro maximis et minimis itemque tangentibus, quae nec fractas nec irrationales quantitatas moratur, et singulare pro illi calculi genus“ 1684, weitere Arbeiten – besonders zur Integralrechnung – bis 1686).

n 1690 s 1700 Anwendung und weitere Entwicklung der Infinitesimalrechnung in Zusammenhang mit mathematischen und physikalischen Problemen in den Werken der Schweizer Mathematiker *Jacob Bernoulli* (1654 bis 1705) und *Johann Bernoulli* (1657 bis 1748).

'15 bis '42 Weiterer Ausbau der Infinitesimalrechnung (einschließlich unendlicher Reihen) durch die englischen Mathematiker *Brook Taylor* (1685 bis 1731; „Methodus incrementorum" 1715) und *Colin Maclaurin* (1698 bis 1746; „Treatise of Fluxions" 1742).

'48 Zusammenfassende und systematische Darstellung sowie Erweiterung der Infinitesimalrechnung durch den Schweizer Mathematiker *Leonhard Euler* (1707 bis 1783; „Introductio in analysin infinitorum").

'61 Nachweis der Irrationalität der Zahl π durch den deutschen Mathematiker *Johann Heinrich Lambert* (1728 bis 1777).

m 1780 Theoretische Fundierung und inhaltlicher Ausbau der darstellenden Geometrie durch den französischen Mathematiker *Gaspard Monge* (1746 bis 1818).

801 Anfänge der modernen Zahlentheorie bei dem deutschen Mathematiker *Carl Friedrich Gauss* (1777 bis 1855; „Disquisitiones arithmeticae").

821 Strenge Begründung der Infinitesimalrechnung mittels des Grenzwertbegriffs heutiger Auffassung in den Arbeiten des französischen Mathematikers *Louis-Augustin Cauchy* (1789 bis 1857; „Cours d'analyse").

831 Ausbau der Theorie der komplexen Zahlen in Werken von *C. F. Gauss.*

m 1840 Entwicklung der Grundlagen der Vektorrechnung durch den englischen Mathematiker *William Rowan Hamilton* (1805 bis 1865; „Lectures on Quaternions" 1843, auf *Hamilton* geht der Terminus „Vektor" zurück) und den deutschen Mathematiker *Hermann Graßmann* (1809 bis 1877; „Lineare Ausdehnungslehre" 1844).

850 bis 880 Weiterentwicklung der Zahlentheorie und der angewandten Infinitesimalrechnung in den Werken des russischen Mathematikers *Pafnuti Lwowitsch Tschebyschew* (1821 bis 1894).

873 Nachweis der Transzendenz der Zahl e durch den französischen Mathematiker *Charles Hermite* (1822 bis 1901).

um 1880 Ausbau der Theorie der irrationalen Zahlen (1872) und der reellen Zahlen (1882) durch den deutschen Mathematiker *Richard Dedekind* (1831 bis 1916; „Stetigkeit und irrationale Zahlen" 1872, „Was sind und was sollen die Zahlen?" 1882) und in den Werken von *Georg Cantor* (1845 bis 1918) und *Karl Weierstraß* (1815 bis 1897).

1882	Nachweis der Transzendenz der Zahl π durch den deutschen Mathematiker *Ferdinand Lindemann* (1852 bis 1939).
1887 bis 1896	Ausbau der analytischen Geometrie und Differentialgeometrie in den Arbeiten des französischen Mathematikers *Gaston Darboux* (1842 bis 1917 „Leçons sur la théorie générale des surfaces").
1889	Fundierung der Zahlentheorie durch Entwicklung eines Axiomensystems für die natürlichen Zahlen durch den italienischen Mathematiker *Guiseppe Peano* (1852 bis 1932).
um 1890	Entwicklung der Vektoranalysis durch den amerikanischen Mathematiker *Josia Willard Gibbs* (1839 bis 1903) und den englischen Mathematiker *Oliver Heaviside* (1850 bis 1925).
um 1930	Ausbau der Algorithmentheorie; Entwicklung theoretischer Grundlagen für die Arbeitsweise moderner Rechenautomaten durch den englischen Mathematiker *A. M. Turing* (sogenannte Turing-Maschine als abstraktes Modell 1937).
1941	Entwicklung des ersten funktionsfähigen Rechenautomaten auf Relaisbasis durch den deutschen Ingenieur *Konrad Zuse*.
1946	Entwicklung des ersten elektronischen Rechenautomaten (ENIAC, auf Röhrenbasis) in den USA.
1951	Entwicklung elektronischer Großrechenmaschinen (BESM) mit hoher Arbeitsgeschwindigkeit (auf Halbleiterbasis) in der UdSSR.

Register

➡ R

➡ R

U

V

W

Z

Bildnachweis
Foto auf Seite 54: Günther Müller, Berlin.

Zur Kurvendiskussion einer Funktion (↗ Beispiel S. 100)

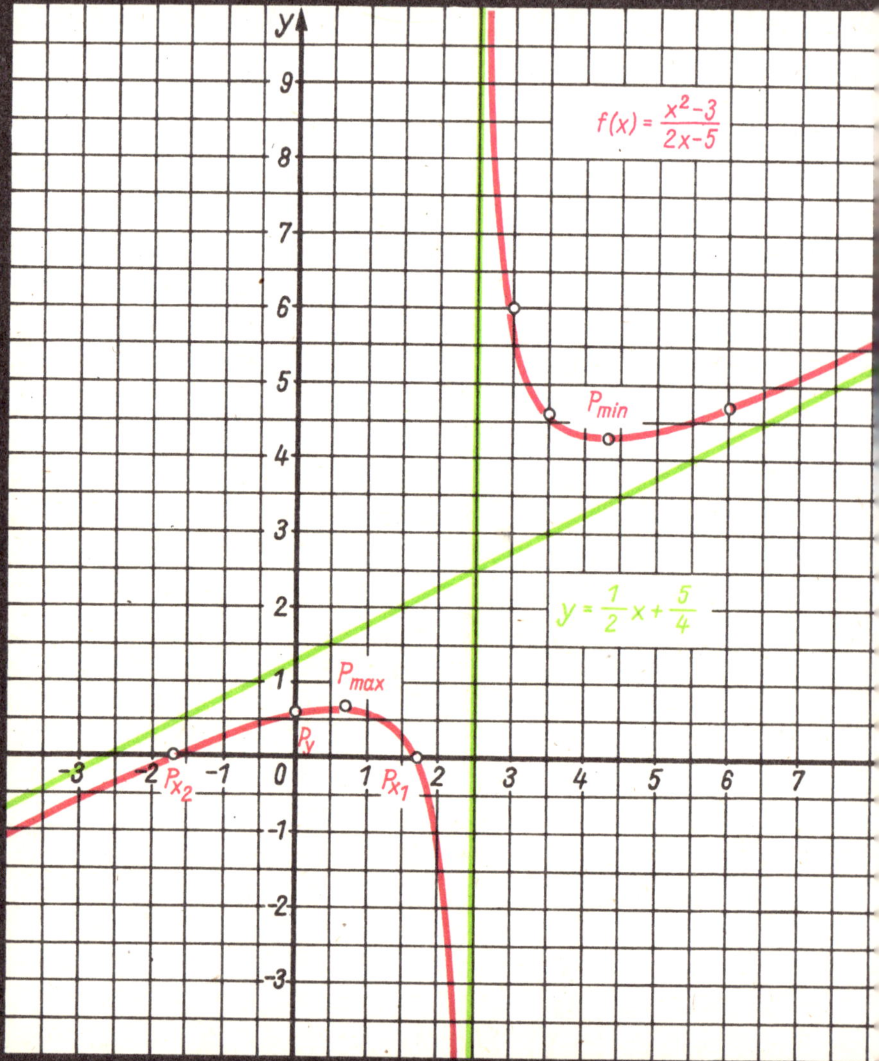